普通高等学校精品课程建设教材

植物生理学实验

蔡庆生　主编

中国农业大学出版社
·北京·

内 容 简 介

本实验教材配合理论课程教学内容，按照植物水分生理，植物矿质营养，植物光合作用，植物的呼吸作用，植物激素生理，植物生长、发育、成熟、衰老和脱落生理，植物逆境生理的顺序，由浅入深地针对各个生理过程，编入了基础性实验、拓展性实验和设计性实验，旨在满足学生们系统掌握植物生理学实验技术和进行深入研究的能力的需要，为切实加强本科实验教学提供实用的实验指导书。

图书在版编目(CIP)数据

植物生理学实验/蔡庆生主编. —北京：中国农业大学出版社，2013.2(2025.1 重印)
ISBN 978-7-5655-0659-8

Ⅰ.①植… Ⅱ.①蔡… Ⅲ.①植物生理学—实验 Ⅳ.①Q945-33

中国版本图书馆 CIP 数据核字(2013)第 005326 号

书　　名　植物生理学实验
作　　者　蔡庆生　主编

策划编辑	赵　艳　孙　勇	**责任编辑**	潘晓丽
封面设计	郑　川　李尘工作室	**责任校对**	王晓凤　陈　莹
出版发行	中国农业大学出版社		
社　　址	北京市海淀区圆明园西路 2 号	**邮政编码**	100193
电　　话	发行部 010-62818525，8625		读者服务部 010-62732336
	编辑部 010-62732617，2618		出　版　部 010-62733440
网　　址	http://www.cau.edu.cn/caup	**e-mail**	cbsszs@cau.edu.cn
经　　销	新华书店		
印　　刷	北京时代华都印刷有限公司		
版　　次	2013 年 1 月第 1 版　2025 年 1 月第 4 次印刷		
规　　格	787×1 092　16 开本　13.75 印张　340 千字		
定　　价	36.00 元		

主　编　蔡庆生（南京农业大学）

副主编　陆　巍（南京农业大学）
何龙飞（广西大学）
於丙军（南京农业大学）
陈　颖（南京林业大学）
范桂枝（东北林业大学）
王海珍（塔里木大学）

编　委　（按编写章节先后排序）
蔡庆生（南京农业大学）
何龙飞（广西大学）
钱　猛（南京农业大学）
谭明谱（南京农业大学）
陈亚华（南京农业大学）
夏　妍（南京农业大学）
许晓明（南京农业大学）
陆　巍（南京农业大学）
甘立军（南京农业大学）
何永明（江西农业大学）
朱昌华（南京农业大学）
范桂枝（东北林业大学）
娄来清（南京农业大学）
陈　颖（南京林业大学）
王海珍（塔里木大学）
於丙军（南京农业大学）
张　群（南京农业大学）

主　审　夏　凯（南京农业大学）

前　　言

植物生理学是一门量化性较强的、建立在实验基础上的、研究植物生命活动规律的科学。植物生理学理论知识的获得起始于由细致的观测和精确的手段所测得的实验数据，植物生理学理论的发展更是建立在先进的实验技术之上，利用各种实验技术手段获得的实验数据，经过反复的归纳、推论和验证，其理论和假说不断得到完善和发展，对于植物生命活动规律的认识持续深入。反过来，在实验基础上得到的理论认识被用于指导植物科学研究和生产实际。鉴于科学实验对于植物生理学的建立、认识和深入发展的重要性，开设《植物生理学》课程的高校，几乎都平行开设《植物生理学实验》课程。部分高校还为研究生专设“高级”、“现代”植物生理学实验技术课程。另一方面，国家教育部对于加强高等院校实验课程教学越来越重视，在其颁布的《全国硕士研究生入学统一考试农学门类联考考试大纲》中，规定实验是植物生理学考察内容的一部分，足见加强植物生理学实验教学的重要性和必要性。

在参考国内外诸多相关教材和研究文献的基础上，结合植物生理学实验教学改革实践和经验，本实验教材配合理论课程教学内容，按照植物水分生理，植物矿质营养，植物光合作用，植物的呼吸作用，植物激素生理，植物生长、发育、成熟、衰老和脱落生理，植物逆境生理的顺序，由浅入深地针对各个生理过程，编入了基础性实验、拓展性实验和设计性实验，旨在满足学生们系统掌握植物生理学实验技术和进行深入研究的能力的需要，为切实加强本科实验教学提供实用的实验指导书。

本书由南京农业大学蔡庆生任主编，广西大学何龙飞、南京林业大学陈颖、东北林业大学范桂枝、塔里木大学王海珍和南京农业大学陆巍、於丙军任副主编，参编有陈亚华、甘立军、许晓明、谭明谱、何永明、娄来清、朱昌华、钱猛、夏妍和张群。初稿完成后，经编者间相互审稿和南京农业大学夏凯教授精心审阅，编委根据审稿意见进行再修改，最后定稿。

本书可作为植物生理学实验教材，同时可作为课程以外的相关研究实验参考。由于编者水平有限，书中的缺点和错误在所难免，敬请读者批评指正。谢谢！

编　者

2012 年 11 月

目　　录

第1章　植物生理学实验基础

1.1　实验设计与样品准备

以植物为材料的研究中，常常采用比较实验的方法，从比较中确定出植物生命活动的规律、阐述这些规律的机理、研究方法和技术。选择恰当的比较标准、对照和处理在各种比较研究中十分重要。

植物生理学实验中十分重视实验结果的代表性和重演性，以避免偶然性，从而可以明确实验结果的实用范围和稳定程度。因此，设计一项实验时必须遵守比较实验的"唯一差异"原则，除了比较的某个或某些因子以外，其他条件必须严格控制保持一致，实验材料、实验环境条件需要具有统一性和代表性。

可用于植物生理学实验的植物材料非常广泛。从植物种类来划分，有木本植物和草本植物，有单子叶植物和双子叶植物，等等；从来源划分，有田间种植的植物和室内培养的植物；从植物生长发育阶段划分，有不同叶龄的营养生长阶段和生殖生长阶段；从植物材料所具有的水分状态划分，有新鲜植物材料和干材之分；同一株植物还有根、茎、叶、花、果、种子等不同部位之分。因此，必需根据实验目的、实验条件和实验设计，而合理选择和前期处理植物材料。田间实验取材通常利用多点和各点取一定数量的随机取样法，室内培养的植物材料通常采用平均样品的混合取样法、按照比例的取样法、按照部位划分的取样法，以确保实验材料选择的代表性。

具体植物材料培养详见本教材第2章。

1.2　常规仪器与操作技术

植物生理学实验室常规仪器主要有电子天平、分光光度计、加样器、pH计、离心机、培养箱、烘箱、各类色谱仪、电泳仪、氧电极、电导仪、红外线 CO_2 气体分析系统、叶绿素荧光分析仪等，以下介绍几种最常规使用的仪器的使用规则和方法。

1. 电子天平的使用

电子天平使用规则与方法如下：

(1)稳定放置。将天平放在稳定的台面之上，放置天平的台面上切勿放置振动类仪器。

(2)调节平衡。使用天平前应调节底座螺丝，使其保持水平，并不要随便移动天平。

(3)注意称量范围。看清天平标注的称量范围，对于大质量样品需要先粗称，避免在电子天平上称量超过最大重量范围的样品，以免损坏天平。

(4)选用合适天平。根据称量要求、试验精确度要求，选择不同感量水平的天平。例如，在称量植株幼苗鲜重时，应选感量大的(感量为0.01 g)电子天平。如果选用感量为0.0001 g的电子天平，因幼嫩植物体内水分易蒸发，电子天平显示数值易变，很难称准；在制作标准曲线、称取标准试药时，则应选取感量较小的，如感量为 0.000 1 g 或感量为 0.001 g 的电子天平。

(5)称量样品的放置。所有称量样品(植物样品、药品等)均不能直接放在天平秤盘上，不可与天平秤盘和周壁接触，应选用专用称量纸或干净烧杯等，注意不可使用皱折的称量纸。

(6)清零。在将样品放在专用称量纸上或干净烧杯之中称量前，先将空白、干净的专用称量纸或烧杯放在天平秤盘上，按下清零键，在显示数值为 0.00(感量为 0.01 g 的电子天平)后，再放置样品于专用称量纸上或干净烧杯之中。

(7)读数。读取称量样品重量前，关上天平上方两侧玻璃门，无玻璃盖罩的则需在称量室内无气流干扰时，记录下数值。

(8)善后事宜。关闭电源，取出天平秤盘上的样品和称量纸或烧杯，清扫天平内外，关闭天平上方两侧玻璃门。

2. 721 型分光光度计的使用

使用方法：

(1)阅读分光光度计的使用说明书或使用简介。如同使用任何仪器一样，使用分光光度计前，使用者应首先了解该仪器的基本结构和工作原理以及各操作旋钮的功能，在未接通电源之前，应检查电源线接线是否牢固，通地是否良好，各旋钮的位置是否正确，同时检查仪器底部的放大器和单色器的两个矽胶干燥筒，如受潮变色，应更换干燥的蓝色矽胶或倒出原矽胶，烘干后再用。

(2)检查仪表指针位置。在仪器尚未接通电源前，电表的指针必须位于“0”刻线上。

(3)调“0”和“100%”。将仪器的电源开关接通，打开比色皿暗厢盖，预热 20 min 左右后，选择需用的单色光波长，调节“0”电位器使电表指“0”，然后将比色皿暗厢盖合上，比色皿处于蒸馏水校正位置，使光电管受光，调节“100%”电位器使电表指针到满刻度附近。

(4)放大器灵敏度的选择。放大器灵敏度有 5 档，由最低的“1”挡逐步增加。选择放大器灵敏度挡位的原则是：保证能使空白挡调到“100%”的前提下，尽可能采用灵敏度较低档，这样仪器有更高的稳定性。所以，使用时一般置“1”档。灵敏度不够时再逐级升高，但改灵敏度后须按上述的过程，重新调“0”和“100%”。

(5)配套比色皿的选用。测定时，应先检查比色皿是否配套和洁净，比色皿之间误差应尽量小，装入比色皿的溶液的体积一般在 3/4～4/5，避免倒入比色皿中过多的溶液，以免溅出、污染仪器，过少(<2/3)会影响数值的准确性。

(6)重新调整“0”和“100%”。当大幅度改变测试波长时，在调整“0”和“100%”后需稍等片刻(因钨灯在急剧改变亮度后需要一段热平衡时间)，当指针稳定后，重新调整“0”和“100%”，再行测定。

3. pH 计的使用

适用于测定溶液 pH 的仪器类型较多，这里仅介绍常用的雷磁 25 型酸度计和雷磁 PHSJ-4 型 pH 计。

1)雷磁 25 型酸度计

(1)安装电极。雷磁 25 型酸度计配备有 231 型玻璃电极(指示电极)和 232 型甘汞电极(参比电极)。将玻璃电极的塑料帽夹在电极的夹子上，插头插在插孔内。把甘汞电极的金属帽夹在电极夹的另一夹子上，由于它具有金属的帽子，可直接与仪器内部形成回路。两个电极的高度，可利用电极夹子上的支头螺丝调节。

(2)校正。

①首先，将“pH-mV”开关拨到“pH”位置，然后打开电源开关，指示灯亮后，应预热5 min。最好预热时间在0.5 h以上，以使零点有较好的稳定性。

②在小烧杯中加入已知pH值的标准缓冲溶液，将电极浸入，应使玻璃电极的球状体和甘汞电极的毛细孔完全浸入溶液，再轻轻摇动烧杯，使电极所接触的溶液均匀。

③调节温度补偿旋钮使其指示的温度与杯内温度或室温相同。

④根据标准缓冲液的pH值，将量程选择开关拨至0～7或7～14。

⑤旋转零点调节器，使指针指在pH 7处。

⑥按下读数开关，如要揿住可在按下后稍许转动即可。转动定位调节器，使指针指在标准缓冲液的pH值处。

⑦放开读数开关，指针应在pH处。如有变动，则重复⑤、⑥操作直至数值稳定为止。

⑧为了更好地校正，可分别采用两种pH范围(0～7和7～14)的已知pH值的标准缓冲液进行校正。

⑨校正完毕，用蒸馏水冲洗电极。校正后，切勿再旋动定位调节器，否则必须重新校正。

(3)测量。

①用滤纸轻轻触及两个电极以吸干残余的溶液，或用待测液清洗电极，然后将电极浸入盛有待测液的烧杯中，轻摇之使溶液混匀。

②被测溶液的温度应与标准缓冲液的温度相同。

③按下读数开关，指针所指的pH值即为待测液的值。重复几次，直到读数不变为准。

④在放开读数开关后，指针必须指在pH 7处，否则，应旋转零位调节器至pH 7处以后，重测待测液的pH值。

⑤若在量程0～7范围测量时，指针读数超出读数范围，应将量程开关拨至7～14的位置，再重复③、④的操作。

⑥测量完毕，放开读数开关，关闭电源开关，然后冲洗干净，玻璃电极可浸在蒸馏水中，而将甘汞电极离开蒸馏水并戴上橡皮帽。

(4)注意事项。

①玻璃电极在初次使用前，必须在蒸馏水中浸泡数日至1周，至少浸泡一昼夜。平时应经常浸泡在蒸馏水中，以备随时使用。

②玻璃电极不要与强烈吸水的溶剂接触太久，在强碱溶液中使用应尽快操作，用毕立即用水洗净。

③玻璃电极的球泡的玻璃膜很薄，因此勿与玻璃杯及硬物相碰，防止球泡破碎。一般安装时应使甘汞电极头长出球泡头部，使在摇动时不会碰到杯底。

④玻璃电极的玻璃膜不要沾上油污，若不慎沾上应先用酒精，再用四氯化碳或乙醚，最后用酒精清洗，再用水洗净。清洗后只能用滤纸轻轻拭干，不可揩擦，以免碰破玻璃球膜。

⑤甘汞电极在使用时，要注意电极内充满氯化钾溶液，里面应无气泡，防止断路，并且要有少许氯化钾结晶存在，以使溶液保持饱和状态。在使用时应该将电极上部的小橡皮帽拔出，让极少量的氯化钾溶液从毛细管中流出，使测定结果可靠。

2)雷磁 PHSJ-4 型 pH 计

(1)pH 值标定。有一点标定和二点标定两种。前者只采用一种标准缓冲液对电极系统进行标定,用于自动校准仪器的“定位”值,用这种方法进行 pH 值校准,必须确切知道电极的实际百分斜率。否则,仪器把电极百分理论斜率作为 100%。在测量精度不高的情况下可采用此法,简化操作。后者是选用两个标准溶液对电极系统进行标定,测得电极系统的实际斜率和定位值。这里仅介绍二点标定法。

①将 pH 电极和温度传感器分别插入各自插口内,并将电极清洗干净。同时将电极和温度传感器放入标准 1 溶液中。

②打开电源,光标“▼”指向标定 1。此时,仪器自动进入标定 1 状态。当显示器上 pH 读数趋于稳定后,按“校准”键,等待片刻,待仪器显示“m”出现,说明仪器已完成了标定 1 校准。

③将电极取出,重新用水清洗干净,并放入标准 2 溶液中。光标“▼”指向标定 2。此时仪器进入标定 2 工作状态,当显示器上 pH 读数趋于稳定后,按“校准”键,等待片刻,待仪器显示“▼”出现,说明仪器已完成了标定 2 校准。

④按“设置”键,仪器显示 7.000 pH 等电位点,用户可按“v”或“∧”键,对等电位点进行修改。

⑤按“设置”键,仪器显示电极的实际斜率值,该斜率值不能修改。但仪器通过微机,已对斜率进行校准。

⑥按“设置”键,再按“v”或“∧”键,用户可选择合适分辨率。

⑦按“设置”键,仪器自动进行 pH 测量状态。

(2)测定。按上述操作流程测定两种未知液的 pH 值。

3)实验内容

用上述两种仪器测定两种未知溶液的 pH 值,做记录,将结果列于表中,并加以比较。

4. 紫外/可见分光光度计(UV-120-02 型)

1)准备

(1)开电源开关,数字计上荧光数码管闪亮。

(2)选择光源,根据被测样品吸收波长用灯泡选择杆选择光源,钨灯为 340～1 000 nm,氘灯为 200～360 nm。VIS 为钨灯,UV 为氘灯。

(3)打开 D2 灯时,先 D2 开关拨至“HEAT”,预热 10 s 左右,再开至“ON”,灯即亮。

(4)调节波长,确定灵敏度,一般将灵敏度开关置于“LOW”处,若测定波长为 200 nm,270～390 nm 或 1 000 nm 时,根据需要可调至“HIGH”处,预热 10 min。

(5)开启电源开关时,注意别忘了关 D2 灯开关,否则 D2 灯会在不正常条件下打开,缩短使用寿命。

2)光密度测定

(1)将工作选择开关(Range)调至“0～100%T”。

(2)打开样品室盖,转动零位调节器(0%ADJ)使数字显示为零。

(3)在样品架中放入参比液,移动样品变换拉杆,使参比液进入光路。

(4)盖上样品室盖,调节光量调节钮(100%T/Zero),使数字板上显示为 100%T。

(5)将工作选择开关(Range)调至“Abs0～2”位置,调节光量调节钮(100%T/Zero),使数字板上显示为 Abs 为 0。

(6)移动样品变换拉杆,使待测液进入光路,读出光密度值,并记录。

(7)若数字超出 2,可将工作选择开关(Range)调至“Abs-3”位置。

1.3　实验数据处理与分析

科学研究的一丝不苟,不仅在实验操作过程中,也在实验数据的记录、整理和分析过程之中。做好实验记录是进行实验结果处理和分析的前提,在实验中观察到的现象及数据,应当及时、准确地记在记录本上,切勿写错,更不能涂改。如果发现记错,则在记错的数据上标上删除线“~~nnn~~”后,再在周围空白处记录正确数据。

首先,在植物生理指标定量测定中,对实验数据进行统计分析,正确运用统计方法非常重要。首先遇到的是实验测定结果中有效数字位数的确定问题。记录数据时,只应保留一位不定数字,计算结果中过多的无效数值是没有意义的,在去掉多余尾数时,以“四舍五入”为原则。在运算过程中,也可以暂时多保留一位不定数字,得到计算结果后,再去掉多余的尾数。

其次,在待测组分定量测定中,误差是绝对存在的,因此必须善于利用统计学的方法,分析实验结果的正确性,并判断其可靠程度。实验中,每种处理至少要有 3 次重复,定量测定数据也要有 3 次重复,否则,无法进行统计检测。而且,在统计分析之前,不能单就数据进行选择统计。由于取材误差、仪器误差、试剂误差、操作误差等一些经常性的原因所引起的试验误差称为系统误差;由于一些偶然的外因所引起的误差,称为偶然误差。前者影响分析结果的准确度,后者则影响分析结果的精密度。所谓准确度是指测得值与真实值相符合的程度,它用误差来表示。误差分为绝对误差和相对误差。所谓精密度是指几次重复测定彼此间相符合的程度,显示其重现性状况,它用偏差来表示。偏差也分为绝对偏差和相对偏差。准确度和精密度共同反映测定结果的可靠性。例如,表 1-1 中两组数据的平均数皆为 6.0,第 1 组数据误差小,可靠性好,而第 2 组数据的误差大,其可靠性差。

表 1-1　样品的平均数与误差值

小组	样品 1	样品 2	样品 3	样品 4	样品 5	样品 6	样品 7	平均数±误差*
第 1 组	5.9	6.0	5.8	6.0	7.0	5.2	6.1	6.0±0.49
第 2 组	1.5	3.0	10.5	6.1	8.4	6.9	5.6	6.0±2.85

*:利用 Excel 计算平均值[=average(样品 1:样品 7)];误差[=stdevp(样品 1:样品 7)]。

在对实验结果进行分析时,对同一待测组分所得到的多个实验数据,最简单的办法是计算其算术平均值,但这还不能很好地反映测定结果的可靠性,尚需要计算出偏差或相对偏差。在分析中,如果实验数据不多,则可采用算术平均偏差或相对平均偏差表示精密度即可;但当实验数据较多或分散程度较大时,用标准偏差即均方差 S 或相对标准偏差即变异系数 Cv 表示精密度更可靠。还可用置信区间表示指定置信度 α 的偏差。

(1)算术平均值$=\dfrac{\sum x_i}{n}$。

(2)平均偏差$=\dfrac{\sum |x_i-\bar{x}|}{n}$。

(3)相对平均偏差$=\dfrac{\sum|x_i-\bar{x}|}{n\bar{x}}\times100\%$。

(4)标准偏差(均方差)$S=\sqrt{\dfrac{\sum(x_i-\bar{x})^2}{n-1}}$。

(5)变异系数$Cv=\dfrac{S}{\bar{x}}\times100\%$。

(6)置信区间的界限$P=\dfrac{t(a,n-1)S}{\sqrt{n}}$。

(7)置信区间$=\bar{x}\pm P$。

在科学研究中,为了检测某一样品$\bar{x}$所属总体平均数和某一指定的同类样品的总体平均数之间,或者两种处理取样所属的总体平均数之间有无显著差异时,在总体方差未知,又是小样本情况下,可以用t检验求得t值,再根据设定显著水平和自由度大小,从t值表中查得概率值(P),即可推断不同样品或同一样品的不同处理之间是否具有显著性差异及其差异水平。

所谓t检验,实质上是差数的5%和1%置信区间,它只适用于检验两个相互独立的样品平均数。要明确多个平均数之间的差异显著性,还必须对各平均数进行多重比较。多重比较的方法,过去沿用最小显著差数法(简称LSD法),但此法有一定的局限性。近来多采用最小显著极差法(简称LSR法),这一方法的特点是不同平均数间的比较采用不同的显著差数标准,可用于平均数间的所有相互比较,其常用方法有新复极差检验和q检验两种。各平均数经多重比较后,常采用标记字母法表示。在平均数之间,凡有一个相同标记字母的即为差异不显著,凡具有不同标记字母的即为差异显著,用小写字母a、b、c等表示$\alpha=0.05$显著水平,大写字母A、B、C等表示$\alpha=0.01$显著水平。差异显著性也可用标"*"号的方法表示,凡达到$\alpha=0.05$水平(差异显著)的数据,在其右上角标一个"*"号,凡达到$\alpha=0.01$水平(差异极显著)的数据,在其右上角标两个"*"号,凡未达到$\alpha=0.05$水平的数据,则不予标记。

在科学实验中,方差分析可帮助我们掌握客观规律的主要矛盾或技术关键。方差分析的基本步骤可概括为:①将资料总变异的自由度及平方和分解为各变异因素的自由度及平方和,进而算得其均方差;②计算均方比,做出F测验,以明确各变异因素的重要程度;③对各平均数进行多重比较。具体的方法可参考有关专业书籍。

在完成实验和数据整理、分析的基础上,撰写实验报告。实验报告内容包括:实验名称、实验目的、实验原理、实验材料与仪器设备和试剂、实验方法与步骤、实验结果(含图表)与分析、讨论。

参考文献

1. 盖钧镒.试验统计方法.北京:中国农业出版社,2000.
2. 王学奎.植物生理生化实验原理和技术.北京:高等教育出版社,2006.
3. 蔡庆生.植物生理学.北京:中国农业大学出版社,2011.

第2章 植物材料培养

2.1 植物溶液培养

溶液培养指不用土壤而用营养液培养植物的栽培方法，俗称为水培法。在溶液培养过程中，为固定植物、增加空气含量，多采用沙、砾、泥炭、蛭石、珍珠岩、浮石、玻璃纤维、岩棉、树皮块或锯末等作为固体基质，故又名沙培、砾培、泥炭培、蛭石培、珍珠岩培、浮石培、锯末培等。

溶液培养的关键是培养液的组成和理化条件。培养液应根据植物生长发育需求，按照一定比例和浓度加入所有必需的矿质营养元素而配制的平衡营养液，并注意溶液的酸碱度适宜。下面列出了2种常用的植物营养液配方。

1. 国际水稻研究所常规营养液——水稻营养液(表2-1)

表2-1 国际水稻研究所常规营养液的成分

(吉田昌一等，1975) mg/L

元素		营养液中元素含量	使用盐类	盐类用量
大量元素	N	40	NH_4NO_3	114.3
	P	10	$NaH_2PO_4 \cdot 2H_2O$	50.4
	K	40	K_2SO_4	89.3
	Ca	40	$CaCl_2$	110.8
	Mg	40	$MgSO_4 \cdot 7H_2O$	405.0
微量元素	Mn	0.5	$MnCl_2 \cdot 4H_2O$	1 500
	Mo	0.05	$(NH_4)_6Mo_7O_{24} \cdot 2H_2O$	74
	B	0.2	H_3BO_3	934
	Zn	0.01	$ZnSO_4 \cdot 7H_2O$	35
	Cu	0.01	$CuSO_4 \cdot 5H_2O$	31
	Fe	2.0	$FeCl_2 \cdot 6H_2O$	7 700
			柠檬酸(一水化合物)	11 990

注：制备铁和微量元素贮备液时，各种盐类分别溶解，再与50 mL硫酸混匀，加蒸馏水稀释至1 L。使用时，每4 L营养液添加微量元素贮备液5 mL。

应用这种营养液时，用1 mol/L NaOH溶液调节pH值为5。水稻各个生育期的供氮水平也有不同：移栽后3周为40 mg/L，分蘖盛期为80 mg/L，开花后2周为40 mg/L，到成熟期则可停止供氮。

2. Hoagland 营养液——适用绝大部分植物

溶液培养法的营养液配方很多，其中以美国科学家 D. R. Hoagland 等设计的 Hoagland 和 Arnon 营养液最为常用（表 2-2）。

表 2-2 Hoagland 和 Arnon 营养液配制表

（李合生，2006）

	无机盐	浓度/（mmol/L）	无机盐质量浓度/（mg/L）	元素	元素质量浓度/（mg/L）
大量元素	KNO_3	6.0	606	K	235
	$Ca(NO_3)_2 \cdot 4H_2O$	4.0	944	N（NO_3^--N）	112
				Ca	160
	$NH_4H_2PO_4$	1.0	115	N（NH_4^--N）	14
				P	31
	$MgSO_4 \cdot 7H_2O$	2.0	493	Mg	49
				S	64
微量元素	$MnCl_2 \cdot 4H_2O$	0.009	1.77	Mn	0.5
				Cl	0.6
	H_3BO_3	0.046	2.8	B	0.5
	$ZnSO_4 \cdot 7H_2O$	0.000 8	0.23	Zn	0.05
	$CuSO_4 \cdot 5H_2O$	0.000 3	0.08	Cu	0.02
	$H_2MoO_4 \cdot H_2O$	0.000 1	0.02	Mo	0.01
	Fe-EDTA*				

*：溶解 7.45 g Na_2-EDTA 于 200 mL 蒸馏水中，加热，加入 5.57 g $FeSO_4 \cdot 7H_2O$ 溶液，不断搅拌。冷却后定容到 1 L，为贮备液。使用时每升培养液加 1 mL 贮备液。

营养液的酸碱性（pH）直接影响养分的状态、转化和有效性，也影响植物的生长。植物生长所要求的 pH 因种类而异，通常在 5.0～6.5 较宜。在培养过程中，可用 pH 试纸进行测定。如 pH 偏高时，可加入适量酸校正；偏低时，可加入适量氢氧化钠校正。

在溶液培养中，植物从营养液中吸取氧，所以，通气是一项重要的培养措施。不同种类植物对通气的要求也不同，旱生植物的要求高些，水生植物的要求低些。通常采用自动通气装置来增加氧气，通气速度以每秒 2～3 个气泡为宜，植物生长初期每天或隔天通气 5 min，以后通气的时间则加倍。同时还要防止光线对根系直接照射等。

植物在生长过程中不断消耗培养液中的水分和养分，为保持营养液的稳定浓度及足够的体积，必须定期更换营养液，一般 5 L 的培养盆，夏季每周更换 1～2 次，冬季 1～2 周更换 1 次；更大体积的盆钵可在此基础上适当延长更换周期，更小体积的盆钵可适当缩短更换周期。

固体基质一般应由一定大小的固形物质组成；具有良好的物理性状，材质疏松，保水、保肥又透气；具有稳定的化学性质，本身不含有害成分，不使营养液的成分和 pH 发生变化；要求基质取材方便，来源广泛，价格低廉，例如沙、珍珠岩、塑料、砾、玄武石、熔岩等物质。基质的直径一般小于 3 mm。用锯末作基质时，常采用中等粗度的锯末或加有适当比例刨花的细锯末，以黄杉和铁杉的锯末为好；有些侧柏锯末有毒，不能使用。固体基质在长期使用时，特别是连作，会使病菌集聚滋生，故每次种植后应对基质进行清洗、消毒、纯化处理，以便重新利用。

2.2　土壤培养

土壤培养指以土壤为植物生长介质的盆栽试验，是一种更接近于自然条件的生物试验方法，常常在进行田间试验前通过土壤培养设置预备试验或检验。其主要任务是研究农作物对土壤中有效养分的吸收利用问题，化肥对不同土壤的效果评价，植物对肥料的吸收利用问题，环境条件对植物吸收养分的影响，等等。其培养土，要求理化性质良好，有较好的持水排水能力和通气性。

1. 土壤的准备

根据试验需要选择有代表性的土壤，一般采用耕作层土壤，并对所选土壤进行农化分析和调查（如 pH、有机质、$CaCO_3$、CEC、主要养分含量等），以确定土壤的种类、性质及耕作历史等，同时要标明采集地点、采集时间、采集人等信息。取土数量应比试验所需数量多 50%左右，以保证整个试验过程（如 1 年至数年）使用土壤的一致性，不能随取随用。取回的土壤必须全部捣碎过筛，一般选用 3 mm 的筛子。土壤采集和整理的整个过程中所用工具、器皿等必须干净，以防污染土壤。同时，通过人工种植某种植物来吸收某种养分，使土壤中该养分被耗竭，以达到试验的需求。

2. 盆钵的准备

目前，较常用的盆钵主要有搪瓷铁盆、陶土盆及塑料盆。盆钵的大小、皮重（包括盆钵、浇水管、小砾石、尼龙纱布等）要一致，以保证装土后各盆的毛重完全一致，便于试验过程中准确称量生物量等。

3. 肥料的准备

在土培试验中，一般需施加肥料以保证植物的正常生长。氮肥可以采用尿素、硝酸钙、硝酸铵、碳酸氢铵。磷肥主要有磷酸二氢铵和磷酸氢二铵、磷酸二氢钾和磷酸氢二钾、磷酸一钙或磷酸二钙等。钾肥主要有氯化钾、硫酸钾、硝酸钾等。其施肥量一般都高于大田 2～3 倍。可以用粉状、粒状或溶液的形式施入土壤中。不同作物的施肥量可以参照表 2-3。

表 2-3　几种主要作物土培试验 N、P、K 的一般施用量

（申建波等，2011 年）　　g/kg

作物种类	N	P_2O_5	K_2O
禾谷类作物	0.15	0.10	0.15～0.30
豆科作物	0.02～0.04	0.15～0.19	0.10～0.15
棉花	0.15～0.20	0.15～0.20	0.15～0.20

4. 播种、定植及管理

土培实验前，应将称好后的土壤及肥料充分混匀后装入盆中，灌足水分，保持盆内有足够的水分，并保证各处理间的土壤湿度完全相同。土壤紧实度要保持适中并一致。精选的供试种子应提前消毒、浸种、催芽，种子萌发后进行播种，在出苗1～2周后即可间苗定植，保留长势一致的幼苗。

土培试验过程中应保证充足的光照、氧气及水分，并保持每盆之间距离的一致性，以保证幼苗的正常生长。

2.3 植物组织培养

植物组织培养是指在无菌和人工控制的环境条件下，利用人工培养基，对植物的胚胎、器官、组织、细胞、原生质体等进行离体培养，使其再生发育成完整植株的过程。植物组织培养的成功与否，除了培养材料本身的因素外，很大程度上取决于对培养基的选择。培养基的主要成分是植物生长发育所必需的各种营养元素、对植物组织培养起调控作用的生长调节物质以及碳源、维生素、有机添加物等。不同植物材料及其不同发育阶段对培养基的要求都不尽相同。

1. 培养基的成分

1)无机养分

无机养分是指植物在生长发育时所必需的各种化学元素。植物对不同无机营养的吸收量是不同的，由此可将它们分为大量元素和微量元素。植物所需浓度大于0.5 mmol/L的元素称为大量元素，主要有氮(N)、磷(P)、钾(K)、钙(Ca)、镁(Mg)、硫(S)、氯(Cl)及来源于水中的氢(H)、氧(O)；所需浓度小于0.5 mmol/L的称为微量元素，微量元素主要有铁(Fe)、锰(Mn)、锌(Zn)、铜(Cu)、硼(B)、碘(I)、钼(Mo)和钴(Co)等。

2)有机养分

有机养分是指植物生长发育时所必需的有机碳、氢、氮等物质，主要有碳源、维生素、肌醇和氨基酸等。

(1)碳源。包括糖类、醇类和有机酸，以糖类物质最为重要。一般蔗糖是最好的碳源，其使用浓度一般在2%～5%。

(2)维生素。主要以辅酶的形式参与多种代谢活动，对生长、分化等有很好的促进作用。常用的维生素有：盐酸硫胺素(维生素B_1)、核黄素(维生素B_2)、盐酸吡哆醇(维生素B_6)、烟酸(维生素B_3，又称维生素PP)、泛酸钙(维生素B_5)、生物素(维生素H)、钴胺素(维生素B_{12})、叶酸(维生素Bc)和抗坏血酸(维生素C)。使用量一般为0.1～1.0 mg/L。

(3)肌醇。又名环己六醇，能够促进愈伤组织生长、胚状体和芽的形成，具有促进活性物质发挥作用的效果，能使培养的组织快速生长。使用浓度一般为50～100 mg/L。

(4)氨基酸。氨基酸是蛋白质的组成成分，也是一种良好的有机氮源，对植物外植体的芽、根、胚状体的生长、分化均有良好的促进作用。植物组织培养中常用的氨基酸有丙氨酸、甘氨酸、谷氨酰胺、丝氨酸、酪氨酸、天冬酰胺及多种氨基酸的混合物，如水解酪蛋白(CH)、水解乳蛋白(LH)等。其中甘氨酸是最为常用的氨基酸。

(5)天然的有机物。常含有一定的植物激素和多种维生素等复杂成分，对某些植物细胞的生长和分化有特殊的功效，如椰子乳(CM)、酵母提取液(YE)、麦芽提取液(ME)及各种果汁、菜汁等。

3)植物生长调节剂

植物生长调节剂可以调节外植体的生长发育进程、根和芽等器官分化，其用量微少，但却是不可缺少的关键物质。常用的植物生长调节剂有：

(1)生长素类。主要有吲哚乙酸(IAA)、萘乙酸(NAA)、吲哚丁酸(IBA)、2,4-二氯苯氧乙酸(2,4-D)和萘氧乙酸(NOA)。

(2)细胞分裂素类。主要有 6-苄基氨基嘌呤(BA)、6-糠基腺嘌呤(KT)、2-异戊基腺嘌呤(2-ip)、玉米素(ZT)、激动素(KT)。

(3)其他。除了上述生长素类、细胞分裂素类物质在植物组织培养中不可缺少外，多胺(PA)、赤霉素(GA_3)、脱落酸(ABA)、多效唑(PP333)、油菜类内酯(BR)、茉莉酸(JA)、水杨酸(SA)等生长调节物质也常用于组织培养中。

4)培养介质

培养基按是否加入凝固剂分为 2 种，一种是液体培养基，其特点是营养物质分布均匀、培养物与培养基接触面积大、生长整齐一致，但通气性差，其培养介质是水，有时也用纸桥作为培养物的支持载体；另一种是固体培养基，其特点是操作简便、便于观察、通气好，但营养分布不均，生长发育不整齐，常用的载体是琼脂。

在培养基中除了以上 4 大类主要成分外，往往因培养目的、植物材料的不同，而需要加入其他添加物。如活性炭、抗生素(常用的有青霉素、链霉素、土霉素和金霉素等)、抗氧化剂、诱变剂和生长抑制剂等。

2. 培养基的配制

1)几种常用培养基的配方

组织培养中常用的培养基主要有 MS、White、N_6、B_5、Nitsch、Miller 和 MT 等，配方见表 2-4。

表 2-4　常用基本培养基配方

(石晓东等,2009)　　mg/L

培养基成分	MS	White	N_6	B_5	Nitsch	Miller	MT
NH_4NO_3	1 650	—	—	—	720	1 000	1 650
KNO_3	1 900	80	2 830	2 527.5	950	1 000	1 900
$(NH_4)_2SO_4$	—	—	463	134	—	—	—
$CaCl_2 \cdot 2H_2O$	440	—	166	150	166	—	440
$MgSO_4 \cdot 7H_2O$	370	720	185	246.5	185	35	370
$Ca(NO_3)_2 \cdot 4H_2O$	—	300	—	—	—	347	—
KH_2PO_4	170	—	400	—	68	300	170
$NaH_2PO_4 \cdot H_2O$	—	16.5	—	150	—	—	—
KCl	—	—	—	—	—	65	—
H_3BO_3	6.2	1.5	1.6	3	—	—	6.2
$ZnSO_4 \cdot 7H_2O$	8.6	3	1.5	2	10	1.5	8.6
$MnSO_4 \cdot 4H_2O$	22.3	4.5	4.4	10	25	4.4	22.3

续表 2-4

培养基成分	MS	White	N_6	B_5	Nitsch	Miller	MT
$Na_2MoO_4 \cdot 2H_2O$	0.25	0.002 5	—	0.25	—	—	—
KI	0.83	0.75	0.8	0.75	—	1.6	0.83
$CuSO_4 \cdot 5H_2O$	0.025	0.001	—	0.025	—	—	0.025
$CoCl_2 \cdot 6H_2O$	0.025	—	—	0.025	—	—	0.025
$FeSO_4 \cdot 7H_2O$	27.8	—	27.8	—	27.85	—	—
Na_2-EDTA	37.3	—	37.3	—	37.75	—	37.3
$Fe_2(SO_4)_3$	—	2.5	—	—	—	—	—
Na-Fe-EDTA	—	—	—	28	—	32	—
Na_2SO_4	—	200	—	—	—	—	—
TiO_2	—	65	—	—	—	0.8	—
MoO_3	—	—	—	—	0.25	—	—
肌醇	100	100	—	100	5 000	—	100
甘氨酸	2	3	2	—	—	—	2
盐酸硫胺素	0.1	0.1	1	10	—	—	10
烟酸	0.5	0.3	0.5	1	—	—	5
盐酸吡哆醇	0.5	0.1	0.5	1	—	—	10
生物素	—	—	—	—	0.05	—	—
半胱氨酸	—	1	—	—	—	—	—
蔗糖	30 000	20 000	50 000	20 000	20 000	30 000	30 000

2)几种常用培养基的特点

(1)MS 培养基(Murashige & Skoog,1962)。它的特点是无机盐和离子浓度高,营养丰富,不需要添加更多的有机附加物,有加速愈伤组织和培养物生长的作用,当培养物久不转移时仍可维持其生存。故这是目前应用最广泛的一种培养基。

(2)White 培养基(White,1943)。其特点是无机盐浓度较低。广泛应用于生根培养、胚胎培养或一般组织培养。

(3)N6 培养基(朱至清等,1975)。其特点是成分简单,其中 KNO_3 和$(NH_4)_2SO_4$ 含量高,不含钼。已广泛应用于禾谷类花药、细胞、原生质体的培养。

(4)B5 培养基(Gamborg 等,1968)。它的主要特点是含有较低的铵盐,较高的硝酸盐和盐酸硫胺素,可能对一些培养物的生长有抑制作用,但它适合于有些植物如双子叶植物,特别是木本植物的生长。

(5)SH 培养基(Schenk & Hidebrandt,1972)。它是矿质盐浓度较高的培养基。在不少单子叶植物和双子叶植物上使用效果很好。

(6)BN 培养基(Bourgin & Nitsch,1979)和 Nitsch 培养基(Nitsch,1969)及 Miller 培养

基。与 MS 培养基相比，大量元素用量减少 1/3～1/2，微量元素用量则有所增加，但微量元素的种类有所减少，维生素种类增加。

（7）MT 培养基。与 MS 培养基比较，维生素含量高些。

3. 培养基的配制与保存

为了保证培养基配制的准确性、方便性及便于保存，一般将常用的基本培养基配制成10～200 倍、甚至更高倍数的浓缩贮备液，即母液。配制母液时，可先配制单一组分化合物母液，或配制几种组分化合物的混合母液。母液贮存于冰箱中，使用时，将它们按照一定的比例进行稀释混合。这样配制一次母液，可多次使用，降低工作强度，从而提高工作效率，也提高了试验精度。配制母液及培养基要用纯度较高的蒸馏水或去离子水，药品应选用分析纯或化学纯。现以 MS 培养基为例进行母液的配制（表 2-5）。其他培养基配方详见附录 1。

表 2-5　MS 培养基母液配置表（配制母液体积为 1 L）

（石晓东等，2009）

母液名称	成分	原配方量 /（mg/L）	贮备液倍数	称取量 /mg	配制 1 L 培养基吸取量/mL
大量元素	NH_4NO_3	1 650	20	33 000	50
	KNO_3	1 900		38 000	
	KH_2PO_4	170		3 400	
	$MgSO_4 \cdot 7H_2O$	370		7 400	
	$CaCl_2 \cdot 2H_2O$	440		8 800	
微量元素	KI	0.83	200	166	5
	H_3BO_3	6.2		1 240	
	$MnSO_4 \cdot 4H_2O$	22.3		4 460	
	$ZnSO_4 \cdot 7H_2O$	8.6		1 720	
	$Na_2MoO_4 \cdot 2H_2O$	0.25		50	
	$CuSO_4 \cdot 5H_2O$	0.025		5	
	$CoCl_2 \cdot 6H_2O$	0.025		5	
铁盐	$FeSO_4 \cdot 7H_2O$	27.8	200	5 560	5
	Na_2-EDTA	37.3		7 460	
有机物	肌醇	100	200	20 000	5
	烟酸	0.5		100	
	盐酸吡哆醇	0.5		100	
	盐酸硫胺素	0.1		20	
	甘氨酸	2		400	

注：配制大量元素、微量元素、有机物及铁盐母液时，要分别称量，分别溶解，在定容时按表中的顺序依次加入，以避免沉淀。母液配制好后可常温保存或放入冰箱保存。

参考文献

1. 申建波,毛达如.植物营养研究方法.北京:中国农业大学出版社,2011.
2. 吉田昌一,福尔诺·D·A,科克·J·H,等.水稻生理学实验手册.北京市农业科学院作物研究所资料情报所译.北京:科学出版社,1975.
3. 石晓东,高润梅.植物组织培养.北京:中国农业科学技术出版社,2009.
4. 李合生.现代植物生理学.2版.北京:高等教育出版社,2006.

第3章　植物水分生理

基础实验

3.1　植物组织含水量和相对含水量的测定

1. 实验目的

植物组织含水量是显示植物生理状态的一个常用指标。如水果、蔬菜含水量的多少对品质有很大影响，种子含水量的高低对安全贮藏有着重要意义，植株的含水状况直接影响其生长发育。

2. 实验原理

植物组织含水量常用水分含量占鲜重或干重的百分比来表示。在研究水分生理时，相对含水量与水分饱和亏也是常用的水分生理指标，可用水分饱和亏来表示植株缺水情况，但所有表示法都要根据植物组织的鲜重(W_f)、干重(W_d)和吸胀重(W_{ta}，饱和鲜重)来计算。

含水量(占鲜重百分比)＝$(W_f-W_d)/W_f\times100\%$

含水量(占干重百分比)＝$(W_f-W_d)/W_d\times100\%$

相对含水量(RWC)＝$(W_f-W_d)/(W_{ta}-W_d)\times100\%$

水分饱和亏(WSD)＝$(1-\text{RWC})\times100\%$

吸胀重/干重比值＝W_{ta}/W_d

3. 实验器材、试剂和材料

器材：天平(感量 0.001 g)，烘箱，干燥器，剪刀，铝盒(或称量瓶)，吸水纸等。

材料：植物叶片、根系等组织。

4. 实验步骤

(1)称鲜重(W_f)。将待测植物材料，快速剪碎后装入已知重量的铝盒(或称量瓶)中，并盖好盖子，在分析天平上称重，可求得鲜重。

(2)称干重(W_d)。把铝盒盖打开，放 100～105℃烘箱中，干燥 4～6 h，烘至恒重。

(3)称吸胀重(W_{ta}，饱和鲜重)。将称好鲜重的样品浸在水中数小时，取出用吸水纸吸去表面水液，立即称重；再放入水中浸一定时间后取出，吸去表面水液称重。直至两次重量几乎相等为止，最后的结果即为饱和鲜重。

5. 结果计算与分析

按原理中的公式计算含水量，相对含水量和水分饱和亏。

6. 注意事项

(1)对于幼嫩材料，应先在 100～105℃下杀死组织后，再在 80℃下烘至恒重，然后盖上铝盖放在干燥器中冷却，或者立即称出干重。

(2)如果事先对样品吸胀至饱和的所需时间进行测定,吸胀重只需称 1 次。

7. 思考题

(1)测定水分的自然饱和亏有何意义？水分自然饱和亏与植物的保水能力关系如何？

(2)根据临界饱和亏的大小能推测植物的抗旱能力,试述其理由。

参 考 文 献

1. 王学奎. 植物生理生化实验原理和技术. 北京:高等教育出版社,2006.
2. 赵世杰,等. 植物生理学实验指导. 北京:中国农业科学技术出版社,2002.

3.2 植物组织中自由水和束缚水含量的测定

1. 实验目的

植物组织中的水分以自由水和束缚水两种不同的状态存在。自由水与束缚水含量的高低与植物的生长及抗性有密切关系。自由水/束缚水比值高时,植物组织或器官的代谢活动旺盛,生长也较快,抗逆性较弱;反之,则生长较缓慢,但抗性较强。因此,自由水和束缚水的相对含量可以作为植物组织代谢活动及抗逆性强弱的重要指标。

2. 实验原理

自由水未被细胞原生质胶体颗粒吸附而可以自由移动、蒸发和结冰,也可以作为溶剂。束缚水则被细胞原生质胶体颗粒吸附而不易移动,因而不易被夺取,也不能作为溶剂。

基于上述特点以及水分依据水势差而移动的原理,将植物组织浸入高浓度(低水势)的糖溶液中一定时间后,自由水可全部扩散到糖液中,组织中便留下束缚水。自由水扩散到糖液后(相当于增加了溶液中溶剂)便增加了糖液的重量,同时降低了糖液的浓度。测定此降低了的糖液的浓度,再根据原先已知的高浓度糖液的浓度及重量,可求出浓度降低了的糖液的重量。用浓度降低了的糖液的重量减去原来高浓度糖液的重量即为植物组织中的自由水的量(即扩散到高浓度糖液中的水的量)。最后,用同样的植物组织的总含水量减去此自由水的含量即是植物组织中束缚水的含量。

3. 实验器材、试剂和材料

器材:阿贝折射仪,分析天平,烘箱,称量瓶,打孔器,量筒。

材料:小白菜,植物叶片。

试剂:60%～65%的蔗糖溶液(重量百分浓度)。

4. 实验步骤

1)植物组织中总含水量的测定

(1)取称量瓶 3 只(3 次重复,下同),依次编号并分别准确称重。

(2)在田间选取生长一致的待测的植物数株,各选部位、长势、叶龄一致的有代表性叶子数片。用打孔器钻取小圆片 150 片(注意避开粗大的叶脉),立即装到上述称量瓶中(每瓶随机装入 50 片),盖紧瓶盖并精确称重。

(3)将称量瓶连同小圆片置烘箱中 105℃下烘 15 min 以杀死植物组织细胞,再于 80～90℃下烘至恒重(称重时须置干燥器中,待冷却后称)。

2)植物组织中自由水含量的测定

(1)另取称量瓶3只,编号并分别准确称重。

(2)用打孔器打取小叶圆片150片(植物材料的选取同上),立即随机装入3个称量瓶中(每瓶装50片),盖紧瓶盖并立即称重。

(3)3个称量瓶中各加入60%～65%的蔗糖溶液5 mL左右,再分别准确称重。

(4)各瓶于暗处置4～6 h(经减压处理后,只需在暗处置1 h),其间不时轻轻摇动。到预定的时间后,充分摇动溶液。用阿贝折射仪分别测定各瓶中糖液的浓度,同时测定原来的糖液浓度。

5. 结果计算与分析

植物组织的总含水量＝$(W_1-W_2)/(W_1-W_0)\times 100\%$;

植物组织中自由水的含量＝$(W_3-W_1)\times(C_1-C_2)/[(W_1-W_0)\times C_2]\times 100\%$;

植物组织中束缚水的含量＝组织总含水量－组织中自由水含量。

设称量瓶重量为W_0,称量瓶与小圆片的重量为W_1(鲜重)和W_1(干重),称量瓶与小圆片及糖液的重量为W_3,糖液原来的浓度为C_1,浸过植物组织后的糖液的浓度为C_2。

6. 注意事项

(1)打叶圆片时注意避开粗大的叶脉。

(2)植物组织的总含水量和自由水的含量测定3次,并求出其平均值。

7. 思考题

(1)测定植物组织中自由水和束缚水含量有何意义?

(2)自由水和束缚水比值的大小及抗性关系如何?

参 考 文 献

1. 王学奎.植物生理生化实验原理和技术.北京:高等教育出版社,2006.

2. 赵世杰,等.植物生理学实验指导.北京:中国农业科学技术出版社,2002.

3.3　植物组织水势的测定

3.3.1　压力室法测定植物组织水势

1. 实验目的

水势与渗透势的测定方法可分为3大类,有液相平衡法(包括小液流法、重量法测水势,质壁分离法测渗透势)和压力平衡法(压力室法测水势),还有一类是气相平衡法,包括热电偶湿度计法、露点法等。

液相平衡法所需仪器设备简单,但手续繁琐、效率低,难以自动记录;压力平衡法适于测定枝条或整个叶片的水势,对于小型样品如叶圆片等则无能为力。气相平衡法能广泛用于各种植物叶片水势和渗透势的测定,所需样品量极少、测量精度高,是近年来发展起来的一类较好的植物水势及其组分的测定技术。

2. 实验原理

植物叶片通过蒸腾作用不断向环境散失水分,产生蒸腾拉力。导管中的水分由于"内聚力"的作用而形成连续的水柱。因此,对于蒸腾着的植物,其导管中的水柱由于蒸腾拉力的作用，承受着一定的张力或负压，使水分连贯地向上运输。当叶片或枝条被切断时，木质部中的液流由于张力解除迅速缩回木质部。将叶片装入压力室钢筒，叶柄切口朝外，逐渐加压，直到导管中的液流恰好在切口处显露时，所施加的压力正好抵偿了完整植株导管中的原始负压。这时所施加的压力值（通常称为“平衡压”）将叶片中的水势提高到相当于开放大气中导管中液体渗透势 $\psi_{s(sap)}$ 的水平。由于通过导管周围完整活细胞半透膜进入木质部导管的汁液，其渗透势常接近于 0（活性溶质含量很低），因此，有下式成立：

$$P+\psi_w=\psi_s\approx 0\rightarrow \psi_w=-P$$

式中，P 为平衡压（正值）；ψ_w 为叶片或枝条的水势（负值）；ψ_s 为木质部汁液的渗透势。

3. 实验器材和材料

器材：压力室式水势测定仪，充满压缩氮气的钢瓶，剪刀 1 把，双面刀片，纱布等。

材料：枝条，具柄叶片，禾本科植物叶片或植物苗期地上部分等。

4. 实验步骤

1）仪器准备

用高压金属软管通过过渡接头把贮气瓶与水势仪连接好。打开仪器箱，取下压力室盖，按测定材料的需要装好相应大小的孔（缝）金属垫片和橡胶密封垫，放在仪器台上的凹陷处。关闭进气阀和排气阀。为了避免仪器加压过高引起压力室内升温和空气变干的影响，可用湿润的纱布块放在压力室底部（注意不要堵塞进气孔）或罩在材料上。

2）取样和装样

用小刀取供试样品，叶柄和枝条应多于 3 cm 的长度用于固定到密封垫上，将它穿过盖上的孔（缝）使切割端露出几毫米，转动具有把手的压帽将材料夹好，要做到密封又不损伤材料。为了减少水分散失，应尽快将盖放回，使它沿槽下降并顺时针转动，使盖上的字码与筒体字码重合，关好压力室，切记不可疏忽大意，在未盖子时加压，使压力室盖脱出造成危险。

3）加压测定

打开贮气瓶阀少许（不宜开得过大），仪器台面上的小压力表指针转动，停下的位置示贮气瓶气压。轻微打开进气阀，使压力以 1/5 kg/(cm^2 · s) 的速度上升，并用发光放大镜在压力室上部旁边从 35°处观察材料切面。当切面呈现湿润时立即关闭进气阀，从精密压力表上记下读数，查表换算出水势值（MPa），如果操作时光线不好或在夜间工作，可打开发光镜开关观察。操作中如密封垫因未压紧漏气时，可轻轻将压帽进一步拧紧到不漏气为止。

读数结束后，打开排气阀使压力室内的气体逸出，精密压力表指针回到零处，打开室盖取下材料，关闭排气阀，进行下一次测定。工作结束后关闭贮气瓶阀门，把仪器中的气体放尽，做好清洁工作，把箱盖盖好。

5. 注意事项

（1）装样时螺旋环套不要拧得太紧，要做到密封又不损伤材料。

（2）加压速度不能太快，接近叶片水势时加压速度要放慢，否则会影响测量精度。

（3）高压钢瓶有危险，搬运或使用时要注意。

（4）试样如不能立即测定时，应迅速将其装入塑料袋或微湿润的纱布内，放入带盖的瓷盘中，防止水分散失。

（5）材料的切面应力求平整，否则应再作一次薄的垂直平滑切割。

6. 思考题

(1)压力室法测定水势时,加压速度为什么不能太快?

(2)你还知道测定植物水势的其他方法吗?

参考文献

1. 王学奎. 植物生理生化实验原理和技术. 北京:高等教育出版社,2006.
2. 赵世杰,等. 植物生理学实验指导. 北京:中国农业科学技术出版社,2002.
3. Turner N C. Measurement of plant water status by the pressure chamber technique. Irrig. Sci. ,1988,9(4):289-308.

3.3.2　露点法测定植物组织水势

1. 实验目的

气相平衡法,包括热电偶湿度计法、露点法等。气相平衡法能广泛用于各种植物叶片水势和渗透势的测定,所需样品量极少,测量精度高,是近年来发展起来的一类较好的植物水势及其组分的测定技术。

2. 实验原理

将叶片或组织汁液密闭在体积很小的样品室内,经一定时间后,样品室内的空气和植物样品将达到温度和水势的平衡状态。此时,气体的水势(以蒸气压表示)与叶片的水势(或组织汁液的渗透势)相等。因此,只要测出样品室内空气的蒸气压,便可得知植物组织的水势(或汁液的渗透势)。由于空气的蒸气压与其露点温度具有严格的定量关系,本仪器便通过测定样品室内空气的露点温度而得知其蒸气压。该仪器装有高分辨能力的热电偶,热电偶的一个结点便安装在样品室的上部。测量时,首先给热电偶施加反向电流,使样品室内的热电偶结点降温(Peltier 效应),当结点温度降至露点温度以下时,将有少量液态水凝结在结点表面,此时切断反向电流,并根据热电偶的输出电位记录结点温度变化。开始时,结点温度因热交换平衡而很快上升;随后,则因表面水分蒸发带走热量,而使其温度保持在露点温度,呈现短时间的稳衡状态;待结点表面水分蒸发完毕后,其温度将再次上升,直至恢复原来的温度平衡。记录下稳衡状态的温度,便可将其换算成待测样品的水势或渗透势。

3. 实验器材、试剂和材料

器材:Psypro 露点水势测量系统,C-52 样品室可用来测定动植物各种组织(包括根、茎、叶)及液体的水势,L-51 活体叶片水势探头用于活体测定。

Psypro 露点水势测量系统由 Psypro 露点水势测量记录仪与相匹配的系列传感器(样品室),如 C-52 样品室、L-51 和 L-51A 样品室、PCT-55/PST-55 土壤水势探头等组成,用以在实验室或野外快捷、方便地测定土壤或叶片的水势。该系统可以自动测量、记录和存储数据,直接显示 MPa 的读数。同时可连接最多 8 个样品室。

C-52 样品室用以测量土壤、离体叶片或溶液的水势;L-51/L-51A 叶水势探头:无损、原位测量叶水势,而且 L-51A 专用测量草类叶片。

材料:小青菜(便于打叶圆片的材料)。

4. 实验步骤

(1)离体测定法。用打孔器在待测叶片上钻取直径 0.6 cm 的叶圆片,迅速放入 C-52 型样品室中平衡几分钟至 2 h(平衡时间视材料水势高低而定),样品室与仪器连接,测定平衡后的样品的 μV 数,除以 7.5 μV/MPa,即为水势值。

(2)活体测定法。在田间供试植株的待测叶片上装上 L-51 型活体样品室,平衡一段时间后测定,连接主机进行测定。

(3)叶片渗透势测定。

叶圆片冻融法:钻取供试植株叶圆片,迅速放入密封袋中,随即放入－40℃下冰冻 3 h,取出于室温下平衡 3 h 后,即可测定。

榨出汁液法:取供试植株叶片,去中脉,迅速放入一尖底离心管,封口,于－40℃下冰冻 1 h 后,取出融化,用一平头玻棒挤压叶片以榨出汁液,吸取 10 μL 置于 C-52 叶室中(预先在叶室中放置圆形滤纸片一张),平衡一段时间(30 min 以上)即可测定。

5. 注意事项

(1)一般认为叶圆片边缘的水分散失和离体期间的淀粉水解会造成测定的一定误差,但只要合理取样并迅速将叶圆片密封到样品室中,可把误差减少到最小。

(2)在使用 C-52 样品室时,切勿将样品放得高出或大于样品室小槽。

6. 思考题

如何理解样品水势不同,所需平衡时间不同,样品水势越低,所需平衡时间越长?

参 考 文 献

1. 赵世杰,等. 植物生理学实验指导. 北京:中国农业科学技术出版社,2002.
2. Stahl U, Ho A, Brent G, *et al*. Measurements of solutions and contact lenses with a vapor pressure osmometer. Optom. Vis. Sci., 2007, 84(4): 321-327.
3. Kaplan F, Lewis L A, Wastian J, *et al*. Plasmolysis effects and osmotic potential of two phylogenetically distinct alpine strains of Klebsormidium (*Streptophyta*). Protoplasma, 2012, 249: 789-804.

3.3.3 小液流法测定植物组织水势

1. 原理

水总是由水势高处流向低处,水进入植物体并分布到各个组织器官中,是由水势差决定的,水势越高,吸水能力越差。当植物组织放在外界溶液中,如果植物组织的水势小于溶液的渗透势,组织吸水,外界溶液浓度加大,比重增加;如果植物组织水势高于溶液的渗透势,则反之,外界溶液浓度降低,比重下降;如果植物组织的水势与外界溶液的渗透势平衡相等,则浸泡过植物组织的溶液的浓度和比重不变,该溶液为相应组织的等渗溶液,在同样温度、大气压力条件下,其渗透势即为组织的水势。

2. 仪器与试材

叶菜类,如青菜(新鲜状态、萎蔫状态);蔗糖,甲烯蓝;15 或 20 mL 刻度大试管 12 支,5 或 10 mL 加盖小试管 12 支。打孔器;毛细滴管;真空装置。

3. 操作步骤

(1)浓度梯度蔗糖溶液的配制(母液:1 mol/L)。

大试管编号	1	2	3	4	5	6
	1′	2′	3′	4′	5′	6′
蔗糖浓度/(mol/L)	0.1	0.2	0.3	0.4	0.5	0.6

每支大试管中蔗糖溶液体积 10 mL。注意:每次取母液前需摇匀。

(2)分别从大试管中各移 2 mL 溶液至对应的小试管中(即从 1 号大试管取 2 mL 溶液至Ⅰ号小试管中,从 1′号大试管中取 2 mL 溶液至Ⅰ号小试管中,依此类推,直至从 6 号大试管中取 2 mL 溶液至Ⅵ小试管中,从 6′号大试管中取 2 mL 溶液至Ⅵ′小试管中)。注意:每次从大试管中取 2 mL 溶液前需摇匀。

(3)取材与渗透试验。取新鲜状态青菜叶片,避开叶脉,用打孔器取叶圆片,合计取 60 片,每 10 片样品分别放在标记为Ⅰ、Ⅱ、Ⅲ、Ⅳ、Ⅴ和Ⅵ的小试管中,加盖,室温下放置 30 min。每 3～5 min 轻摇试管,或抽真空,以让植物组织充分浸在蔗糖溶液中。注意随机取样,取自相同叶位的叶圆片均匀分放在各试管中。

取萎蔫状态青菜叶片过程与新鲜状态青菜叶片相同,每 10 片样品分别放在标记为Ⅰ′、Ⅱ′、Ⅲ′、Ⅳ′、Ⅴ′和Ⅵ′的小试管中。

(4)观察。每支小试管中加入少许甲烯蓝粉末,摇匀溶解。用毛细管吸微量溶液后,插入相对应的大试管中部,轻挤一滴后,即时观察液滴运动方向。液滴下沉标记为"↓",液滴上浮标记为"↑",液滴静止则标记为"—"。将液滴运动状态记入表 3-1 中。注意,每次从另一小试管中取液滴前需彻底洗净、甩干毛细管。

4. 数据记录

表 3-1 浸泡过组织的小液流在原配置的蔗糖溶液中的运动动态

材料	新鲜材料						萎蔫材料					
取液滴的管号	Ⅰ	Ⅱ	Ⅲ	Ⅳ	Ⅴ	Ⅵ	Ⅰ′	Ⅱ′	Ⅲ′	Ⅳ′	Ⅴ′	Ⅵ′
大试管号和蔗糖浓度 mol/L	1	2	3	4	5	6	1′	2′	3′	4′	5′	6′
	0.1	0.2	0.3	0.4	0.5	0.6	0.1	0.2	0.3	0.4	0.5	0.6
液滴运动记录												
举例	↓	↓	—	↑	↑	↑	↓	↓	↓	—	—	↑

$$计算:\psi_w=\psi_\pi=-CRTi(MPa)$$

$$R=0.008\,314\ L\cdot MPa(mol\cdot K)$$

$$i=1(蔗糖)$$

$$T=(273+t)$$

如果液滴运动状态如表 3-1 中列举的,室温为 25℃,该次供试的新鲜菜叶的 $\psi_w=-0.3\times0.008\,314\times(273+25)\times1=-0.74$ MPa;萎蔫菜叶的 $\psi_w=-[(0.4+0.5)/2]\times0.008\,314\times(273+25)\times1=-1.11$ MPa。萎蔫菜叶的水势低于新鲜菜叶。

5. 结果分析

以上列举的液滴动态符合理论规律,但是,实际操作过程中,如果某一步不规范,其实验所得结果就可能会与理论有很大差距,应分析其原因。

参考文献

南京农业大学植物生理组自编教材.植物生理学实验指导,1991.

3.4 细胞渗透势的测定(质壁分离法)

1. 实验目的

观察植物组织在不同浓度溶液中细胞质壁分离的产生过程及其用于测定植物组织渗透势的方法。

2. 实验原理

将植物组织放入一系列不同浓度的蔗糖溶液中,经过一段时间,植物细胞与蔗糖溶液间将达到渗透平衡状态。如果在某一溶液中细胞脱水达到平衡时刚好处于临界质壁分离状态,则细胞的压力势 ψ_p 下降为零。此时细胞液的渗透势 ψ_s 等于外液的渗透势 ψ_{s0},即 $\psi_s=\psi_{s0}$,此溶液称为该组织的等渗溶液,其浓度称为该组织的等渗浓度,因此,只要测出植物组织的等渗浓度,即可计算出细胞液的渗透势 ψ_s。

实际测定时,由于临界质壁分离状态难以在显微镜下直接观察到,故一般均以初始质壁分离作为判断等渗浓度的标准。当用一系列梯度浓度溶液观察细胞质壁分离现象时,将介于刚刚引起初始质壁分离的浓度和尚不能引起质壁分离的浓度之间的溶液浓度作为细胞的等渗浓度。代入公式即可计算出其渗透势。

3. 实验器材、试剂和材料

器材:显微镜,载玻片,盖玻片,镊子,刀片,培养皿(或具塞试管),记号笔,滴管。

试剂:1 mol/L 蔗糖溶液。

材料:带有色素的植物组织或叶片(可选用有色素的洋葱鳞片的表皮,紫鸭跖草,蚕豆,小麦,玉米等叶片)。

4. 实验步骤

(1)配制 0.2、0.3、0.4、0.5、0.6、0.7 mol/L 的蔗糖溶液,贮于 6 个试管中。

(2)取 6 套干净清洁的小培养皿,用记号笔编号,将配制好的不同浓度的蔗糖溶液按顺序倒入各个培养皿中使成一薄层,盖好皿盖。

(3)撕取带有色素的植物组织的表皮,迅速投入各种浓度的蔗糖溶液中,每个培养皿中放 3 片表皮,使其完全浸没。

(4)浸泡 20~40 min,同时记录室温,然后取出表皮,放在载玻片上,滴 1 滴相同浓度的蔗糖,盖上盖玻片,在显微镜下观察质壁分离的细胞数和细胞总数,确定引起 50%细胞发生质壁分离的外界溶液浓度,即为细胞的等渗浓度。

5. 结果计算与分析

由所得到的等渗浓度和测定的室温,可用下式计算细胞液的渗透势(ψ_s):

$$\psi_s=-iCRT$$

式中,ψ_π 为细胞渗透势(MPa);R 为气体常数[0.083 14 MPa·L/(mol·K)];T 为绝对温度(273+t℃);i 为解离系数(等渗系数,蔗糖溶液为 1)。

6. 注意事项

(1)可用 $CaCl_2$ 或 NaCl 代替蔗糖,但须改变式中等渗系数。$CaCl_2$ 的 i 值可用 2.6,NaCl 的 i 值一般为 1.8。

(2)必要时配制蔗糖/溶液浓度的相差可小于 0.05 mol/L。

7. 思考题

(1)某植物叶片吸水饱和时的渗透势经测定为-0.8 MPa,又用质壁分离法测出其渗透势为-0.9 MPa,请计算质壁分离状态的细胞液体积相当于饱和时的百分数。

(2)质壁分离法除了用于测定细胞渗透势外还有什么用处?

参 考 文 献

1. 王学奎. 植物生理生化实验原理和技术. 北京:高等教育出版社,2006.
2. 赵世杰,等. 植物生理学实验指导. 北京:中国农业科学技术出版社,2002.
3. 张志良,瞿伟菁,李小方. 植物生理学实验指导. 4 版. 北京:高等教育出版社,2009.
4. Kaplan F, Lewis L A, Wastian J, *et al*. Plasmolysis effects and osmotic potential of two phylogenetically distinct alpine strains of Klebsormidium(*Streptophyta*). Protoplasma, 2012,249:789-804.

3.5 植物吐水和伤流现象的观察

1. 实验原理

伤流和吐水是证实根压存在的两种生理现象。由根的代谢作用而引起的植物吸水现象,称为主动吸水。吐水与伤流是根系主动吸水的外在表现。

1)伤流

从受伤或折断的植物组织伤口处溢出液体的现象称为伤流(bleeding)。伤流是由根压引起的。把丝瓜茎在近地面处切断后,伤流现象可持续数日。从伤口流出的汁液叫伤流液,其中除含有大量水分之外,还含有各种无机物、有机物和植物激素等。凡是能影响植物根系生理活动的因素都会影响伤流液的数量和成分,所以伤流液的数量和成分可作为根系活动能力强弱的生理指标。

2)吐水

生长在土壤水分充足、潮湿环境中的植株,叶片尖端或边缘的水孔向外溢出液滴的现象称为吐水(guttation)。吐水也是由根压所引起的。吐水作用是由于蒸腾作用微弱,根部吸入的水分从水孔溢出,集成液滴,出现在叶尖或叶缘处,这种现象一般发生在夜间或清晨温暖湿润的条件下。叶尖和叶缘上有水滴出现,可作为根系正常活动的一种标志,用呼吸抑制剂处理植株根系可抑制吐水。植物生长健壮,根系活动较强,吐水量也较多,所以在生产上,吐水现象可以作为根系生理活动的指标,并能用以判断苗长势的强弱。

吐水现象在盛夏的清晨最容易看到,因为白天的高温使根部的吸水作用变得异常旺盛,而夜间蒸腾作用减弱,湿度又大。

2. 实验材料

葡萄、瓜类植物、水稻(生长在土壤水分充足、潮湿环境中的植物)。

参 考 文 献

1. 蔡庆生. 植物生理学. 北京:中国农业大学出版社,2011.
2. 张志良,瞿伟菁,李小方. 植物生理学实验指导. 4 版 . 北京:高等教育出版社,2009.
3. Kehr J,Rep M. Protein extraction from xylem and phloem sap. Method Mol. Biol. ,2007, 355:27-35.
4. Shapira O,Israeli Y,Shani U,*et al*. Salt stress aggravates boron toxicity symptoms in banana leaves by impairing guttation. Plant Cell Environ. ,2012.

拓展实验

3.6 K^+对气孔开度的影响

1. 实验原理

保卫细胞的渗透系统受钾离子调节。光下,保卫细胞中的叶绿体通过光合磷酸化生成ATP,ATP 驱动质膜上的 K^+-H^+泵,使保卫细胞能逆浓度梯度从周围表皮细胞吸收钾离子,或从外界溶液中吸收钾离子,从而降低其渗透势,使气孔开放。

2. 实验器材、试剂和材料

器材:显微镜,载玻片,盖玻片,镊子,刀片,培养皿,滴管。

试剂:0.5%硝酸钾,0.5%硝酸钠,纯水。

材料:蚕豆叶片。

3. 实验步骤

(1)在 3 个培养皿中各加入 0.5% KNO_3,5% $NaNO_3$ 及蒸馏水 15 mL。

(2)撕蚕豆叶下表皮若干,放入上述 3 个培养皿中。

(3)将培养皿放入 35℃温箱中,使溶液温度达到 30～35℃。

(4)将培养皿置于光照条件下照光 1～1.5 h,光照强度在 4 000 lx 左右。

(5)同时用物镜测微尺标定目镜测微尺,标定目镜测微尺每小格在特定放大倍率下的数值(μm)。

(6)3 种处理的蚕豆表皮分别在显微镜下用目镜测微尺测气孔开度。

每组处理统计 10 个气孔开度,计算平均值,比较开度大小。

4. 结果计算与分析

根据实验结果,解释钾离子引起气孔张开的机理。

5. 注意事项

(1)一定要让表皮条完全浸没在溶液中,否则会造成气孔开度不均匀,最后统计结果误差过大。

(2)供试材料除蚕豆外,还可选用鸭跖草和紫鸭跖草。

(3)实验前要给材料预照光,促使气孔适度开放,这样可缩短实验时间,提高处理效应。

6. 思考题

钾离子引起气孔张开的原理是什么?

参考文献

1. 王学奎. 植物生理生化实验原理和技术. 北京：高等教育出版社，2006.
2. 赵世杰，等. 植物生理学实验指导. 北京：中国农业科学技术出版社，2002.
3. 张志良，瞿伟菁，李小方. 植物生理学实验指导. 4 版. 北京：高等教育出版社，2009.

3.7　植物蒸腾速率的测定

1. 实验目的

蒸腾速率是计量蒸腾作用强弱的一项重要指标，其强弱因植物种类而不同，并受外界因素如光照、温度、湿度等影响。在研究植物水分代谢时，常有测定的必要。

2. 实验原理

（1）离体快速称重法：离体植株蒸腾失水，重量减轻，且在短时间内，其蒸腾速率与实际情况相近，故可用称重法测得一定叶面积（或一定叶片重量）在一定时间内所失的水量来表示蒸腾速率。植物叶片在离体后的短时间内（数分钟），蒸腾失水不多时，失水速率可保持不变，但随着失水量的增加，气孔开始关闭，蒸腾速率将逐渐减少，故此实验应快速（在数分钟内）完成。

（2）干燥管吸湿法：可测定活体植株的蒸腾速率。用干燥管连接装有叶片的气室，由气泵抽气把气室空气流经干燥管，称取干燥剂单位时间增量以及测定叶面积便可计算蒸腾速率。

（3）光合仪测定：LI-6400 便携式光合仪根据精密测量叶片表面 CO_2 浓度及水分的变化情况来测量植物叶片的光合速率、蒸腾速率、气孔导度、荧光等与植物光合作用相关的参数。由于叶片蒸腾产生水汽，使叶室中湿度提高，安装在叶室中的湿度感应器可测出湿度的变化，经主机电脑计算出蒸腾速率[Trmmol，单位 mmol/(m^2 · s)和气孔导度(Cond，单位 mol/(m^2 · s)]。

3. 实验器材、试剂和材料

器材：LI-6400 便携式光合仪。

材料：三叶期玉米幼苗。

参考文献

1. 赵世杰，等. 植物生理学实验指导. 北京：中国农业科学技术出版社，2002.
2. 蒋德安. 光合作用、呼吸、蒸腾和气孔导度（LI-6400）测定方法. 国家精品课程：植物生理学（浙江大学）.
3. LI-6400XT Measurements. www. licor. com/env/products/photosynthesis.

3.8　植物伤流液中糖、氨基酸和矿质元素含量的分析

植物根系不仅是吸收水分和矿质元素的重要器官，同时也是许多重要物质的合成器官。当植物地上部分被切去时，不久即有液滴从切口流出，这种现象称为伤流，流出的汁液叫伤流液。伤流是由根压引起的。伤流液的数量和其中的成分可反映出根系的生理活动状态。

1. 实验原理

伤流液一般无色，故可通过点滴显色反应，利用伤流液鉴定可溶性糖、氨基酸和矿质元素

(如 N、P、K 等大量元素)的存在。

用蒽酮试剂和茚三酮试剂可以鉴别出可溶性糖和氨基酸,通过显色反应可以鉴定根系从土壤中吸收的一些无机盐成分。

二苯胺在强酸性条件下,被硝酸盐氧化成深蓝色化合物,用以检测硝态氮。

萘氏试剂用以定性检出铵离子和氨,作用时析出黄色或红棕色产物。

无机磷的鉴定利用:钼酸铵遇磷酸盐生成磷钼酸铵,它的氧化能力极强,可以将难以被钼酸或钼酸盐氧化的联苯胺氧化,生成钼蓝和联苯胺蓝两种蓝色物质。

中性或微酸性的钾盐溶液加入亚硝酸钴钠,生成黄色晶状的亚硝酸钴钠钾,如有硝酸银存在,则形成亚硝酸钴银钾沉淀。

2. 实验器材、试剂和材料

器材:水浴锅,三角烧瓶,乳胶管,剪刀,白瓷板,烘箱,试管,软木塞,45°弯曲玻璃管。

试剂:蒽酮,茚三酮,二苯胺,萘氏试剂,钼酸铵溶液,联苯胺溶液,饱和醋酸钠,硝酸银,亚硝酸钴钠。

材料:茎基部直径约 4 mm 的植株。

3. 实验步骤

1)伤流液的收集

(1)取内径为 3~4 mm,长约 20 cm 的玻璃管,离一端约 3 cm 处在煤气灯上弯成约 45°角。

(2)剪取与玻璃管粗细相当的乳胶管 4 cm,紧紧地套在弯好的玻璃管较短的一头,并用线扎紧,以防漏水。

(3)取与三角烧瓶口相当的软木塞一个,塞上打两个孔,其中一孔插入玻璃管的长端,孔的大小必须与玻璃管紧密接触。另一小孔内插入约 4 cm 长细玻璃管,将软木塞紧紧塞于三角烧瓶上。

(4)挑选茎的基部直径约 4 mm 的植株,在离地面 3 cm 处用锋利的小刀切除地上部分,将乳胶管另一端紧套在植株的基部茎上,并用线扎紧不使其漏水。将三角烧瓶位置放得稍低于地表(可事先挖一小坑)。在植株根部浇上足够的水,第二天就可以获取伤流液。

2)伤流液中可溶性糖的鉴定

取伤流 1 mL 于干洁的试管中,加入蒽酮试剂 5 mL 混合,于沸水浴中煮沸 5~10 min,绿颜色表示糖的存在,其绿色深浅与糖的含量一致。

3)伤流液中氨基酸的鉴定

取伤流液 1 mL 于干洁的试管中,加入茚三酮试剂 3~4 滴混合,于沸水锅中煮沸 5~10 min,颜色变为蓝色表示有氨基酸存在。

4)硝态氮的鉴定

取一滴伤流液在白瓷板上,加一滴二苯胺试剂,如有蓝色出现,说明伤流液中有 NO_3^- 存在。

5)铵态氮的鉴定

取一滴伤流液在白瓷板上,加一滴萘氏试剂,如有黄色出现,说明伤流液中有 NH_4^+ 存在。

6)无机磷的鉴定

取一滴伤流液在白瓷板上,加一滴钼酸铵溶液,干燥后加一滴联苯胺溶液和一滴饱和醋酸钠溶液，如有蓝色出现，说明伤流液中有磷存在。

7)钾离子的鉴定

取一滴伤流液在白瓷板上，放在70℃烘箱中片刻，使 NH_3 逸出，再加一滴硝酸银和少许固体亚硝酸钴钠，荧光黄色的混浊出现指示钾的存在。

4. 注意事项

(1)实验中使用的试剂具有强烈的腐蚀性。

(2)采样时间宜在上午8:00以前，取样后应及时测定。

(3)原子吸收光谱法(AAS)和电感耦合等离子体发射光谱(ICP-OES)是测定金属元素含量的常用方法，其中后者还具有同时进行多元素测定的能力。

(4)若要深入研究韧皮部或木质部汁液的成分，则要参照 Kehr 和 Rep(2007)的方法分别收集韧皮部汁液和木质部汁液。

参考文献

1. 张志良，瞿伟菁，李小方. 植物生理学实验指导. 4版. 北京：高等教育出版社，2009.

2. Kehr J, Rep M. Protein extraction from xylem and phloem sap. Methods Mol Biol, 2007, 355:27-35.

设计实验

3.9 水分胁迫下ABA对气孔开度的影响

1. 实验原理

ABA常被称为胁迫应激激素，在各种逆境胁迫下，植物内源ABA水平都会急剧上升。最典型的例子是叶片中的ABA浓度在水分胁迫条件下短时间内可以急剧上升。当土壤干旱时，失水的根系产生根源信号，ABA通过木质部运到地上部调节气孔开度。

一方面ABA诱导一些胁迫响应基因的表达，这些基因包括编码渗透调节物质和LEA蛋白等的合成；另一方面ABA调整保卫细胞离子通道，通过激活保卫细胞中的 Ca^{2+}、K^+、阴离子通道和调节离子进出细胞模式改变保卫细胞的膨压，从而抑制气孔开放或促进气孔关闭，降低植物水分的蒸发，增强抗旱能力。

2. 实验器材、试剂和材料

器材：高效液相色谱 HPLC。

试剂：PEG6000，Hoagland 营养液，ABA合成抑制剂(TungstaTte 和 Fluridone)。

材料：玉米种子、三叶期玉米幼苗。

3. 实验方案

1)以种子为起始材料

玉米种子用ABA合成抑制剂 Fluridon(40 μM)处理8 h，然后用水冲洗两次，催芽培育白化苗，待幼苗第二片叶完全展开后，玉米幼苗用双面刀片从基部截取，放在蒸馏水中2 h以消除伤害胁迫。再进行水分胁迫处理。水分胁迫由 PEG 6000(−0.7 MPa)所诱导。

利用 HPLC 测定叶片中 ABA 的含量，利用 LI-6400 便携式光合仪测气孔导度。

2)直接利用正常绿色的三叶期玉米幼苗

玉米幼苗用双面刀片从基部截取,放在蒸馏水中 2 h 以消除伤害胁迫。植株先经 ABA 合成抑制剂如 Tungstate(2 mM)预处理 6 h 后,再进行水分胁迫处理。水分胁迫由 PEG 6000(—0.7 MPa)所诱导。

3)生理指标的测定

利用 HPLC 测定叶片中 ABA 的含量,利用 LI-6400 便携式光合仪测气孔导度。

4. 结果分析

分析水分胁迫下 ABA 含量与气孔开度的关系。

参考文献

1. 陈雪梅,王沙生. HPLC 法定量分析植物组织中 ABA、IAA 和 NAA. 植物生理学通讯,1992,28(5):368-371.
2. Taiz L,Zeiger E. Plant Physiology. Fifth Edition. Sinauer Associates.
3. Jiang M Y,Zhang J H. Water stress-induced abscisic acid accumulation triggers the increased generation of reactive oxygen species and up-regulates the activities of antioxidant enzymes in maize leaves. Journal of Experimental Botany,2002,53: 2401-2410.

3.10 水分胁迫对植物水分代谢、光合作用和呼吸作用的影响

1. 实验原理

水分胁迫下植物水分平衡被打破,叶片的水势、相对含水量、气孔导度和蒸腾速率都明显降低。

干旱胁迫抑制叶片伸展、引起气孔关闭、减少 CO_2 摄取量、增加叶肉细胞阻力、降低光合作用过程中相关酶活性、破坏叶绿素结构和降低叶绿素含量等,最终影响 CO_2 的固定还原和光合同化能力,光合作用减弱,光合速率下降。

植物在干旱胁迫下,合成有机渗透物质适应或抵抗胁迫等一系列过程都需要消耗大量能量。干旱胁迫首先导致作物呼吸作用加强,使氧化磷酸化解偶联,能量多以热的形式被消耗,而后随时间的延长而减弱。干旱胁迫引起植物呼吸变化的模式与植物种类、器官和年龄有关,即使是同一植物的不同器官在干旱胁迫条件下呼吸变化的模式也不一样,呼吸变化程度随干旱胁迫程度和历时不同而异。

2. 实验器材、试剂和材料

器材:LI-6400 便携式光合仪(或者 Chlorolab-2 型氧电极),Psypro 露点水势测量系统。

试剂:PEG6000,Hoagland 营养液,ABA 合成抑制剂(TungstaTte 和 Fluridone)。

材料:三叶期玉米幼苗。

3. 实验方案

1)材料与处理

对于三叶期玉米幼苗进行处理,试验设对照(每天浇水),处理组自然干旱,持续 6 d,解除胁迫后恢复正常供水;或者用 PEG6000(—0.7 MPa)模拟干旱,前期水培育苗,每天更换培养液或处理液。

2)水分代谢、光合作用和呼吸作用相关指标的测定

测定叶片含水量，利用 Psypro 露点水势测量系统测定叶片水势。

叶片净光合速率、呼吸速率、蒸腾速率和气孔导度等指标用 LI-6400 便携式光合作用测定仪进行测定。

3)氧电极法测定植物组织的光合与呼吸速率

叶片光合速率和呼吸速率等指标用 Chlorolab-2 型氧电极测定。

以上各项指标的测定均在在晴朗天气进行，测定时选用植物最上部充分展开的叶片。

4. 结果分析

探讨环境条件对水分代谢、光合作用和呼吸作用的影响。

参 考 文 献

1. 陈洪国，谢代寒，范付华. 研究型植物生理学综合实验设计——水分胁迫对植物水分、光合作用及呼吸作用的影响. 咸宁学院学报，2007，27(3)：106-107.

2. Jiang M Y，Zhang J H. Water stress-induced abscisic acid accumulation triggers the increased generation of reactive oxygen species and up-regulates the activities of antioxidant enzymes in maize leaves. Journal of Experimental Botany，2002，53：2401-2410.

3. Tognetti V B，*et al*. Perturbation of indole-3-butyric acid homeostasis by the UDP-glucosyltransferase UGT74E2 modulates Arabidopsis architecture and water stress tolerance. Plant Cell，2010，22：2660-2679.

4. 蒋德安. 光合作用、呼吸、蒸腾和气孔导度(LI-6400)测定方法. 国家精品课程网站：植物生理学(浙江大学).

第4章　植物矿质营养

基础实验

4.1　植物溶液培养法观察缺素症

植物的生长发育除了需要充足的阳光和水分之外，还需要矿质元素，否则植物就不能很好地生长发育甚至死亡。溶液培养法（solutionculturemethod）亦称水培法（waterculturemethod），是指在含有全部或部分营养元素的溶液中培养植物的方法。由于培养液中元素的种类和数量可以人为控制，因此当要了解某种元素是否为植物必需时，只需配置缺乏该种元素的培养液，观察植物在该培养液中所表现出来的症状，便可了解该元素的作用以及对植物生长发育的必要性。

1. 实验目的

(1)掌握溶液培养的实验技术以及配制贮备液的方法。

(2)通过植物的缺素培养，观察植物在缺乏 N、P、K、Ca、Mg、Fe 等矿质元素时的生理病症，了解矿质元素对植物生长发育的重要性。

(3)掌握植物缺素症的症状特征。

2. 实验原理

植物必需的矿质元素得到供应，植物才能正常地生长发育。如果缺少某一必需元素，植物便表现出缺素症状。本实验以霍格兰氏（Hoagland）培养液为基础进行植物溶液培养，同时观察植物在缺乏 N、P、K、Ca、Mg、Fe 等必需元素时的生理症状，加深对各种矿质元素生理作用的认识，为缺素症的诊断提供参考。

3. 实验器材、试剂和材料

仪器：

烧杯：500 mL×1、1 000 mL×1；搪瓷盘（带盖）：1 个；刻度吸管：5 mL×10、1 mL×1；石英砂或洁净河沙适量；量筒：1 000 mL×1；黑色蜡光纸适量；培养瓶（陶质盆或塑料广口瓶）：7 个；试剂瓶：500 mL×11；精密 pH 试纸（pH 5～6）或广泛 pH 指示剂；打孔器。

试剂：①$Ca(NO_3)_2 \cdot 4H_2O$；②KNO_3；③$MgSO_4 \cdot 7H_2O$；④KH_2PO_4；⑤K_2SO_4；⑥$CaCl_2$；⑦NaH_2PO_4；⑧$NaNO_3$；⑨Na_2SO_4；⑩EDTA-Na_2；⑪$FeSO_4 \cdot 7H_2O$；⑫H_3BO_3；⑬$MnSO_4$；⑭$CuSO_4 \cdot 5H_2O$；⑮$ZnSO_4 \cdot 7H_2O$；⑯$H_2MoO_4 \cdot H_2O$；⑰HCl；⑱NaOH；⑲HNO_3。

实验材料：玉米（*Zea mays* L.）或番茄（*Solanum esculentum*）种子。

4. 实验步骤

1)植物材料的培养

选取玉米或番茄饱满的种子，在 28～30℃下浸泡 24 h，然后播于盛有一定量的石英砂或洁净河沙的搪瓷盘中，在 20～28℃下玉米培养 8～10 d，番茄培养 15～18 d，当幼苗长出第 2

片真叶时，便可作为溶液培养材料。

2）配置培养液

按表 4-1 所列各化合物的质量浓度，取分析纯的试剂，用去离子水配置大量元素、微量元素及铁盐贮备液 1 000 mL。

表 4-1 大量元素及微量元素配置表

大量元素		微量元素		铁盐贮备液(EDTA-Fe)	
试剂成分	浓度/(g/L)	试剂成分	浓度/(g/L)	试剂成分	浓度/(g/L)
$Ca(NO_3)_2 \cdot 4H_2O$	236	H_3BO_3	2.860	EDTA-Na_2	7.45
KNO_3	102	$MnSO_4$	1.015	$FeSO_4 \cdot 7H_2O$	5.57
$MgSO_4 \cdot 7H_2O$	98	$CuSO_4 \cdot 5H_2O$	0.079		
KH_2PO_4	27	$ZnSO_4 \cdot 7H_2O$	0.220		
K_2SO_4	88	$H_2MoO_4 \cdot H_2O$	0.090		
$CaCl_2$	111				
NaH_2PO_4	24				
$NaNO_3$	170				
Na_2SO_4	21				

配备以上贮备液后，再按照表 4-2 配成完全培养液和缺乏某种元素的培养液，并用 0.1 mol/L NaOH 或 HCl 调节 pH 至 6～7。

表 4-2 完全培养液及缺素培养液配方表

贮备液	每 100 mL 培养液中贮备液的用量/mL						
	完全	缺 N	缺 P	缺 K	缺 Ca	缺 Mg	缺 Fe
$Ca(NO_3)_2$	0.5	—	0.5	0.5	—	0.5	0.5
KNO_3	0.5	—	0.5	—	0.5	0.5	0.5
$MgSO_4$	0.5	0.5	0.5	0.5	0.5	—	0.5
KH_2PO_4	0.5	0.5	—	—	0.5	0.5	0.5
K_2SO_4	—	0.5	0.1	—	—	—	—
$CaCl_2$	—	0.5	—	—	—	—	—
NaH_2PO_4	—	—	—	0.5	—	—	—
$NaNO_3$	—	—	—	0.5	0.5	—	—
Na_2SO_4	—	—	—	—	—	0.5	—
EDTA-Fe	0.5	0.5	0.5	0.5	0.5	0.5	—
微量元素	0.1	0.1	0.1	0.1	0.1	0.1	0.1

3）移植

取 7 个 1 000 mL 的培养瓶，用自来水洗净，再用硝酸(约 10 mL)消毒和除去其他离子，然后用自来水洗净硝酸(用 pH 试纸检查)再用去离子水冲洗 2 遍,即可使用。分别装入配制的完全培养液及各种缺素培养液 800 mL,调 pH6～7,贴上标签,写明日期。

如果培养瓶是透明的,需要把各瓶用黑色蜡光纸或黑纸包起来(黑面向里),或用报纸包 3 层,并用打孔器在瓶盖中间打 3 个圆孔,把选好的植株去掉胚乳,根须用蒸馏水冲净,并用棉花缠裹住茎基部,小心地通过圆孔固定在瓶盖上,使整个根系浸入培养液中(移植时切勿损伤根系),每瓶放 3 株,装好后将培养瓶放在阳光充足、温度适宜(20～25℃)的地方,培养 3～4 周。在盖与溶液直接应保留一定空隙,以利于通气。

4)培养与观察

移苗当天记录植物生长发育情况(株高、茎粗、茎颜色、根长、叶片数目、叶长和颜色),以后每两天观察 1 次,并记录各种缺素症状和最先出现症状的部位及发展进程。每 3 d 加蒸馏水 1 次以补充瓶内蒸腾损失的水分。培养液 1 周更换 1 次,最好每天通气 2～3 次或进行连续微量通气,以保证根系有充足的氧气。每 4～5 d 测定和调节培养液的 pH 值(用 0.1 mol/L NaOH 或 HCl 调节 pH 值至 6～7)。

实验约 28 d 结束,把所有的植株去除并做最后的观察、记录和拍照。

待各缺素培养液中的幼苗表现出明显症状后,把缺素培养液更换为完全培养液,观察植株症状是否减轻以致消失,并记录结果。

元素缺乏症检索表:

A. 病症在老叶
  B. 病症常遍及整株,基部叶片发黄干焦,茎短而细
    C. 植株浅绿,干燥时呈褐色 …………………………………………………… 氮
    C. 植株深绿,常呈红或紫色,干燥时呈暗绿 ………………………………… 磷
  B. 病症常限于基部,基部叶片缺绿杂色但不干焦,
  叶缘杯状卷起或皱缩
    C. 有坏死斑点
      D. 坏死斑点小,常在叶脉间,叶缘最显著,茎细 ………………………… 钾
      D. 坏死斑点大,普遍在叶脉间,最后出现于叶脉,叶厚,节间短 ………… 锌
    C. 有时呈红色,有坏死斑点,茎细 ……………………………………………… 镁
A. 病症在嫩叶
  B. 顶芽死亡,嫩叶变形和坏死
    C. 嫩叶初呈钩状,后从叶尖和叶缘向内死亡 ………………………………… 钙
    C. 嫩叶基部浅绿色,从叶基起枯死,叶卷曲 ………………………………… 硼
  B. 顶芽存活,但缺绿或萎蔫
    C. 嫩叶萎蔫,常有斑点或缺绿发黄,茎尖柔弱 ……………………………… 铜
    C. 嫩叶不萎蔫,具有缺绿症
      D. 坏死斑点小,且散布全叶,叶脉仍绿 …………………………………… 锰
      D. 无坏死斑点
        E. 叶脉仍绿 ……………………………………………………………… 铁
        E. 叶脉失绿 ……………………………………………………………… 硫

A. 病症在根

B. 根瘤少而小 ………………………………………………………………… 钼

B. 根尖生长受阻 ……………………………………………………………… 氯

5. 注意事项

(1)加入贮备液时适时搅拌，所用移液管要单液单用，避免交叉污染。

(2)配置贮备液时务必先大量加水到一定体积，随后再加入试剂，并按顺序先加入钾盐、钠盐、硝酸盐等易溶物质，待充分溶解并搅拌均匀后再加入溶解度较小的物质。

(3)铁盐贮备应避光保存。

(4)用棉花固定幼苗时，松紧要适当，太紧会损失幼苗，太松会掉入培养缸。

6. 思考题

(1)为什么说溶液培养是研究植物矿质营养的重要方法？

(2)如果培养缸是透明的，将会出现什么样的结果？为什么？

(3)比较植物缺乏 N、P、K、Ca、Mg、Fe 元素的病症有哪些异同？为什么？

(4)生产实践中应用元素缺乏症检索表来推测植物缺乏某种元素时，还需要考虑哪些因素会干扰推测结果？如何最终确定植物缺乏某种元素？

参 考 文 献

1. 张以顺，等. 植物生理学实验教程. 北京：高等教育出版社，2009.
2. 高俊凤. 植物生理学实验指导. 北京：高等教育出版社，2006.
3. 张蜀秋. 植物生理学实验技术教程. 北京：科学出版社，2011.
4. 赵义涛. 土壤肥料学. 北京：化学工业出版社，2009.

4.2　单盐毒害与离子拮抗现象观察

1. 实验目的

通过实验说明培养时培养液中各种离子平衡(各种离子及其浓度)的重要性。观察单盐对植物的毒害作用和离子间的拮抗作用；从而进一步了解矿质元素的相互作用，为科研和农业生产提供理论依据。

2. 实验原理

植物的正常生长发育需要多种矿质元素，如果植物在只含有某一种矿质元素的土壤或溶液中生长时，由于大量吸收这种矿质元素，从而会产生毒害作用，这种现象成为单盐毒害。在产生单盐毒害的土壤或溶液中，只要加入少量的其他矿质元素，由于不同离子对胶体的黏滞性、原生质膜的透性、酶活性调节等方面产生相互作用，从而毒害就会减弱或消除。离子间的这种相互作用，成为离子的拮抗作用。

3. 实验器材、试剂和材料

器材：500 mL 烧杯 4 个，镊子 1 把，涂蜡纱布或窗纱(大小以能蒙在烧杯上为宜)，500 mL 量筒 1 个，橡皮套。

试剂：0.12 mol/L KCl 溶液：称取分析纯 KCl 8.947 g 溶于少量蒸馏水中，移入 1 000 mL 容量瓶中，定容至刻度；0.12 mol/L NaCl 溶液：称取分析纯 NaCl 7.013 g 溶于少量蒸馏水中，移入 1 000 mL 容量瓶中，定容至刻度；0.06 mol/L $CaCl_2$ 溶液：取分析纯 $CaCl_2$ 6.659 g 溶于 1 000 mL蒸馏水中即可；混合液：取 0.12 mol/L NaCl 100 mL，0.12 mol/L KCl 2.2 mL 和 0.06 mol/L $CaCl_2$ 1 mL 混合。

材料：真叶尚未长出的小麦或水稻幼苗。

4. 实验步骤

（1）麦芽苗的制备。实验前 3～4 d，取培养皿 3 个，并取适量形态正常、饱满的小麦或水稻籽粒（用量以刚好覆盖培养皿底为宜）。在培养皿中注入去离子水，加入水的量以刚好没过种子一半为宜（即为籽粒提供充足水分，有利于保证其有氧呼吸的进行，便于进行代谢）。将处理好的培养皿至于 30℃恒温箱中培养（在皿的上方放置 1 块湿润的纱布，可有效防止水分的蒸发并增强籽粒的湿润度，利于发芽成苗）。培养约 1 周，待水培麦芽长到 1 cm 左右备用。

（2）取 500 mL 烧杯 4 个，分别加满下列溶液。0.06 mol/L $CaCl_2$；0.12 mol/L NaCl；0.12 mol/L KCl；0.06 mol/L $CaCl_2$，0.12 mol/L NaCl 和 0.12 mol/L KCl 混合液。

（3）用涂蜡的纱布或窗纱把烧杯盖上，用橡皮筋缚紧，在每张纱布中央，各穿距离相等的 10 个小孔，孔的直径与小麦或水稻芽鞘近似。

（4）挑选大小相等、根系发育一致的小麦或水稻幼苗 40 株，分别种植在 4 个烧杯的涂蜡纱布或窗纱的孔眼里（或直接培养在培养皿中），芽苗从下而上从孔中穿出（此过程需小心认真轻缓，勿使孔的边缘割伤芽苗），使根系与溶液接触，在室温下培养 2 周。

（5）观察各溶液中的根系生长状况，此时可观察到单盐溶液中生长的根系短小、弯曲、畸形等，而混合液中的根系则正常，分别测量它们地上部地下部的长度，绘图记录结果。

5. 注意事项

（1）培养期间若液面有所下降，可根据实际情况加去离子水以补充，确保根系一直浸于溶液中。

（2）水培小麦时，最好采用较浅的培养皿，勿用较深的大烧杯等（以免影响小麦的呼吸作用，抑制其萌发）。

（3）小麦种不要过多，防止堆叠造成小麦发芽产热造成下部小麦腐烂或温度过高影响小麦发育。

（4）液体面以不没过小麦为宜，避免种子缺氧，进行无氧呼吸使种子腐烂变质影响萌发。

（5）蜡纸穿孔时，谨慎把握孔径大小，过大会使麦苗自动脱落，沉于水中造成麦苗死亡，过小会损伤芽端影响其生长，孔径适宜则既能固定住麦苗，又能保证其生长。

6. 思考题

（1）比较小麦在不同盐溶液中的生长情况并解释其原因。

（2）植物吸收矿质元素的特点有哪些？

参 考 文 献

1. 张志良，瞿伟菁，李小方．植物生理学实验指导. 3 版. 北京：高等教育出版社，2003.

2. 郝建军，康宗利，于洋. 植物生理学实验技术. 北京：化学工业出版社，2006.

3. 朱广廉，钟诲文，张爱琴. 植物生理学实验. 北京：北京大学出版社，1990.

4.3　TTC 法和 α-萘胺法测定植物根系活力

1. 实验目的

根系是植物活跃的吸收器官和合成器官，根的生长情况和活力直接影响地上部分的生长、营养状况和产量。盐碱、重金属离子和高温等胁迫会对植物的根系活力下降，从而影响植物的呼吸作用和光合作用等生理活动。本实验练习测定根系活力的方法，为植物营养研究提供依据。

2. 实验原理

1)TTC 法

氯化三苯基四氮唑(TTC)是标准的氧化还原色素，其氧化态无色并溶于水，还原态则是不溶于水的三苯基甲腙(TTF)红色物质，它在空气中不会自动氧化，相当稳定。根系脱氢酶(如琥珀酸脱氢酶或活细胞 NADH+H^+，NADPH+H^+)可作为 TTC 的供氢体，外加琥珀酸可增强 TTC 的还原。

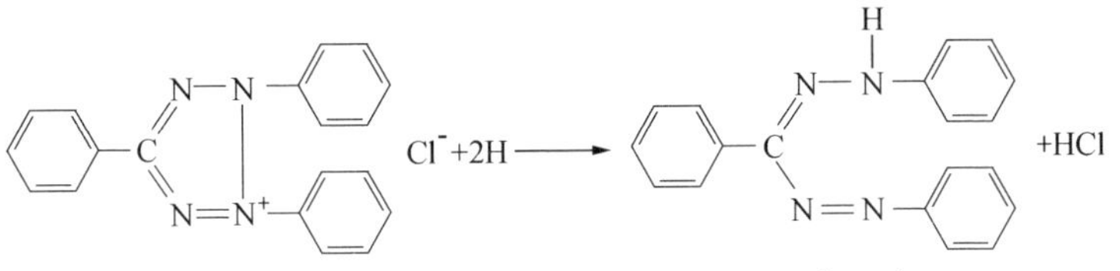

2)α-萘胺法

植物的根系能氧化吸附在根表面的 α-萘胺，生成红色的 α-羟基-1-萘胺，沉淀于有氧化力的根表面，使这部分根染成红色。据认为该反应是在过氧化物酶的催化下进行的，该酶的活力越强，对 α-萘胺的氧化力也越强，根染色也越深。故可根据根表面染色的深浅，定性判断根的活力。

定量测定是根据 α-萘胺与根系接触一段时间后 α-萘胺的减少量来确定的。在酸性环境中 α-萘胺与对氨基苯磺酸和亚硝酸盐生成红色的偶氮染料，可供比色测定。

3. 实验器材、试剂和材料

材料：水培或沙培的小麦根系。

仪器设备：分光光度计，石英杯，分析天平，温箱，研钵，水浴锅，移液器，100 mL 量筒，刻度试管。

试剂：乙酸乙酯(分析纯)；0.6%TTC 溶液；次硫酸钠($Na_2S_2O_4$)，分析纯，粉末；2 mol/L H_2SO_4；磷酸缓冲液(0.1 mol/L，pH 7.0)；0.4 mol/L 琥珀酸；1%对氨基苯磺酸溶液；40 μg/mLα-萘胺；100 μg/mL 亚硝酸钠溶液。

4. 实验步骤

1)TTC 法

定性测定：

(1)把 0.6%TTC 溶液、0.4 mol/L 琥珀酸和磷酸缓冲液按 1∶5∶4 比例混合均匀。

(2)把根系洗净，分为 A、B 两组，A 组在常温下放置 15 min，B 组放入 42℃ 水浴中浸泡 15 min。将根系放入三角瓶中，倒入反应液，置于 37℃ 水浴锅中放置 1 h，观察根部着色情况。

定量测定：

(1)A、B两组各称取0.3 g根放入15 mL试管，在试管中加入去离子水10 mL，再分别加入3 mL 1%的TTC溶液，混匀，在37°C水浴锅中静置1 h。随后加入0.5 mL 2 mol/L H_2SO_4 终止反应。

(2)排干试管中的溶液，最后加乙酸乙酯提取出红色物质，定容至5～8 mL(根据颜深浅)，在530 nm处测定吸光值，计算根相对活力。

TTC标准曲线的制作：

取0.6% TTC溶液0.2 mL放入10 mL量瓶中，加少许 $Na_2S_2O_4$ 粉末摇匀后立即产生红色的TTF，再用乙酸乙酯定容至刻度，摇匀。然后分别取此液0.25、0.5、1、1.5、2 mL置10 mL容量瓶中，用乙酸乙酯定容至刻度，即得到含TTF 0.003、0.006、0.012、0.018、0.024 μg/ mL的标准比色系列，以乙酸乙酯为空白，在530 nm波长下测定吸光度，绘制标准曲线。

2)α-萘胺法

A、B两组分别称取0.3 g根段放入15 mL试管中，加入40 μg/mL的α-萘胺和磷酸缓冲液的等量混合溶液10 mL，在25℃反应2 h。

定性观察：观察A、B两组不同处理的根表面红色深浅。

定量测定：A、B两组各吸取2 mL溶液放入另一刻度试管，再准备一支空白管，加入α-萘胺和酸缓冲液的等量混合溶液2 mL(共3根刻度试管)。向上述3根刻度管中顺序加入10 mL水、1%对氨基苯磺酸溶液和1 mL亚硝酸钠溶液，混匀置于25℃水浴中显色5 min。然后用水定容至20 mL。摇匀后于10～15 min内在510 nm波长测定吸光值，以水作参比，计算根系相对活力。

α-萘胺标准曲线的制作：取40 μg/mL α-萘胺溶液，配制成浓度为5、10、20、30、40 μg/mL的系列溶液，取6支20 mL的刻度试管编号，1号加1 mL水和1 mL磷酸缓冲液为对照，2～6号分别加入不同浓度的α-萘胺溶液各1 mL，磷酸缓冲液1 mL。然后再向各管加入10 mL水、1 mL 1%对氨基苯磺酸溶液和1 mL 100 μg/mL亚硝酸钠溶液，混匀置25℃水浴中5 min使之显色。然后加水，使整个容积为20 mL。摇匀后于10～15 min内在510 nm波长下测定光密度。以α-萘胺含量及光密度值求得二元回归方程。

5. 结果计算与分析

TTC还原速率＝TTC还原量(μg)/根重(g)×时间(h)

6. 思考题

为什么要测定根系活力？植物的根与地上部分有何关系？

参考文献

1. 王学奎. 植物生理生化实验原理和技术. 北京：高等教育出版社，2006.
2. 史树德，孙亚卿，魏磊. 植物生理学实验指导. 北京：中国林业出版社，2011.

4.4　植物组织中总氮含量的测定

1. 实验目的

学习凯氏定氮法测定植物组织氮含量的原理和方法。

2. 实验原理

植物组织中的含氮化合物与浓硫酸一起加热消化，能分解成无机化合物，其中有机胺态氮生成无机铵盐（硫酸铵）；然后将经过消化的液体碱化蒸馏使氨游离出来，用过量的硼酸吸收游离的氨；最后以标准盐酸溶液进行滴定，所用酸的量（mol）。由于硝化反应过程很慢，可用 $CuSO_4$ 和 K_2SO_4 促进该反应过程，其中 $CuSO_4$ 对反应起催化作用，K_2SO_4 提高消化液的沸点。加入 H_2O_2 也能加速反应。

主要反应可用下列方程式表示：

消化：$NH_2 \cdot CH_2CO \cdot NH\text{-}CH_2COOH + H_2SO_4 = 2NH_2\text{-}CH_2COOH + SO_2 + [O]$

$NH_2\text{-}CH_2COOH + 3H_2SO_4 = NH_3 + 2CO_2\uparrow + 3SO_2\uparrow + 4H_2O$

$2NH_3 + H_2SO_4 = (NH_4)_2SO_4$

蒸馏：$(NH_4)_2SO_4 + 2NaOH = Na_2SO_4 + 2H_2O + 2NH_3\uparrow$

吸收：$NH_3 + H_3BO_3 = H_3BO_3 \cdot NH_3$

滴定：$H_3BO_3 \cdot NH_3 + HCl = H_3BO_3 + NH_4Cl$

凯氏定氮法可用于测定植物的各种组织、器官及食品等复杂样品。但操作比较复杂，如含有大量碱性氨基酸的样品，则测定结果偏高。

3. 实验器材、试剂和材料

器材：烘箱，电子天平（精确到 0.01 g），消化炉，50 mL 凯氏烧瓶，50 mL 锥形瓶，5 mL 微量滴定管，蒸馏装置，50 mL 容量瓶。

试剂：混合指示剂：50 mL 0.1%甲烯蓝-无水乙醇溶液与 200 mL 0.1%甲基红-无水乙醇溶液混合液混合，贮于棕色瓶中，备用。该指示剂在 pH 5.2 时为紫红色，pH 5.4 时为暗红色（或灰色），pH 5.6 时为绿色，变色点为 pH 5.4。

硼酸指示剂混合液：取 100 mL 2%硼酸溶液，滴加混合指示剂约 1 mL，摇匀后，溶液呈紫红色即可。

催化剂：粉末硫酸钾-硫酸铜（K_2SO_4、$K_2SO_4 \cdot 5H_2O$ 比例为 5∶1），碾碎后，过 40 目筛。

标准 $(NH_4)_2SO_4$ 溶液（0.3 mg 氮/mL），0.01 mol/L 标准盐酸溶液，浓硫酸，30%的 NaOH 溶液等。

材料：新鲜植株例如玉米、番茄等。

4. 实验步骤

1）材料处理

将新鲜的植物材料 80℃烘干至恒重，并磨碎过 60 目筛。在分析天平上准确称量 2 份，各 0.5 g 分别放入凯氏烧瓶底部（勿黏到瓶颈和瓶身部位）；另取 2 个凯氏烧瓶不放样品，作为对照组。在每个凯氏烧瓶内放入约 500 mg 催化剂，5 mL 浓硫酸，1 颗玻璃珠。每个烧瓶口放 1 个漏斗。

2）消化

在通风橱内的电炉上消化。开始消化时，要用小火，以防止内容物上升至瓶颈，待有 SO_2 气体出现后（即出现白色雾状物），才可逐渐升温，加大火力使内容物达到微沸。注意观察消化过程中瓶内颜色的变化：黑→深棕色→浅棕→黄→绿→蓝绿。加热至溶液呈清亮的蓝绿色后，再加热 10～30 min 消化完毕。

冷却后，倾入到 50 mL 容量瓶中，用蒸馏水洗烧瓶数次，将洗液并入容量瓶中，蒸馏水定容至刻度，混匀备用。

3)蒸馏

取 5 个 50 mL 的锥形瓶，各加 5 mL 硼酸指示剂混合液，用表面皿覆盖，备用。

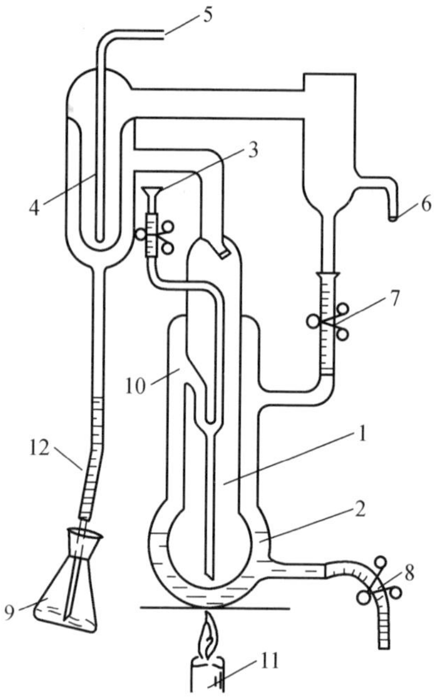

图 4-1 凯氏蒸馏仪示意图

(1)凯氏蒸馏仪(图 4-1)洗涤。打开夹子 7，使冷水流入蒸汽发生器 2 的下端，加热蒸馏。夹子 3 和 8 处于关闭状态，蒸汽通过反应室 1 到冷凝器 4 外腔，冷凝成水滴落入盛有混合液的锥形瓶 9 中。蒸汽洗涤反应室约 10 min 后，移去锥形瓶，放上另外一个盛有混合液的锥形瓶，将瓶倾斜，以保证冷凝管末端连接的小玻璃管完全浸入液体内，继续蒸馏 1～2 min。观察锥形瓶内液体变成灰色，表明反应室内部已经干净。移动锥形瓶使混合液离开管口约 1 cm，继续通气 1 min，用水冲洗试管外口，移开酒精灯，洗涤完成。

(2)样品消化液和空白的蒸馏。打开夹子 8，放出蒸汽发生器中的热水，然后关闭夹子 8，打开夹子 7，使冷水流入蒸汽发生器至 2/3 体积后关闭夹子 7，打开夹子 3，取出 2 mL 备用的消化液，从加样口 3 到反应室 1 中，关闭夹子 3。另取 1 个盛有混合液的锥形瓶斜接于冷凝管的下端。取 30%的 NaOH 溶液约 10 mL，加入加样口的小漏斗中，慢慢打开夹子 3，向小漏斗中加入 5 mL蒸馏水，再微打开夹子，使一半蒸馏水流入反应室后关闭夹子。加热蒸馏，锥形瓶中溶液由紫红色变成鲜绿色，自变色起开始计时，再蒸馏 5 min，移动锥形瓶使液面离开冷凝管口，并用蒸馏水洗涤冷凝管口外周，继续蒸馏 1 min。用表面皿盖住锥形瓶，所以样品蒸馏完毕后，用标准盐酸滴定。

(3)洗涤蒸馏仪。挪开酒精灯，随即自加样口较快地注入冷的蒸馏水，反应室外的气体骤然冷凝，反应室里的废液就迅速地从出样口 10 抽出，打开夹子 8，排出蒸汽发生器内的废液。关闭夹子 8，自加样口加入冷蒸馏水，打开夹子 3，冷水再流入反应室，关闭夹子 3，打开夹子 7，使冷水尽量多地流入蒸汽发生器内，但不要超过样口 10，关闭夹子 7，打开夹子 8，使冷水排出。此时由于蒸汽发生器内的空气压力降低较多，反应室中冷水又自动抽出。重复几次可排尽废液及洗涤废液。

4)滴定

全部蒸馏完毕后，用 0.01 mol/L 标准盐酸溶液滴定，直到硼酸指示剂混合液由绿色变回淡紫色，即为滴定终点。记录标准盐酸的体积。

5. 结果计算与分析

测定和分析植株叶片中的总氮含量性：

$$总氮含量=[(V-V_0)\times 0.01\times 0.014]/样品重\times 100\%$$

式中，V 为滴定时消耗标准盐酸的毫升数；V_0 为滴定空白时消耗标准盐酸的毫升数；0.01 为标准盐酸的摩尔浓度；0.014 为氮原子的毫摩尔质量 g/mmol。

6. 注意事项

(1)植物组织样品的含氮量是用 100 g 该物质(干重)中所含氮的克数来表示(%)。材料在定氮前,须通过烘干至恒重,除去样品中的水分。

(2)在蒸馏植物样品前,可以用标准硫酸铵溶液做预备试验。标准硫酸铵的含氮量是 0.3 mg/mL,每次试验用 2.0 mL。

(3)普通实验室的空气中常含有少量的氨,会影响结果,所以操作尽可能在单独洁净的房间中操作,对硼酸吸收液尽快滴定。

7. 思考题

(1)成熟组织与幼嫩组织的含氮量是否相同?

(2)利用该方法测定的总氮量结果如何换算成蛋白质含量?

参考文献

1. 李玲. 植物生理学模块实验指导. 北京:科学出版社,2009.
2. 孔祥生. 植物生理学实验技术. 北京:中国农业出版社,2008.
3. 李西开. 土壤农业化学分析方法. 北京:科学出版社,1983.

4.5　植物组织中可溶性蛋白质含量的测定

4.5.1　Folin-酚试剂法

1. 实验目的

学习并掌握 Folin-酚试剂法测定蛋白质含量的原理和方法。

2. 实验原理

Folin-酚试剂法是测定蛋白质含量最常用的方法之一,其中包括两步反应:第一步是在碱性溶液中,蛋白质与铜试剂发生双缩脲反应生成蓝色铜-蛋白质复合物;第二步是由于蛋白质中存在的酪氨酸和色氨酸将磷钼酸-磷钨酸试剂(Folin-酚试剂乙)还原,生成深蓝色的磷钼蓝和磷钨蓝混合物,其颜色深浅与蛋白含量成正相关,在 500 nm 波长处有吸收峰值,可用比色法测定。Folin-酚试剂法方法简便,灵敏度高,适于微量蛋白的测定(范围为 5~100 μg/L 蛋白质)。

3. 实验器材、试剂和材料

材料:小麦幼苗。

仪器设备:可见光分光光度计,离心机,恒温水浴锅,定量加样器,冷凝回流装置一套,研钵,离心管,刻度移液管,微量滴定管,试管,容量瓶,量筒等。

试剂:

①标准蛋白质溶液。称取 10 mg 牛血清蛋白用蒸馏水配成 100 mL,使终浓度为 100 μg/mL。

②Folin-酚试剂甲。a. 首先将 1 g Na_2CO_3 溶于 50 mL 0.1 mol/L 的 NaOH 液,配成 Na_2CO_3-NaOH 溶液;b. 然后将 0.5 g $CuSO_4 \cdot 5H_2O$ 溶于 100 mL 的 1% 酒石酸钾(或酒石酸钠、酒石酸钾钠)溶液,配成硫酸铜-酒石酸钾溶液。使用前,将这两种溶液按 50∶1 比例混合。此试剂有效期只有一天,过期必须重新配制。

③Folin-酚试剂乙。称取 100 g 钨酸钠（$Na_2WO_4 \cdot 2H_2O$）、25 g 钼酸钠（$Na_2MoO_4 \cdot 2H_2O$）溶于 700 mL 蒸馏水，加入圆底烧瓶中，之后加入 50 mL 85%磷酸（H_3PO_4）溶液和 100 mL浓盐酸，充分混匀后，接上回流冷却装置（使用磨口接头，用软木塞或橡皮塞时要用锡箔纸包住），以小火回流 10 h。回流完毕后，冷却，加入 150 g 硫酸锂（$Li_2SO_4 \cdot H_2O$）、50 mL 蒸馏水和数滴液体溴，开口加热煮沸 15 min 以除去过量溴（通风橱中进行）。冷却后用蒸馏水定容至 1 000 mL，过滤，滤液（微绿色）置于棕色试剂瓶，密封于冰箱中保存。使用时用 1 mol/L NaOH 溶液滴定，标定试剂酸度，用酚酞作为指示剂，当溶液颜色由红变紫灰，突然转变为墨绿时即为滴定终点。滴定后用蒸馏水稀释至 1 mol/L H^+ 酸度，即为试剂乙。

4. 实验步骤

1）标准曲线的绘制

（1）取 7 支 18 mm×200 mm 试管，编号，分别加入 0、0.1、0.2、0.4、0.6、0.8、1.0 mL 标准牛血清蛋白溶液，用蒸馏水补足 1 mL，使每管含蛋白浓度分别为 0、25、50、100、150、200、250 μg/mL（必要时可以做重复）。

（2）用定量加样器给每支试管中加入 5 mL 试剂甲，摇匀，25℃水浴保温 10 min。

（3）向试管中喷射加入 0.5 mL 试剂乙，立即振荡混匀，在 25℃下准水浴保温 30 min。

（4）在 500 nm 波长下比色测定吸光值（若蛋白质浓度高于 25 μg/L，设定 500 nm 波长；浓度在 5～25 μg/L，设定 750 nm 波长），以不加标准蛋白的 1 号管为空白对照。

（5）以蛋白质浓度为横坐标，吸光值为纵坐标，根据结果绘制光密度-蛋白质浓度标准曲线。

2）样品的提取

称取小麦幼苗 0.8 g，剪碎放入预冷研钵，加入少许石英砂，再分几次加入 5 mL 预冷的 0.1 mol/L pH 7.0 的磷酸缓冲液，冰浴研磨成匀浆，转移到离心管中。2～4℃、4 000 r/min 离心 10 min，上清液用蒸馏水定容至 25 mL，摇匀待测。

3）样品的测定

取样品溶液 1.0 mL 于试管中，然后重复标准曲线绘制中的 2～4 步骤，以空白管调零，测定吸光度。根据吸光度查标准曲线，求出样品中的蛋白质含量。

5. 结果计算与分析

$$样品中蛋白的含量(\mu g/g\ FW)=C\times V/FW$$

式中，C 为查标准曲线得样品中蛋白质浓度值（μg/mL）；V 为提取液总体积（mL）；FW 为取样量（g）。

6. 注意事项

（1）Folin-酚试剂乙在碱性条件下不稳定，当其加入到碱性的铜-蛋白质复合物溶液中时容易被还原成钼蓝和钨蓝，因此必须立即混匀，以便在磷钼酸-磷钨酸试剂被破坏之前能有效发生还原反应。

（2）为了保证反应进行完全，反应应在 25～30℃水浴中进行，反应后 30 min 准时进行比色。

（3）若样品的酸度较高，显色颜色浅，则必须提高 Na_2CO_3-NaOH 溶液浓度 1～2 倍。

7. 思考题

哪些因素会干扰 Folin-酚试剂法测定蛋白质含量？如何排除？

参考文献

1. 李玲. 植物生理学模块实验指导. 北京：科学出版社，2009.
2. 刘平，李明军. 植物生理学实验技术. 北京：科学出版社，2007.

4.5.2 考马斯亮蓝染色法

1. 实验目的

掌握考马斯亮蓝法测定蛋白质含量的基本原理和方法。

2. 实验原理

蛋白质的存在影响酸碱滴定中所用某些指示剂的颜色变化，从而改变这些染料的光吸收。在此基础上发展了蛋白质染色测定方法。涉及的指示剂有甲基橙、考马斯亮蓝、溴甲酚绿和溴甲酚紫。目前广泛使用的染料是考马斯亮蓝。

考马斯亮蓝法其检测原理是基于染料考马斯亮蓝 G-250 和蛋白质之间形成的特异性结合。该染料可以自由存在于 4 种不同的离子形式中，游离状态下呈红色，在酸性溶液中为棕红色，当它与蛋白质通过范德华键结合后，变为蓝色，且在 595 nm 处有强吸收，2～5 min 即呈最大光吸收，至少稳定 1 h，在一定蛋白质浓度范围内吸光值与蛋白质浓度呈正比，可在 595 nm 处比色测定。蛋白质浓度在 0.01～1.0 mg /mL 范围内均可。该法操作简便迅速，消耗样品量少，受其他一些试剂和非蛋白成分干扰也较小，但不同蛋白质之间差异大，当蛋白质含量偏高时，标准曲线线性较差。

3. 实验器材、试剂和材料

材料：小麦幼苗。

仪器设备：试管及试管架，离心管，研钵，移液管（1 mL、5 mL），可见光分光光度计，离心机等。

试剂：

①考马斯亮蓝染色液。取考马斯亮蓝 G-250 100 mg 溶于 50 mL 95%乙醇中，加 100 mL 85%磷酸，加水稀释至 1 L，贮存于棕色瓶中。该染色液可保存数月，若不加水可长期保存，用前稀释。

②标准蛋白溶液。称取 10 mg 牛血清蛋白用蒸馏水配成 100 mL，使终浓度为 100 μg/mL。

4. 实验步骤

1）标准曲线的绘制

（1）取 7 支试管，按表 4-3 加入试剂。

表 4-3　考马斯亮蓝法标准曲线各试剂加入量

试剂/mL	试管编号						
	0	1	2	3	4	5	6
100 μg/mL 牛血清蛋白	0	0.1	0.2	0.4	0.6	0.8	1
蒸馏水	1	0.9	0.8	0.6	0.4	0.2	0
考马斯亮蓝试剂	5	5	5	5	5	5	5

(2)将试管摇匀,放置 5～20 min。

(3)用分光光度计比色测定吸光值 A_{595}。

(4)以 A_{595} 为纵坐标,标准蛋白质浓度为横坐标,绘制标准曲线。

2)样品的提取

称取小麦幼苗 0.8 g,剪碎放入预冷研钵,加入少许石英砂,再分几次加入 5 mL 预冷的 0.1 mol/L pH 7.0 的磷酸缓冲液,冰浴研磨成匀浆,转移到离心管中。2～4℃,4 000 r/min 离心 10 min,上清液用蒸馏水定容至 25 mL,摇匀待测。

3)样品的测定

取一支试管,加入待测样品溶液 1 mL,考马斯亮蓝试剂 5 mL,充分混合,放置 5～20 min 后,测定 595 nm 吸光值,对照标准曲线求得蛋白质的浓度。

5. 结果计算与分析

$$\text{样品中蛋白的含量}(\mu g/g\ FW)=C\times V/FW$$

式中,C 为查标准曲线得样品中蛋白质浓度值(μg/mL);V 为提取液总体积(mL);FW 为样品鲜重(g)。

6. 注意事项

(1)由于染料本身的两种颜色形式的光谱有重叠,试剂背景值会因与蛋白质结合的染料增加而不断降低,因而当蛋白质浓度较大时,标准曲线稍有弯曲,但直线弯曲程度很轻,不致影响测定。

(2)测定工作应在蛋白质染料混合后 2 min 开始,力争 1 h 内完成,否则会因蛋白质-染料复合物发生凝集沉淀而影响测定结果。

(3)考马斯亮蓝染色能力强,比色杯不洗干净会影响光吸收值,不可用石英杯测定。

7. 思考题

考马斯亮蓝法有什么优缺点?

参 考 文 献

1. 王孝平,邢树礼.考马斯亮蓝法测定蛋白含量的研究. 天津化工,2009,23(3).
2. 李玲.植物生理学模块实验指导.北京:科学出版社,2009.

拓展实验

4.6　离体法测定植物 NR 活力

1. 实验目的

学习和掌握硝酸还原酶酶活测定的原理。

2. 实验原理

硝酸还原酶(NR,E.C.1.6.6.1)是一种可溶性蛋白,由黄素腺嘌呤二核苷酸(FAD)、亚铁原卟啉和钼复合蛋白组成。在高等植物中,它以二聚体结构形式存在。

硝酸还原酶是诱导酶,能够将植物吸收的 NO_3^- 还原成 NO_2^-,是硝酸盐同化中的限速酶。它对于初级氮的吸收调控具有重要意义,能够显著地影响植物的生长发育,是植物健康状况的重要指标。

硝酸还原酶的活性测定有活体法和离体法两种。其中活体法操作简单，但是受细胞代谢影响大，重复性差，故本实验采用离体法测定。离体硝酸还原酶将硝酸盐还原成亚硝酸盐，亚硝酸盐与对氨基苯磺酸和 α-萘胺反应生成名为对苯磺酸-偶氮-α-萘胺的红色偶氮化合物。在 540 nm 处测定吸光值。

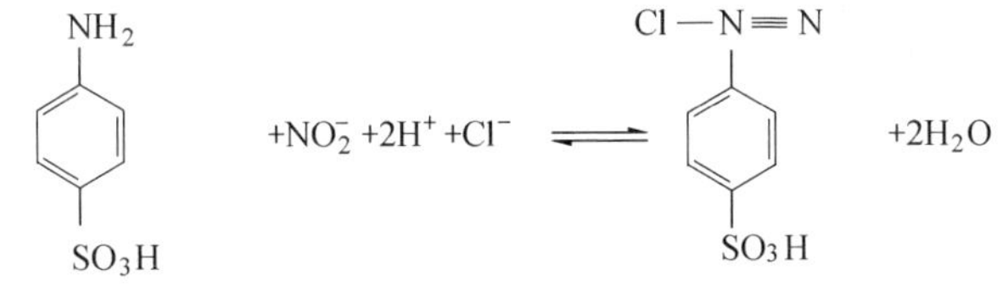

对氨基苯磺酸　　重氮化合物

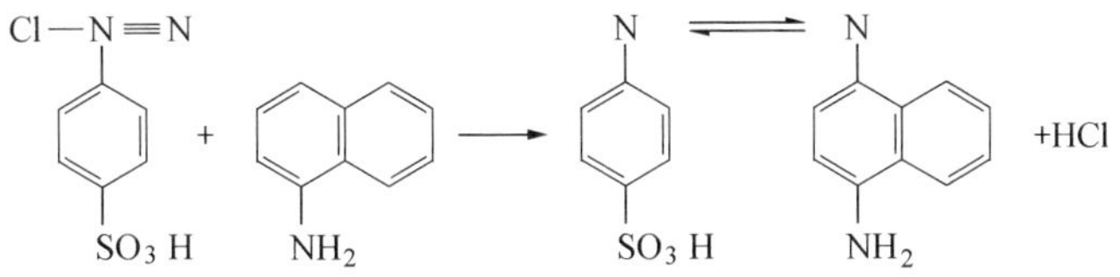

重氮化合物　　α- 萘胺　　红色偶氮化合物 对苯磺酸 - 偶氮 -α- 萘胺

3. 实验器材、试剂和材料

器材：研钵，8 支刻度试管，纱布，离心机，分光光度仪。

试剂：提取缓冲液为 pH 6.0～8.8 的磷酸缓冲液（25 mmol/L，含 5 mmol/L 的乙二胺四乙酸，50 mmol/L 的巯基乙醇），0.1 mol/L KNO_3 磷酸缓冲溶液，1%对氨基苯磺酸，0.2%α-萘胺，0.2% NADH＋H^+（2 mg NADH＋H^+ 溶于 1 mL pH 为 7.5 的磷酸缓冲液中），0.1 mol/L的 KNO_3 磷酸缓冲溶液（KNO_3 溶于 pH 为 7.5 的磷酸缓冲液中），50 mmol/L 的 KNO_3，石英砂。

材料：小麦或水稻叶片（取样前用 50 mmol/L 的 KNO_3 溶液处理 1 d，并且光照 3～4 h）。

4. 实验步骤

（1）取样。将材料取下，洗净，擦干。称取 2.0 g 放入研钵中冷冻 30 min。加入少量石英砂和 8 mL 提取缓冲液（分两次加入），研磨成匀浆。

（2）离心。将匀浆用纱布过滤后 4 000 r/min，离心 20 min。取上清液，为粗酶液（以上步骤在 0）。

（3）标准曲线制作。取 7 根刻度试管，按表 4-4 加入试剂，30℃温浴 30 min，然后在 540 nm 下测定吸光值，绘制标准曲线。

表 4-4　标准曲线

试剂/mL	试管编号						
	1	2	3	4	5	6	7
亚硝酸钠	0	0.5	1.0	1.5	2.0	2.5	3.0
对氨基苯磺酸				4.0			
α-萘胺				4.0			
蒸馏水				定容至 15.0			
吸光值							

(4)NO_2^- 测定。取 0.5 mL 硝酸还原酶粗酶液，加入 1.3 mL 的 0.1 mol/L 的 KNO_3 磷酸缓冲溶液和 0.5 mL 的 0.2 %的 $NADH+H^+$ 溶液。30℃温浴 30 min 后分别加入对氨基苯磺酸，α-萘胺各 4 mL。定容至 15 mL 后混匀显色 30 min，在 540 nm 测吸光值。

5. 结果计算与分析

根据标准曲线计算出反应得到的 NO_2^- 质量记为 m_1(μg)，样品质量记为 m_2(g)。

酶提取时提取缓冲液体积为 V_1(mL)，反应粗酶液的体积为 V_2(mL)，反应时间为 t(min)。

$$\text{样品中酶的活力}[\mu g\ NO_2^-/(g \cdot min)] = \frac{m_1 \times V_1}{m_2 \times V_2 \times t}$$

6. 注意事项

(1)实验过程中加入试剂的顺序是先加对氨基苯磺酸，再加 α-萘胺。否则，先加入的 α-萘胺会与 NO_2^- 反应生成另一种重氮盐，该重氮盐不会和对氨基苯磺酸生成红色螯合物，便无法测定 NO_2^- 的量。

(2)硝酸还原酶极为活泼且不稳定，所以在使用合适的提取缓冲液时要加入还原性物质巯基乙醇，这可以保护酶蛋白的二硫键。

(3)乙二胺四乙酸有助于抑制蛋白酶的活性，并且除去对酶有抑制作用的金属离子。

7. 思考题

(1)为什么植物材料取材前要用 50 mmol/L KNO_3 溶液和光照处理？

(2)为什么要加入 0.2%的 $NADH_2$ 溶液？如果是用活体法测定 NR 的含量，还需要加 $NADH_2$ 溶液吗？

参 考 文 献

1. 常福辰，陆长梅，沙莎. 植物生物学实验. 南京：南京师范大学出版社，2007.
2. 顾立江，程红梅. 植物中硝酸还原酶和亚硝酸还原酶的作用，2011，3：159-164.
3. 刘平，李明军. 植物生理学实验技术. 北京：科学出版社，2007.
4. 刘亚丽，赵喜婷. 教学实验中硝酸还原酶活性测定方法的改进. 植物生理学通讯，2006，42(3).

4.7 植物组织中金属元素含量的测定(原子吸收法和 ICP 法)

1. 实验目的

(1)学习和掌握植物组织中金属元素测定的样品前处理方法。

(2)熟悉原子吸收分光光度计和电感耦合等离子体发射光谱仪的操作方法。

2. 实验原理

原子吸收光谱法是测定多种试样中金属元素的常用方法。测定植物样品中的金属元素，首先要对样品进行预处理，使其中的金属元素以可溶的状态存在。植物样品的前处理方法可分为干灰化法、湿消解法以及微波消解法等。干灰化法是利用高温除去有机物，残留的矿质元素用酸溶解过滤后作为待测溶液；湿消解法是利用强酸和强氧化剂除去有机物，并尽量除去多余的酸，以减少原子吸收光谱分析的基体干扰；微波消解法是一种新的样品溶解技术，微波加热是一种"内加热",与传统加热"由表及里"的"外加热"方式不同,由于微波消化过程是在密闭容器内加压进行的,避免了挥发性元素的损失,因此,特别适用于 As、Se 等易挥发元素分析测定时的样品前处理。

原子吸收光谱法(atomic absorption spectrophotometry,简称 AAS)是基于原子由基态跃迁至激发态时对辐射光吸收的测量。通过选择一定波长的辐射光源,使之满足某种原子由基态跃迁到激发态能级的能量要求,特定波长的光源辐射后基态的原子数减少,辐射吸收值与基态原子的数量有关,即由吸收前后辐射光强度的变化可确定待测元素的浓度。因此,从特定光源发出的待测元素的特征辐射通过样品蒸汽时,被待测元素基态原子所吸收,从而由辐射的减弱程度求得样品中被测元素的含量(图 4-2)。

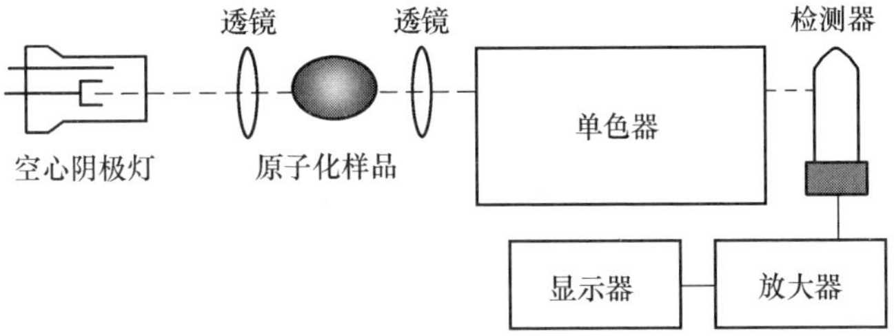

图 4-2　原子吸收分光光度计示意图

电感耦合等离子体发射光谱(ICP-OES,图 4-3)分析是将试样在等离子体光源中激发,使待测元素发射出特征波长的辐射,经过分光,并按波长顺序记录下来,测量其强度而进行定量分析的方法。与原子吸收光谱法每次只能测定一种元素相比,ICP 发射光谱法具有同时进行多元素测定的能力。

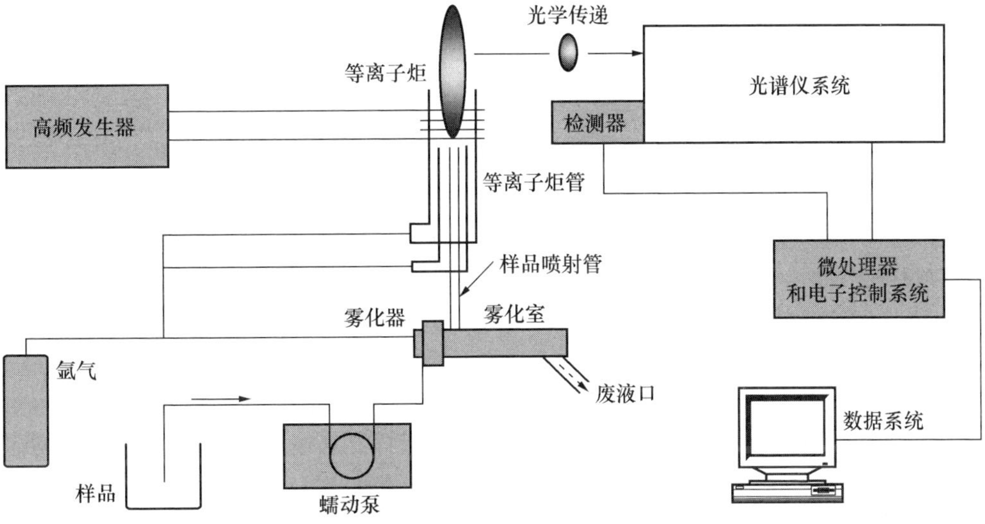

图 4-3　电感耦合等离子体发射光谱仪 (ICP-OES)示意图

本实验采用湿消解法处理样品,然后以测定其中金属元素铜的含量为例,学习原子吸收光谱法和 ICP 发射光谱法测定植物样品中金属元素含量的方法。

3. 实验器材、试剂和材料

仪器：原子吸收分光光度计（耶拿，AAS 400）；ICP-OES（铂金埃尔默，OPTIMA 3000）；电热消解仪（莱伯泰科，ED54）。

试剂：铜标准液（Cu^{2+}含量为 1 000 μg/mL）；硝酸（70%，优级纯）；高氯酸（60%，优级纯）。

材料：小麦幼苗叶片或其他自行采集的植物叶片。

4. 实验步骤

1）材料处理

（1）用不锈钢剪刀剪去小麦叶片，先用自来水清洗，再用去离子水清洗 2～3 次，吸水纸吸干，装入纸袋中，于烘箱中 100℃烘杀 10 min，然后 60～70℃烘干。

（2）将烘干的植物样品用玛瑙研钵磨碎成粉末。

（3）准确称取 0.500 g（±0.001）样品粉末于预先洗干净的消煮管中加入硝酸和高氯酸的混合酸（$V_{硝酸}$、$V_{高氯酸}$比为 87∶13）5 mL，漩涡仪混匀，冷消煮过夜（或室温下消化 12 h 以上），在此步骤中，同时设定样品空白管（只加混合酸不加样品粉末的消煮管）。

（4）将消煮管置于电热消解仪（在通风橱中）上，设定升温程序，按照 50℃ 6 h，75℃ 2 h，100℃ 2 h，125℃ 3 h，150℃ 5 h，175℃ 2 h，190℃直至煮干（注意：消煮过程中必须有人在场）。

（5）消煮管冷却后加入 2%的硝酸 10 mL，漩涡仪混匀，置于水浴锅上 70℃加热 1 h，再次冷却并混匀，静置过夜，将上清液转移至离心管中（如浑浊，需 3 500 r/min 离心 10 min）。

2）铜系列标准溶液的配制

（1）吸取 1 000 μg/mL 的铜标准液 2.5 mL 于 25 mL 容量瓶中，用 2%的硝酸定容，即可配制成 100 μg/mL 的铜工作液。

（2）分别吸取 100 μg/mL 的铜工作液 0.00、1.00、2.00、3.00、4.00、5.00 mL 于 100 mL 容量瓶中，用 2%的硝酸定容，摇匀。

3）标准曲线法测定

打开仪器并在电脑上运行原子吸收分光光度计或 ICP-OES 对应的软件，进行 Cu 元素测定相关参数的设定（软件自带的方法库里有仪器厂商推荐的方法，可直接应用），然后将配制的铜系列标准溶液上机测定，得到标准曲线如果符合要求（一般线性要达到 0.999 以上），则可进行样品的测定。

5. 结果计算与分析

在样品测定过程中，电脑软件会记录下样品铜含量，通过下面的公式即可计算出样品的铜含量，软件也可以自动算出样品中的铜干重含量，只需将样品测试前的定容体积以及样品粉末的称重值输入软件相应模块即可。此法得到的样品铜含量是样品的干重含量，如要计算样品铜的鲜重含量，需测定植物鲜样的含水率，即可将样品铜的干重含量换算成样品铜的鲜重含量。

6. 注意事项

$$样品铜含量(mg/kg)=\frac{(样品管铜含量-空白管铜含量)\times 样品测试前的定容体积}{样品粉末的称重值}$$

（1）实验过程中所用到的所有玻璃器皿均需在实验前用 10%的硝酸浸泡过夜，然后分别用自来水和去离子水冲洗干净。

(2)原子吸收分光光度计和 ICP-OES 都属大型精密仪器,实验中应严格按教师指导和操作规程进行式仪器操作,以防损坏仪器。

7. 思考题

(1)标准溶液的浓度范围应怎样选定,待测样品溶液的浓度应稀释在什么范围?

(2)为保证分析的准确度和精确度,实验中应注意哪些问题?

参 考 文 献

1. Zhao F, McGrath S P, Crosland A R. Comparison of three wet digestion methods for the determination of plant sulphur by inductively coupled plasma atomic emission spectroscopy (ICP-AES). Commun. Soil Sci. Plant Anal. ,1994,25: 3,407-418.
2. 董社英. 现代仪器分析实验. 北京:化学工业出版社,2008.
3. 邓勃. 应用原子吸收与原子荧光光谱分析. 北京:化学工业出版社,2006.
4. 万其进,喻德忠,冉国芳. 仪器分析实验. 北京:化学工业出版社,2008.

4.8 植物细胞质膜 H^+-ATPase 活力的测定

1. 实验目的

掌握质子泵 H^+-ATPase 活性测定方法。

2. 实验原理

H^+-ATPase 可催化 ATP 水解生成 ADP 及无机磷 Pi,放出大量能量以供植物体需能生命过程。本实验测定其活力大小是根据单位时间内,单位蛋白中 H^+-ATPase 水解 ATP 产生 Pi 量的多少确定的。Pi 用钼蓝法测定,其原理为:在酸性条件下,Pi 可与钼酸铵作用生成磷钼酸铵,并被溶液中的还原剂如 SO_3^{2-} 还原成蓝色的磷钼蓝。

$$2H_3PO_4 + 24(NH_4)_2MoO_4 + 21H_2SO_4 \longrightarrow 2(NH_4)_3PO_4 \cdot 12MoO_3 + 21(NH_4)_2SO_4 + 24H_2O$$

$$(NH_4)_3PO_4 \cdot 12MoO_3 \xrightarrow{SO_3^{2-}} (MoO_2 . 4MoO_3)_2 \cdot H_3PO_4 \cdot 4H_2O$$

磷钼蓝在 660 nm 处有最大吸收峰。由 660 nm 处吸光度的大小即可测定 Pi 的含量。

3. 实验器材、试剂和材料

器材:分光光度计,冷冻离心机,恒温水浴锅。

试剂:0.5 mol/L KNO_3 (50.5 g/L);20 mmol/L $MgSO_4$ (2.4 g/L);5 mmol/L NaN_3 (325 mg/L,有毒);5 mmol/L Hepes-Tris pH 6.5;1 mmol/L 钼酸铵溶液(196 mg/L)。

提取缓冲液:pH 7.4,含 0.25 mol/L 山梨醇,1 mmol/L EDTA,5 mmol/L $MgSO_4$,10 mmol/L Tris-HCl。

20 mmol/L ATP-Tris 溶液:称取 1.102 2 g ATP 钠盐($C_{10}H_{14}N_5O_{13}P_3Na_2$),用蒸馏水溶解后,经阳离子交换树脂处理,抽滤,滤液即为酸性 ATP,用 Tris 将其调至 pH 7.5,最后定容至 100 mL。

酶反应终止液:5%钼酸铵,5 mol/L H_2SO_4,以钼酸铵、H_2SO_4、H_2O 比例为 1∶1∶3 混合。

显色液:0.25 g 氨基苯磺酸溶于 100 mL 1.5% Na_2SO_3 溶液中,pH 调至 5.5,然后加入

0.5 g N_2SO_4 溶解，混匀。

标准磷溶液：准确称取 13.6 mg KH_2PO_4（经 105℃烘至恒重），定容至 1 000 mL，配置成 100 μmol/L KH_2PO_4 的标准液，测定时，还需进一步稀释。

材料：小麦幼苗根尖（1～3 cm）。

4. 实验步骤

（1）质膜提取。取根尖（1～3 cm）10 g，剪碎后用匀浆缓冲液 20 mL 于冰浴中研磨成匀浆，匀浆液以 9 500 r/min，4℃离心 20 min，去除沉淀。上清液经 16 500 r/min，4℃离心 1 h；收集沉淀并使其悬浮于 2 mL 上述缓冲液中，即得质膜提取液，置－30℃下保存。

（2）质膜 H^+-ATPase 活力的测定。反应体系体积 0.5 mL，反应液中含 200 μL Hepes-Tris 缓冲液，50 μL $MgSO_4$ 溶液，50 μL KNO_3 溶液（抑制液泡膜 H^+-ATPase 活性），50 μL NaN_3 溶液（抑制线粒体膜 H^+-ATPase 活性），50 μL 钼酸铵溶液，50 μL 质膜提取液（100～200 μg 膜蛋白），以 50 μL 20 mmol/L ATP-Tris 启动反应。

将反应试管放到 37℃的温水浴中，反应 20 min 后，加入酶反应终止液 1 mL，而后加入显色液 0.2 mL，摇匀，室温放置 40 min 后于 660 nm 处比色。以反应前立即加终止液者作空白对照。据无机磷标准曲线计算出样品中无机磷的含量。

（3）无机磷标准曲线制作及测定。配制 0、2、4、6、8、10 μmol/L KH_2PO_4 标准液，分别取 50 μL代替质膜提取液，加入反应体系中。待反应体系于 37℃温水浴中反应 20 min 后再加 1 mL酶反应终止液，0.2 mL 显色液，室温放置 40 min 后于 660 nm 处比色，制作标准曲线。

（4）蛋白质测定。采用考马斯亮蓝法测定质膜提取液的蛋白质含量。

（5）酶活力计算。据所求得的无机磷含量、蛋白质含量及反应时间（20 min）计算酶活力，以 μmol Pi/(mg protein · h)表示。

5. 结果计算与分析

$$\text{酶活力}[\mu\text{mol Pi/(mg protein}\cdot\text{h)}] = \frac{3c_1 \times 10^{-3}}{5c_2}$$

式中，c_1 为试验中由磷标准曲线求出的反应生成的无机磷含量（μmol/L）；c_2 为由考马斯亮蓝法标准曲线求出的膜蛋白含量（mg/g）。

6. 注意事项

（1）质膜提取应在 4℃下进行。

（2）阳离子交换树脂可用 Dowex 50. ATP 钠盐经处理后除去钠离子成酸性 ATP，应用 Tris 调至所需 pH。

7. 思考题

试述 H^+-ATPase 的生理功能。

参考文献

1. 刘平，李明军. 植物生理学实验技术. 北京：科学出版社，2007.
2. 李合生. 植物生理生化实验原理和技术. 北京：高等教育出版社，2000.
3. 李玲. 植物生理学模块实验指导. 北京：科学出版社，2008.
4. 张志良，瞿伟菁，李小方. 植物生理学实验指导. 3 版. 北京：高等教育出版社，2003.

设计实验

4.9　超积累植物修复重金属污染土壤的研究

1. 研究背景

重金属指原子密度大于 5 g/cm^3 的金属元素，包括 Cd、Cr、Hg、Cu、Pb、Zn、Ag、Ni 等。近年来，由于矿山开采、金属冶炼、工业污水和污泥的农业应用，大量有毒有害的重金属进入土壤系统，对生态环境造成严重的破坏。重金属进入土壤中，首先会降低微生物数量和土壤酶活性，而且对土壤中有机污染物的降解、土壤的呼吸代谢、土壤的氨化和硝化作用都会产生抑制作用。其次，大多数重金属具有可迁移性差，不能降解等特点，会在生态系统中不断积累，毒性不断增强，从而导致生态系统的退化，并通过食物链影响人体健康。

对于重金属污染，传统的治理方法有排土填埋法、稀释法、淋洗法、物理分离法和化学法。这些方法不但费时、耗资，而且更容易造成环境的再度污染。因此，20 世纪 80 年代起，土壤重金属污染的植物修复研究开始起步。与传统的处理方式相比，植物修复的主要优点是成本低，处理设施简单，没有二次污染，而且适合大规模的应用。植物修复包括：植物提取、植物固定、植物挥发、植物过滤等方法。这其中，植物提取是一种集永久性和广域性于一体的植物修复途径。植物提取是利用一些积累或超积累植物对重金属大量吸收并将其积累在地上部分，通过收获地上部分来减少土壤中重金属含量，而超积累植物的筛选是这一技术的关键。

超积累植物是指那些能够超量积累重金属并将其运移到地上部的植物，也可称为超积累植物或超富集植物。一般认为超积累植物对重金属的积累量超过一般植物 100 倍以上。而且，重金属超积累植物的认定要考虑 3 个条件：①植物地上部（茎或叶）重金属含量是普通植物在同一生长条件下的 10～500 倍，其临界含量分别为 Zn、Mn 10 000 mg/kg，Cd 100 mg/kg，Au 1 mg/kg，Pb、Cu、Ni、Co、As 均为 1 000 mg/kg。②植物地上部重金属含量应远大于其根部该种重金属含量，表现为特殊的吸收，转运重金属并储藏于地上部的能力。③植物对重金属具有较强的耐性，即能旺盛地在污染场地生长，植物生物量较大，生长周期短，能同时富集 2 种或 2 种以上重金属。

2. 方法提示

（1）查阅文献资料，确定研究题目和研究目标。推荐查询：

中国知网（清华同方）资源数据库：http://www.cnki.net/；

万方数据资源系统 http://www.wanfangdata.com.cn；

Elsevier ScienceDirect 全文数据库 http://www.sciencedirect.com/；

SpringerLink 全文数据库 http://www.springerlink.com 等网站。

（2）供试植物选择。天蓝遏蓝菜（*Thlaspi caerulescens*）、美洲商陆（*Phytolacca Americana* L.）、龙葵（*Solanum nigrum* L.）、蜈蚣草（*Pteris vittata* L.）等超积累植物。

（3）研究方案提示。

①野外调查新型超积累植物。在重金属污染区域寻找生长旺盛、生物量大的植物。采集样品，进行重金属含量的测定，依据超积累植物的界定标准来确定该植物是否为超积累植物。

②超积累植物的重金属富集原理研究。选择已知的超积累植物，运用盆栽或者水培并加

入重金属处理，研究该植物中重金属在植物不同部位内的积累情况，对超积累植物的重金属积累原理进行初步探讨。

参考文献

1. Chaney R L, Malik M, Li Y M. Phytoremediation of soil metals. Curr. Opin. Biotech., 1997, 8: 279-284.
2. Brooks R R, Chambers M F, Nicks L J, *et al*. Phytoming. Trends Plant Sci., 1998, 3 (9): 359-362.
3. Salt D E, Blaylock M B, Kumar N P B A, *et al*. Phytoremediation: a novel strategy for the removal of toxic metals from the environment using plants. Biotechnology, 1995, 13: 468-474.
4. 刘家尧，刘新. 植物生理学实验教程. 北京：高等教育出版社，2010.
5. 屈冉，孟伟，李俊生，等. 土壤重金属污染的植物修复. 生态学杂志，2008，27(4)：626-631.
6. 王学奎. 植物生理生化实验原理和技术. 北京：高等教育出版社，2006.
7. 张蜀秋. 植物生理学实验技术教程. 北京：科学出版社，2011.

第5章 植物光合作用

基础实验

5.1 光合色素提取和理化性质分析

1. 实验目的

(1)掌握叶绿素提取及其含量测定的方法。

(2)了解叶绿素的理化性质。

2. 实验原理

高等植物叶绿体中含有叶绿素(包括叶绿素 a 和叶绿素 b)和类胡萝卜素(包括胡萝卜素和叶黄素)两大类。它们与类囊体膜上的蛋白质相结合,而成为色素蛋白复合体,这两类色素都不溶于水,而溶于有机溶剂,故可用乙醇或丙酮等有机溶剂提取。叶绿素分子含有 1 个卟啉环的“头部”和一个叶绿醇的“尾巴”。在亲水的“头部”,镁原子居于卟啉环的中央,带正电性,与其相连的氮原子则偏向于带负电性,因而卟啉具有极性,是亲水的,可以与蛋白质结合。而在亲脂的“尾巴”,叶醇是由四个异戊二烯单位组成的双萜,是一个亲脂的脂肪链,它决定了叶绿素的脂溶性。因此用含水的有机溶剂提取效果比单独用水或纯有机溶剂好。

叶绿素的化学性质很不稳定,容易受强光的破坏,特别是当叶绿素与蛋白质分离以后,破坏更快,而类胡萝卜素则较稳定。叶绿素吸收光量子而转变成激发态,激发态的叶绿素分子很不稳定,当它变回到基态时可发射出红光量子,因而产生荧光。此外,叶绿素是一种二羧酸(叶绿酸)与甲醇和叶绿醇形成的复杂酯,故可与碱起皂化反应而生成醇(甲醇和叶绿醇)和叶绿酸的盐,产生的盐能溶于水中,可用此法将叶绿素与类胡萝卜素分开。叶绿素中的镁还可以被 H^+ 所取代而成褐色的去镁叶绿素,后者遇铜则成为绿色的铜代叶绿素,铜代叶绿素很稳定,在光下不易破坏,故常用此法制作绿色多汁植物的浸渍标本。

3. 实验器材、试剂和材料

材料:新鲜菠菜或其他绿色植物叶片。

仪器与用具:研钵 1 套,漏斗,玻璃棒,剪刀,滴管,容量瓶,药匙,20 mL 刻度试管,10 mL 小试管,试管架,烧杯(100 mL),水浴锅,玻棒,移液管 2 mL,5 mL 各 1 支。

试剂:95%乙醇,石英砂,碳酸镁粉,苯,浓盐酸,36%乙酸,$CuSO_4$,$MgCO_3$,醋酸铜粉末,20% KOH-甲醇溶液:20 g KOH 溶于 100 mL 甲醇中,过滤后盛于塞有橡皮塞的试剂瓶中。

4. 实验步骤

1)光合色素的提取

(1)取新鲜菠菜或其他植物叶片 4~5 片(2~3 g),称重,洗净,擦干,然后去除中脉。

(2)将叶片剪碎放入研钵中,加少量石英砂及碳酸镁粉及 2~3 mL 95%乙醇,研磨至糊状，再加 10～15 mL 95% 乙醇，提取 3～5 min。

(3)上清液用滤纸过滤到 25 mL 容量瓶中，用少量 95%乙醇冲洗研钵、研棒及残渣，最后连同残渣一起过滤(直至滤纸和残渣中无绿色为止)，最后用乙醇定容至 25 mL，摇匀。

2)光合色素的理化性质分析

用提取的光合色素乙醇溶液进行以下实验。

(1)光对叶绿素的破坏作用。取 1 支装有叶绿素乙醇提取液的试管，放在太阳直射光下，另外 1 支放到暗处(对照)，40 min 后对比观察颜色有何变化，分析其原因。

(2)荧光现象的观察。取 1 支 20 mL 刻度试管，用移液管加入 3 mL 叶绿素提取原液，观察其在太阳透射光、反射光下的颜色差异，分析其原因。

(3)皂化作用。取 3 mL 叶绿素提取原液，加 1 mL 20% NaOH-甲醇溶液，摇匀，65℃水浴 5 min；取出冷却后，先加 3 mL 苯，再加 3 mL 水(沿壁慢慢加入)，轻轻摇匀(勿激烈摇荡)，于试管架上静置观察其分层现象。可以看到溶液逐渐分为两层，下层是稀的乙醇溶液，其中溶有皂化的叶绿素 a 和叶绿素 b(以及少量的叶黄素)；上层是苯溶液，其中溶有黄色的胡萝卜素和叶黄素。

(4)H^+ 和 Cu^{2+} 对叶绿素分子中 Mg^{2+} 的取代作用。取两支试管，第一支试管加叶绿体色素提取液 5 mL，作为对照。第二支试管中加叶绿体色素提取液 5 mL，逐滴加入醋酸，摇匀，观察颜色变化；当溶液变褐色后，再加入少量醋酸铜粉末，65 ℃水浴加热 10 min，观察溶液颜色变化情况，并与对照试管相比较，分析其颜色变化原因。

另取 5 mL 叶绿素原液，逐滴加入浓盐酸，观察颜色变化。

5. 注意事项

在低温下发生皂化反应的叶绿体色素溶液，易乳化而出现白絮状物，溶液浑浊，且不分层。可激烈摇匀，放在 30～40℃的水浴中加热，溶液很快分层，絮状物消失，溶液变得清澈透明。

6. 思考题

(1)用不含水的有机溶剂如无水乙醇、无水丙酮等提取植物材料，特别是干材料的叶绿体色素往往效果不佳，原因何在？

(2)研磨提取叶绿素时加入 $MgCO_3$ 有什么作用？

(3)观察溶液的透射光与反射光颜色有何不同？解释其原因。

参考文献

1. Lichtenthaler H K, Wellburn A R. Determinations of total Carotenoids and chlorophylls a and b of leaf extracts in different solvents. Biochem. soc. trans. ,1983,11(5):591-592.

2. 中国科学院上海植物生理研究所和上海市植物生理学会. 现代植物生理学实验指南. 北京：科学出版社，1999.

3. 王学奎. 植物生理生化实验原理和技术. 北京：高等教育出版社，2006.

5.2 光合色素的分离及其吸收光谱

1. 实验目的

(1)掌握光合色素的分离方法和原理。

(2)掌握测定光合色素吸收光谱的方法。

2. 实验原理

光合色素与类囊体膜蛋白相结合成为色素蛋白复合体，用有机溶剂提取后可用色谱分析的原理把光合色素加以分离。其中，纸层析法分离叶绿体色素是一种最简便的方法，其原理是吸附剂对不同物质的吸附力不同，当溶剂不断地从纸上流过时，由于混合物中各成分在两相（流动相和固定相）具有不同的分配系数，其移动速率不同，经过一定时间层析后，便可以将样品中不同色素分开。此外，叶绿素和类胡萝卜素都具有光学活性，表现出一定的吸收光谱，可用分光光度计精确测定。

3. 实验器材、试剂和材料

材料：新鲜菠菜或其他绿色植物叶片。

仪器与用具：研钵，漏斗，玻璃棒，剪刀，滴管，容量瓶，药勺，圆形滤纸（直径 11 cm），滤纸条（5 cm×1.5 cm），培养皿（直径 11 cm），康维皿或平底短玻管。

试剂：95%乙醇，石英砂，碳酸镁粉；推动剂：按石油醚、丙酮、苯比例为 10：2：1 配制（体积比）。

4. 实验步骤

1）光合色素的分离

（1）取圆形定性滤纸一张（直径 11 cm），在其中心打一圆形小孔（直径约 3 mm）。另取一张滤纸条（5 cm×1.5 cm），用滴管吸取光合色素提取液沿纸条的长边方向涂在纸条的一边，使色素扩散的宽度限制在 0.5 cm 以内，风干后，再重复操作数次，然后沿长边方向卷成纸捻，使浸过叶绿体色素溶液的一侧恰在纸捻的一端。

（2）将纸捻带有色素的一端插入圆形滤纸的小孔中，使与滤纸刚刚平齐（勿凸出）。

（3）在培养皿内放一康维皿，在康维皿中央小室中加入适量的推动剂，把带有纸捻的圆形滤纸平放在康维皿上，使纸捻下端浸入推动剂中。迅速盖好培养皿。此时，推动剂借毛细管引力顺纸捻扩散至圆形滤纸上，并把叶绿体色素向四周推动，不久即可看到各种色素的同心圆环。

（4）当推动剂前沿接近滤纸边缘时，取出滤纸，风干，即可看到分离的各种色素：叶绿素 a 为蓝绿色，叶绿素 b 为黄绿色，叶黄素为鲜黄色，胡萝卜素为橙黄色。用铅笔标出各种色素的位置和名称。

2）吸收光谱的测定

（1）用移液管吸取 5 mL 光合色素提取液，移入 50 mL 容量瓶，用 95%乙醇溶液定容。

（2）以 95%乙醇作为空白对照，在 400～700 nm，每隔 20 nm 读 *OD* 值，然后以波长为横坐标，以 *OD* 为纵坐标作图，绘制光合色素的吸收光谱。或用全波长扫描方式直接获得光合色素的吸收光谱曲线。

5. 注意事项

分离色素用的圆形滤纸，在中心打的小圆孔周围必须整齐，否则分离的色素不是一个同心圆。

参 考 文 献

1. Lichtenthaler H K, Wellburn A R. Determinations of total Carotenoids and chlorophylls a and b of leaf extracts in different solvents. Biochem. soc. trans., 1983, 11(5): 591-592.

2. 中国科学院上海植物生理研究所和上海市植物生理学会. 现代植物生理学实验指南. 北京：科学出版社，1999.
3. 王学奎. 植物生理生化实验原理和技术. 北京：高等教育出版社，2006.

5.3 叶绿素含量的测定(比色法)

1. 实验目的

掌握使用分光光度计测定叶绿素含量的方法。

2. 实验原理

根据朗伯-比尔定律，某有色溶液的吸光度 A 与其中溶质浓度 C 和液层厚度 L 成正比($A=\alpha CL$)，式中 α 为比例常数。当溶液浓度以百分浓度为单位，液层厚度为 1 cm 时，α 为该物质的吸光系数。各种有色物质溶液在不同波长下的吸光系数可通过测定已知浓度的纯物质在不同波长下的吸光度而求得。如果溶液中有数种吸光物质，则此混合液在某一波长下的总吸光度等于各组分在相应波长下吸光度的总和，这就是吸光度的加和性。根据叶绿体色素提取液的可见光吸收光谱，只需利用分光光度计测定该提取液在 3 个特定波长下的吸光度 A，就可根据叶绿素 a、b 及类胡萝卜素在该波长下的吸光系数，按 Lichtenthaler(1983)的方法计算叶绿素 a，叶绿素 b 以及类胡萝卜素的含量。此外，在测定叶绿素 a、叶绿素 b 时为了排除类胡萝卜素的干扰，所用单色光的波长选择叶绿素在红光区的最大吸收峰。

3. 实验器材、试剂和材料

材料：新鲜的植物叶片。

仪器设备：分光光度计，电子天平，研钵，容量瓶，小漏斗，滤纸，吸水纸，滴管。

试剂：96%乙醇，石英砂，碳酸镁粉。

4. 实验步骤

(1)取 0.2 g 或一定面积的新鲜植物叶片，擦净组织表面污物，去掉中脉，剪碎，混匀，共 3 份。

(2)分别将样品放入研钵中，加少量石英砂和碳酸镁粉及 2～3 mL 95%乙醇，研成匀浆，再加 96% 乙醇 10 mL，继续研磨至组织变白。静置 3～5 min。

(3)取滤纸 1 张，置漏斗中，用 96%乙醇湿润，沿玻璃棒把提取液倒入漏斗中，过滤到 25 mL 棕色容量瓶中，用少量乙醇冲洗研钵、研棒及残渣数次，最后连同残渣一起倒入漏斗中。

(4)用滴管吸取 96%乙醇，将滤纸上的叶绿体色素全部洗入容量瓶中。直至滤纸和残渣中无绿色为止。最后用 96%乙醇定容至 25 mL，摇匀。

(5)把叶绿体色素提取液倒入光径 1 cm 的比色杯内。以 96% 乙醇为空白，用分光光度计在波长 665、649、470 nm 下测定吸光度 A。

5. 结果计算与分析

将测定得到的吸光值代入下面的式子：

$C_a = 13.95A_{665} - 6.88A_{649}$；

$C_b = 24.96A_{649} - 7.32A_{665}$；

$C_{x+c} = (1\,000A_{470} - 2.05C_a - 114.8C_b)/245$。

据此即可得到叶绿素 a 和叶绿素 b 以及类胡萝卜素的浓度(mg/L)，叶绿素 a 和叶绿素 b 之和为总叶绿素的浓度。最后根据下式可进一步求出植物组织中叶绿素的含量：

叶绿素的含量($mg\ chl/g$ 或 $mg\ chl/cm^2$) = [叶绿素的浓度×提取液体积×稀释倍数]/样品鲜重(或干重、叶面积)。

6. 注意事项

(1)光合色素在光下容易分解，操作时应在避光条件下进行，并且研磨时间应尽量短。

(2)提取液不能混浊，否则要用离心机离心后才能比色。

(3)光合色素的含量测定对分光光度计的波长精确度要求较高。低档分光光度计(如 722 型、721 型等)分光性能差，测定结果误差较大，因此，要分别测定各种叶绿素，应尽量使用高档分光光度计(如岛津 UV-120 型、UV-240 型分光光度计等)。

(4)注意在用不同的提取液提取光合色素时，要选用不同的吸光度及对应的计算公式，不能混用，否则计算结果会出现严重偏差。

参 考 文 献

1. 王学奎. 植物生理生化实验原理和技术. 北京：高等教育出版社，2006.
2. 中国科学院上海植物生理研究所和上海市植物生理学会. 现代植物生理学实验指南. 北京：科学出版社，1999.
3. Lichtenthaler H K, Wellburn A R. Determinations of total Carotenoids and chlorophylls a and b of leaf extracts in different solvents. Biochem. soc. trans., 1983, 11(5):591-592.
4. Arnon D I. Copper enzymes in isolated chloroplasts: Polyphenoloxidase in *Beta vulgaris*. Plant Physiol, 1949, 24:1-15.

5.4　叶绿体 Hill 反应活力的测定

1. 实验目的

掌握氧电极法测定叶绿体 Hill 反应活力的方法。

2. 实验原理

希尔反应(Hill reaction)是绿色植物的离体叶绿体在光下分解水，放出氧气，同时还原电子受体的反应。在叶绿体制剂中，加入适当的氧化剂，例如，铁氰化钾，就可以在光下进行其放氧反应的活力测定。此反应进行过程中，铁氰化钾被氧化成亚铁氰化钾。因为此反应最初为英国科学家罗伯特·希尔(R. Hill，1937)所发现，故称为希尔反应：

$$Fe(CN)_6^{3-} + 2H_2O \xrightarrow{\text{光，叶绿体}} Fe(CN)_6^{4-} + 4H^+ + O_2$$

3. 实验器材、试剂和材料

材料：新鲜的植物叶片。

仪器设备：离心机，分光光度计，电子天平，研钵，容量瓶，小漏斗，纱布，吸水纸，滴管，冰箱，Chlolab-2 型液相氧电极(含反应杯、氧电极控制器、电磁搅拌器、红光光源)及控制软件，微型真空泵等。

试剂：

①半饱和的 KCl 溶液。

②饱和亚硫酸钠或硫代硫酸钠溶液。

③分离介质[25 mmol/L Tricine-NaOH 缓冲液(pH 7.6)，0.4 mol/L 山梨醇，2 mmol/L Na_2-EDTA，1 mmol/L $MgCl_2$，1 mmol/L $MnCl_2$]。

④Hill 反应液[含 25 mmol/L Tricine-NaOH 缓冲液(pH 7.6)，0.4 mmol/L 山梨醇，2 mmol/L Na_2-EDTA，1 mmol/L $MgCl_2$，1 mmol/L $MnCl_2$，3 mmol/L $K_3Fe(CN)_6$，2.5 mmol/L NH_4Cl]。

4. 实验步骤

1)叶绿体的制备

称取 1 g 生长一致的植物新鲜叶片，预冷，剪碎，加入 3 mL 预冷的分离介质[25 mmol/L Tricine-NaOH 缓冲液(pH 7.6)，0.4 mol/L 山梨醇，2 mmol/L Na_2-EDTA，1 mmol/L $MgCl_2$，1 mmol/L $MnCl_2$]，冰浴研磨，匀浆后 4 层纱布过滤。滤液在 4℃，1 000 *g* 离心 2 min，其上清液即为细胞匀浆液。再将匀浆液在 4℃，3 000 *g* 离心 10 min，弃上清液。沉淀用 4 mL 分离介质悬浮。样品置 4 ℃下保存，且不超过 2 h。

样品液中叶绿素含量用比色法测定(参见本章 5.3 叶绿素含量的测定)。

2)希尔反应活力测定

将 1 mL Hill 反应液[含 25 mmol/L Tricine-NaOH 缓冲液(pH 7.6)，0.4 mol/L 山梨醇，2 mmol/L Na_2-EDTA，1 mmol/L $MgCl_2$，1 mmol/L $MnCl_2$，3 mmol/L $K_3Fe(CN)_6$，2.5 mmol/L NH_4Cl]加入到薄膜氧电极的反应杯中，然后加入叶绿体(含 20～50 μg chl/L 的叶绿体)，打开磁转子搅拌，在 25℃，800 μmol/(m^2 · s)光强下，用薄膜氧电极测定样品的希尔放氧活性(氧电极使用方法参照本章 5.9 氧电极方法测定叶圆片光合速率)。

5. 结果计算与分析

(1)根据 Chlolab-2 型液相氧电极控制软件计算出的放氧速率表示为：μmol O_2/(mL · min)，记为 X。

(2)测定反应液中叶绿素的含量(mg chl)，记为 Y。

(3)叶绿体 Hill 反应活力的计算：

$$\text{希尔反应活力}[\mu molO_2/(mg\ chl \cdot h)] = X[\mu mol\ O_2/(mL \cdot min)] \times 1(mL) \times 60(min)/Y(mg\ Chl)$$

参 考 文 献

1. 中国科学院上海植物生理研究所和上海市植物生理学会. 现代植物生理学实验指南. 北京：科学出版社，1999.
2. Van Gorkom H J, Gast P. Measurement of Photosynthetic Oxygen Evolution. In: Biophysical techniques in photosynthesis. Amesz J, Hoff A J, eds. Dordrecht. The Netherlands: Kiuwer Academic Publishers, 1996.
3. 库姆斯，等. 生物生产力和光合作用测定技术. 邱国雄，等译. 北京：科技出版社，1986.

5.5　红外气体交换方法测定叶片光合速率

1. 实验目的

(1)了解红外线 CO_2 分析法测定叶片光合速率的原理。

(2)掌握用光合仪测定叶片光合参数的步骤和方法。

2. 实验原理

光合速率测定是植物生理学的基本研究方法之一,在作物生理生态、新品种选育、光合作用基本理论研究方面都有着广泛的用途。最常用的方法有:改良半叶法,红外线 CO_2 分析法和氧电极法。植物叶片的光合速率可以用单位叶面积,单位时间里同化 CO_2 的数量来表示。根据光合作用的总反应式:$CO_2+2H_2O\rightarrow(CH_2O)+O_2$。光合速率原则上可以用任何一反应物消耗速度或生成物的产生速度来表示。但由于植物体内水分含量很高,而且水参与的生化反应又特多,所以体内水分含量经常变动,不适于用水的含量变化来测定光合速率。因此,我们在实际测定中常常通过测定 CO_2 的减少(红外线 CO_2 分析法)或 O_2 增加(氧电极法)来表示光合速率。

红外线 CO_2 气体分析仪(IRGA)工作原理:许多由异原子组成的气体分子如 CO_2、H_2O 等对红外线都有特异的吸收带。CO_2 的红外吸收带有 4 处,其吸收峰分别在 2.69、2.77、4.26 μm 和 14.99 μm 处,其中只有 4.26 μm 的吸收带不与 H_2O 的吸收带重叠,红外仪内设置仅让 4.26 μm 红外光通过滤光片,当该波长的红外光经过含有 CO_2 的气体时,能量就因 CO_2 的吸收而降低,降低的多少与 CO_2 的浓度有关,并服从朗伯-比尔(Lambert-beer)定律。红外仪的检测器便可通过检测红外光能量的变化而输出反映 CO_2 浓度的电信号。把植物叶片放入叶室,通过测定照光(或遮光)条件下叶室进出口之间的 CO_2 浓度差,根据叶片面积,就可以计算光合(呼吸)速率。

3. 实验器材、试剂和材料

材料:植物连体叶片。

仪器设备:LI-6400 型红外线 CO_2 气体分析仪。

试剂:无水氯化钙,碱石灰。

4. 实验步骤

1)安装仪器

根据开放气路光合测定的要求,进行光合仪各个管路、导线及电池的硬件连接,并在进气口接上缓冲可乐瓶或大纸箱,保证进气稳定。

2)仪器的调校

(1)开机,配置界面选择 Factory default,连接状态按“Y”,进入主菜单,预热 15~20 min。

(2)按 F4 进入测量菜单。

(3)将苏打管和干燥剂管都拧到 bypass 位置。

(4)调节叶室闭合螺丝,关闭叶室,等待 a 行参数:CO_2_R、CO_2_S、H_2O_R 和 H_2O_S 值稳定后,对叶室吹一口气,检查 CO_2_S 增加是否超过 2 μmol/mol,判断是否漏气,如果漏气,将叶室闭合螺丝拧紧一些,再吹气判断。

(5)检查零点。把苏打管完全打至 Scrub,等待 a 行参数稳定后,观察 CO_2_R 参数绝对值

＜5 μmol/mol，然后把干燥剂管完全旋至 Scrub，等待 a 行参数稳定后，H_2O_R 参数绝对值＜0.5 mmol/mol。

(6)把苏打和干燥剂管完全旋至 bypass。

(7)检查温度是否正常。拔掉热电偶紫色插头，进入 H 行，检查如果 Tblock 与 Tleaf 差值＜0.1℃，热电偶零点正常，否则，调节电位调节器螺丝(位于 IRGA 下部)至正常范围。

(8)将叶室正对太阳光，按 g 行查看光强(PARin 和 PARout)及大气压值是否正常。

(9)按 F5(match)，进入匹配界面，待 CO_2_R 与 CO_2_S、H_2O_R 与 H_2O_S 值相等时，按 F5，然后按 F1 等待仪器退回测量菜单，检查 b 行参数：$\Delta CO_2 < \pm 0.5$，$\Delta H_2O < \pm 0.05$ 即可。

3)测定光合速率

(1)按 F1(Open Logfile)，打开一个数据记录文件，命名。

(2)按分析器头手柄，打开叶室，夹好测量的植物叶片。

(3)按 3，F1(area)输入实际测量的叶片面积。

(4)控制叶片温度。2，F4，选择 Block 温度，enter，输入目标温度，enter，回到测量界面。

(5)等待 a 行参数稳定，b 行 ΔCO_2 值波动＜0.2，Photo 参数稳定在小数点之后一位；c 行参数在正常范围(0＜Cond＜1、Ci＞0、Tr＞0)。

(6)按 F1(Log)记录数据。

(7)打开叶室，换另一叶片，按 F4(remark)增加备注，再重复上述(4)～(6)步骤，重复测量。

(8)按 F3(Close file)，保存数据文件。

5. 结果计算与分析

红外线 CO_2 气体分析仪根据公式 $Pn = F \times \triangle C/S$ 自动进行光合速率的计算，其中：Pn：光合速率[μmol/(m^2·s)]；ΔC：CO_2 浓度落差(μmol/mol)；F：气路流量(μmol/s)；S：叶室中受光叶片的面积(m^2)。除了光合速率外，光合仪还能够给出气孔导度(Gs)、蒸腾速率(Ts)、细胞间隙 CO_2 浓度(Ci)等其他重要的光合参数。

6. 注意事项

(1)测定前要检查光合仪叶室等处是否漏气，否则会影响测定结果。

(2)红外仪的滤光效果并不十分理想，水蒸气是干扰测定的主要因素，因此，取样器干燥管内的 $CaCl_2$ 要经常更换，避免水溶解进入红外仪，污染分析气室，以保证测量精度，延长仪器寿命。

参 考 文 献

1. 基因公司. LI-6400 使用手册，2010.

2. 中国科学院上海植物生理研究所和上海市植物生理学会. 现代植物生理学实验指南. 北京：科学出版社，1999.

3. Bernacchi C J, Portis A R, Nakano H, *et al*. Temperature response of mesophyll conductance: implications for the determination of rubisco enzyme kinetic and for limitations to photosynthesis in vivo. Plant Physiol., 2002, 130:1992-1998.

拓展实验

5.6　叶绿素荧光参数分析测定

1. 实验目的

(1)了解叶绿素荧光产生与光合作用能量转换的关系。

(2)通过实验掌握脉冲调制式荧光仪的使用及相关荧光参数的计算和分析方法。

2. 实验原理

叶绿素荧光仪具有观测简便,获得结果迅速,反应灵敏,可以定量,对植物无损伤、干扰少的特点。既可以用于叶绿体、叶片的测定,也可以用于群体、群落的遥感。既是光合基础研究的必备工具,也是诊断植物体内光合机构运转状况、分析植物对逆境响应机理的重要手段。

光合机构吸收的光能有 3 个可能的去向:一是用于推动光化学反应,引起反应中心的电荷分离及后来的电子传递和光合磷酸化,形成用于固定、还原二氧化碳的同化力(ATP 和 NADPH);二是转变成热散失;三是以荧光的形式发射出来。由于这三者之间存在此消彼长的相互竞争关系,所以可以通过荧光的变化探测光合作用的变化。在室温条件下,绝大部分荧光来自 PSⅡ天线。在体内,决定荧光产额的主要因素是电子的第一个稳定的醌受体 Q_A 的氧化还原状态。多种因素可以影响荧光强度:激发光强,反应中心对激发能的捕获和转化速率,激发能以热的形式耗散的程度和两个光系统间能量的分配等。当 PSⅡ的光化学反应被阻止时,最大荧光产额的减少是反应中心和天线热耗散增加的反映。由于可以测定完整叶片的荧光,因此叶绿素 a 荧光诱导动力学可以成为原位检测 PSⅡ反应状态的极好探针。

Schreiber 及其同事(1986)研制的 PAM 荧光仪是目前最常用的一种调制式荧光测定系统,用它可以测定 F_o、F'_o、F_m、F'_m、F_s,计算 F_v/F_m、$(F'_m-F_s)/F'_m$、NPQ、qP 和 qN 等。在该系统中,用于测定荧光的光源被调制,也就是使用以很高频率不断开关的光源。并且检测器通过选择性放大仅仅检测被这种调制光激发的荧光。这样不仅可以大大提高信号/噪声的比例,而且还可以在存在背景光,特别是在田间很强的太阳光存在的情况下测定相对的荧光产额。因此在研究工作中应用非常广泛。

3. 实验器材、试剂和材料

材料:植物叶片。

仪器设备:FMS-2(英国,汉莎)或 PAM2100(德国,Walz)等脉冲调制式荧光仪。

4. 实验步骤

(1)首先要让待测叶片进行充分的暗适应。最好是经过一个黑暗的夜晚。

(2)对经过暗适应的叶片照射测量光,经过 1~2 min,荧光水平稳定后得到荧光参数 F_o。

(3)给一个饱和脉冲光后关闭,得到荧光参数 F_m,于是得到荧光参数 F_v/F_m($F_v=F_m-F_o$),即潜在的 PSⅡ的光化学效率。

(4)打开可以引起叶片光合作用的作用光,一般光强为几百 μmol/(m^2 · s),因植物生长条件或实验目的不同而变化,几分钟到几十分钟后叶片光合作用达到稳态,得到荧光参数 F_s(图 5-1)。这时再给饱和脉冲光一个脉冲后关闭,得到荧光参数 F'_m,于是可以计算作用光存在时 PSⅡ 的实际的量子效率 $(F'_m-F_s)/F'_m$ 和荧光的非光化学猝灭系数 NPQ 即(F_m—

$F'_m)/F'_m$。

(5)关闭作用光,立即打开远红光,几秒钟后关闭,这时得到荧光参数 F'_o,于是可以计算荧光的光化学猝灭系数 qP,即$(F'_m-F_s)/(F'_m-F'_o)$。

图 5-1 中,F_o、F_m、F'_m、F_s 和 F'_o 分别表示暗适应叶片的初始荧光、最大荧光,在作用光下叶片光合作用达到稳态时的最大荧光、稳态荧光和初始荧光。

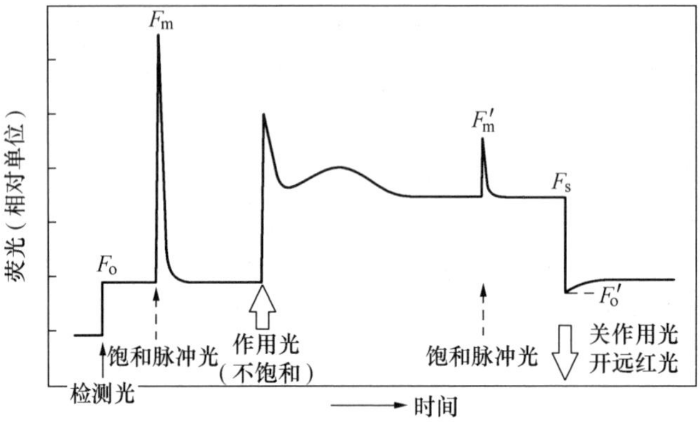

图 5-1 叶绿素荧光分析方法示意图

5. 结果计算与分析

从荧光仪直接获得以及进一步计算得到的荧光参数主要有以下 3 类。

1)基础参数

F_o 为最小或初始荧光强度。代表已暗适应的光合机构全部 PSⅡ中心都开放时的荧光强度。

F_m 为最大荧光,它是已经暗适应的光合机构 PSⅡ中心全部关闭时的荧光强度。这时,$qP=0$,$qN=0$。

F'_m 为光下最大荧光,在光适应状态下全部 PSⅡ中心都关闭时的荧光强度,$qP=0$,$qN\geqslant$ O。F'_m 受非光化学猝灭的影响,而不受光化学猝灭的影响。

F'_o 为光下最小荧光,在光适应状态下全部 PSⅡ中心都开放时的荧光强度,$qP=1$,$qN\geqslant$ 0。为了使照光后所有的 PSⅡ中心都迅速开放,一般在照光后和测定前应用一束远红光照射(波长大于 680 nm,几秒钟)。

F_v 为可变荧光强度,$F_v=F_m-F_o$。

F'_v 为光下可变荧光强度,$F'_v=F'_m-F'_o$。

2)反映 PSⅡ光化学效率的参数

F_v/F_m 为没有遭受环境胁迫并经过充分暗适应的植物叶片 PSⅡ最大的或潜在的量子效率指标,它是比较恒定的,一般在 0.80～0.85。有时,F_v/F_m 也被称为开放的 PSⅡ反应中心的能量捕捉效率。

F_v/F_o 是 F_v/F_m 的另一种表达方式,$F_v/F_o=(F_v/F_m)/(1-F_v/F_m)$。但它比 F_v/F_m 更敏感。F_m/F_o 也是 F_v/F_m 的另一种表达方式,$F_m/F_o=(F_v+F_o)/F_o=F_v/F_o+1$。

$(F'_m-F_s)/F'_m$为作用光存在时 PSⅡ的实际量子效率(φPSⅡ),即 PSⅡ反应中心电荷分离的实际的量子效率。这里,F_s 是稳态荧光水平,F'_m 是在作用光存在时一个饱和光脉冲激发的荧光水平。这个参数不仅与碳同化有关,也与光呼吸及依赖 O_2 的电子流有关。由于它是 PSⅡ 光化学反应的量子效率,所以可以利用它计算非循环电子传递速率(J):

$$J = \varphi PSⅡ \times PFDa \times 0.5$$

式中,PFDa 为被吸收的光通量密度[$\mu mol/(m^2 \cdot s)$],0.5 为光能在两个光系统间的分配系数;F'_v/F'_m 为开放的 PSⅡ 反应中心的激发能捕获效率。它可用来估计光合机构吸收的光能被用于光化学反应和天线热耗散的相对份额,前者 $P = F'_v/F_m \times qP$,后者 $D=1-F'_v/F'_m$。

3)荧光淬灭参数

qP(光化学淬灭系数)$=(F'_m - F_s)/(F'_m - F'_o)$。这里,$(F'_m - F_s)$代表光化学淬灭的荧光。$qP$ 是表示总 PSⅡ 反应中心中开放的反应中心所占比例的指标,而 $1-qP$ 则是关闭的反应中心所占比例,反映 Q_A 的还原程度,有时被称为 PSⅡ 的激发压。

qP 和 F'_v/F'_m、φPSⅡ 之间有如下关系:$F'_v/F'_m = \varphi PSⅡ/qP$。

qN(非光化学淬灭系数)$=1-(F'_m - F'_o)/(F_m - F_o)=1-F'_v/F_v$。它的计算以测定 F_o 和 F'_o 为前提,而 F_o 和 F'_o 的测定不准确会造成计算结果的偏差。

$NPQ=(F_m - F'_m)/F'_m = F_m/F'_m - 1$。它反映了热耗散的变化。不需要测定 F_o 和 F'_o,但须测定一个充分暗适应叶片的 F_m。

6. 注意事项

(1)注意最好选择测量叶片的上表面进行测定。

(2)荧光参数的解释较复杂。因此,应将荧光分析与其他方法相结合,特别是与气体交换测定相结合,以便正确分析实验结果。

参 考 文 献

1. 许大全. 光合作用效率. 上海:上海科学技术出版社,2002.
2. 中国科学院上海植物生理研究所和上海市植物生理学会. 现代植物生理学实验指南. 北京:科学出版社,1999.
3. Kocal N, Sonnewald U, Sonnewald S. Cell wall-bound invertase limits sucrose export and is involved in symptom development and inhibition of photosynthesis during compatible interaction between tomato and Xanthomonas campestris pv. vesicatoria. Plant Physiol., 2008, 148:1523-1536.

5.7 光合作用光响应曲线和 ACi 响应曲线的测定

1. 实验目的

(1)掌握植物叶片光响应曲线的测量方法和步骤。

(2)掌握植物叶片 CO_2 响应曲线的测量的步骤和方法。

2. 实验原理

植物光合作用的光响应曲线是指植物的光合速率随着光强的增高而相应提高的变化曲线。在低光范围内,光合速率随着光强的增加而呈直线增加;但超过一定光强后,光合速率增加转慢;当达到某一光强时,光合速率就不再随光强增加而增加,这种现象称为光饱和现象。

在暗中叶片无光合作用，只有呼吸作用释放 CO_2。随着光强的增高，光合速率相应提高，当到达某一光强时，叶片的光合速率等于呼吸速率，表观光合速率为零，这时的光强称为光补偿点。达到光合速率最大值时的光强称为光饱和点。达到光饱和点前，光合速率主要受光强制约；而饱和点后 CO_2 扩散和固定速率则是主要限制因素。弱光阶段的光响应曲线的斜率即为表观量子效率。曲线的斜率大，表明植物吸收与转换光能的色素蛋白复合体可能较多，利用弱光的能力强。实测的表观量子效率一般在 0.03～0.05。光补偿点和光饱和点是植物需光特性的两个主要指标，不同植物光补偿点和光饱和点也有很大的差异。光补偿点高的植物一般光饱和点也高，草本植物的光补偿点与光饱和点通常要高于木本植物；阳生植物的光补偿点与光饱和点要高于阴生植物。

ACi 响应曲线（CO_2-光合曲线）是指植物在饱和光强下光合速率随着测定环境 CO_2 浓度的增高而相应提高的变化曲线。与光强光合曲线相似，有直线上升阶段与饱和阶段。在光下 CO_2 浓度为零时，叶片只有呼吸放出 CO_2。随着 CO_2 浓度增高光合速率增加，当光合速率与呼吸速率相等时，外界环境中的 CO_2 浓度即为 CO_2 补偿点。当 CO_2 浓度继续提高，光合速率随 CO_2 浓度的增加变慢，当 CO_2 浓度达到某一范围时，光合速率达到最大值（P_m），光合速率开始达到最大值时的 CO_2 浓度被称为 CO_2 饱和点。在低 CO_2 浓度条件下，CO_2 浓度是光合作用的限制因子，直线的斜率受羧化酶活性和量的限制。因而被称为羧化效率（*CE*）。*CE* 值大，则表示在较低的 CO_2 浓度下有较高的光合速率，亦即 Rubisco 的羧化效率较高。在饱和阶段，CO_2 已不是光合作用的限制因素，而 CO_2 受体的量，即 RuBP 的再生速率则成为影响光合的主要因素，它受同化力供应的影响。因此，饱和光合速率反映了光反应活性，即光合电子传递和光合磷酸化活性。

3. 实验器材、试剂和材料

材料：植物连体叶片。

仪器设备：LI-6400 型红外线 CO_2 气体分析仪。

试剂：无水氯化钙，碱石灰。

4. 实验步骤

LI-6400 的安装和调校：按照本章 5.5（红外气体交换方法测定叶片光合速率）的方法，连接光合仪的管路、导线及电池。更换标准叶室上半部分为红蓝光源，然后开机预热 15～20 min，进行光合仪的调校。

1）叶片光合作用-光响应曲线的测量

（1）安装 CO_2 钢瓶（注意 2 个 O 形圈），将苏打管拧到完全 Scrub 位置，干燥剂管拧到完全 Bypass。

（2）主菜单下，按 F3 进入校准菜单，按上下箭头键选择 CO_2 Mixer-Calibration，按 Enter，按 Y，开始自动校准，最后显示校准曲线，按 Esc 退回到主菜单。

（3）按 F4，进入测量界面，将外置光量子传感器正对太阳光，按 g 查看 PARout 是否有响应。同时查看 g 行的大气压值是否正常。

（4）按 2，F5，设置一个特定光强，同时观察 g 行的 PARin 的变化。

（5）按 F3（CO_2 Mixer），按上下箭头键选择"S)Sample CO_2（μmol/mol）"，enter 进入，设定 CO_2 浓度为环境 CO_2 浓度（约 400），enter 确认。

（6）按 1，等待 a 行参数：CO_2_R、CO_2_S、H_2O_R 和 H_2O_S 值稳定后，按 F5（match），进入

匹配界面，待 CO_2_R 与 CO_2_S、H_2O_R 与 H_2O_S 值相等时，按 F5，然后按 F1 等待仪器退回测量菜单，检查 b 行参数：$\Delta CO_2 < \pm 0.5$，$\Delta H_2O < \pm 0.05$ 即可。

(7)打开叶室，夹叶片。

(8)按 5，按 F1(Auto prog)，进入自动测量界面，按上下箭头键选择 light curve，enter 进入，命名文件，enter，添加 remark，enter，出现 Desired lamp settings，自高到低设定光强梯度如 2 000，1 800，1 500，1 200，1 000，800，600，400，200，150，100，50，20，0(注意数值间一定空格间隔)，enter 后，出现 Minimum wait time(secs)：设定 120，enter，出现 Maximum wait time (secs)：设定 200，enter，出现 Match if |ΔCO_2| less than(ppm)：设定 20，enter，按 Y，则进入自动测量，等待约 25 min 测量结束。

(9)按 1，F3(Close file)保存文件。

2)叶片光合作用-CO_2 响应曲线的测量

(1)安装 CO_2 钢瓶(注意 2 个 O 形圈)，将苏打管拧到完全 Scrub 位置，干燥剂管拧到完全 Bypass。

(2)主菜单下，按 F3 进入校准菜单，按上下箭头键选择 CO_2 Mixer-Calibration，按 enter，按 Y，开始自动校准，最后显示校准曲线，按 esc 退回到主菜单。

(3)按 F4，进入测量界面，将外置光量子传感器正对太阳光，按 g 查看 PARout 是否有响应。同时查看 g 行的大气压值是否正常。

(4)按 2，F5，设置光强为饱和光强，同时观察 g 行的 PARin 的变化。

(5)按 F3(CO_2 Mixer)，按上下箭头键选择 R)Reference CO_2 XXX μmol/mol，enter 进入，设定 CO_2 浓度(如 1 500)，enter 确认。

(6)按 1，等待 a 行参数：CO_2_R、CO_2_S、H_2O_R 和 H_2O_S 值稳定后，按 F5(match)，进入匹配界面，待 CO_2_R 与 CO_2_S、H_2O_R 与 H_2O_S 值相等时，按 F5，然后按 F1 等待仪器退回测量菜单，检查 b 行参数：$\Delta CO_2 < \pm 0.5$，$\Delta H_2O < \pm 0.05$ 即可。

(7)打开叶室，夹叶片。

(8)按 5，按 F1(Auto prog)，进入自动测量界面，按上下箭头键选择 A-Ci Curve，enter 进入，命名文件，enter，添加 remark，enter，出现 Desired CO_2 settings，自高到低设定光强梯度如 1 500，1 200，1 000，800，600，400，200，150，120，100，80，50(注意数值间一定空格间隔)，enter 后，出现 Minimum wait time(secs)：设定 60，enter，出现 Maximum wait time(secs)：设定 300，enter，出现 Match if |ΔCO_2| less than(μmol/mol)：设定 20，enetr，按 Y，则进入自动测量，等待约 30 min 测量结束。

(9)按 1，F3(Close file)保存文件。

5. 结果计算与分析

将测定结果导出到 Excel 文档。然后以光强(PPFD)为横坐标，以净光合速率值为纵坐标，绘制叶片光合作用-光响应曲线(图 5-2A)。同理，以胞间 CO_2 浓度(Ci)为横坐标，以净光合速率值为纵坐标，绘制光合作用的 ACi 响应曲线(图 5-2B)。

6. 注意事项

(1)实验前一天将仪器的电池充满电，检查仪器的吸收管，调试好仪器。

(2)选择晴朗的天气进行响应曲线的测定，测定时间以上午 8:30—11:30 最佳。

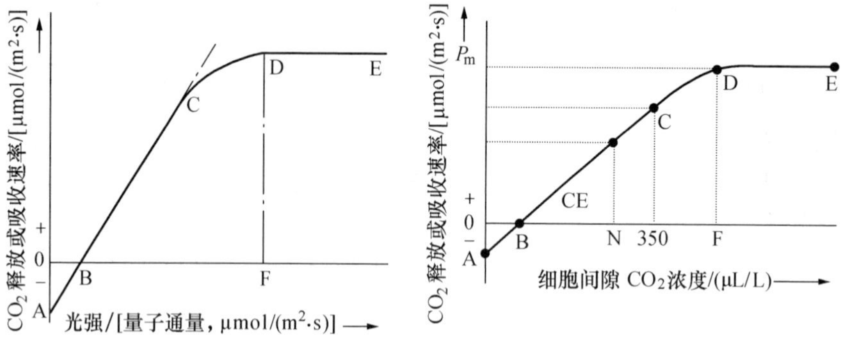

A. 光强-光合曲线　　B. CO_2-光合曲线

图 5-2　光响应和 CO_2 响应光合曲线

参 考 文 献

1. 基因公司. LI-6400 使用手册，2010.
2. 中国科学院上海植物生理研究所和上海市植物生理学会. 现代植物生理学实验指南. 北京：科学出版社，1999.
3. Sotomayor A M，Weiss A，Paparozz E T，*et al*. Stability of leaf anatomy and light response curves of field grown maize as a function of age and nitrogen status. J. Plant Physiol.，2002，159:819-826.
4. Loreto F，Harley P C，Di Marco G，*et al*. Estimation of mesophyll conductance to CO_2 flux by 3 different methods. Plant Physiol.，1992，98:1437-1443.

5.8　氧电极方法测定叶圆片光合速率

1. 实验目的

(1)了解氧电极方法测定水中溶解氧的原理。

(2)掌握用氧电极测定叶圆片光合速率的步骤和方法。

2. 实验原理

氧电极法测定水中溶解氧属于极谱分析的一种类型。是植物生理研究中常用的一种测氧技术，此方法灵敏度高，操作简便，可以连续测定溶氧量及其变化过程，还可以在中途加入试剂，以观察其对氧浓度变化的影响。因而在叶绿体及线粒体悬浮液的光合放氧和呼吸耗氧，某些耗氧或放氧的酶促反应，以及叶碎块或游离叶细胞的光合放氧等的研究上，都得到了广泛的应用。

氧电极通常由铂阴极和银阳极组成。电极腔内充有氯化钾溶液，外面覆盖一层 15～20 μm 厚的聚乙烯或聚四氟乙烯薄膜，这样电极可与被测溶液隔离，而溶氧仍能透过薄膜进入电极腔。两极间加上 0.7 V 左右的极化电压时，当两极间外加的极化电压超过氧分子的分解电压时，透过薄膜进入 KCl 溶液的溶解氧便在铂极上还原：

$$O_2 + 2H_2O + 4e^- = 4OH^-$$

银极上则发生银的氧化反应：

$$4Ag + 4Cl^- = 4AgCl + 4e^-$$

此时电极间产生电解电流，此电流与溶氧浓度成正比，经氧电极控制器转换成电压，由自动记录仪进行记录。

3. 实验器材、试剂和材料

材料：新鲜的植物叶片。

仪器设备：Chlolab-2 型液相氧电极（含反应杯、氧电极控制器、电磁搅拌器、红光光源）及控制软件，微型真空泵，打孔器，刀片，烧杯等。

试剂：

①半饱和的 KCl 溶液。

②饱和亚硫酸钠或硫代硫酸钠溶液。

③反应介质：60 mol/L 的 Tris 缓冲液（pH 7.5），内含 20 mmol/L $NaHCO_3$。

4. 实验步骤

1）电极安装

电极表面擦净后滴上氯化钾溶液，放上薄膜，用橡皮环固定，插入反应杯中。将电极导线连接到控制器，加上 0.7 V 极化电压。反应杯中注满蒸馏水，开启恒温水浴与电磁搅拌器，约 0.5 h 后，水中溶氧与大气平衡。盖好反应杯盖，使反应室隔绝外界空气，就可进行标定。

2）液相氧电极的校正

在反应杯中加入 0.2～2.5 mL 的被空气饱和的去离子水，放入磁转子，并且设置适当的转速启动转子。

在工具栏上点击“Calibrate”，在“Oxygen”一栏中点击“New”，软件将提示“建立空气线”，点击“OK”键后，氧电极便会在屏幕记录一条被空气饱和蒸馏水中的氧含量信号线。当信号线走平后，按“Stop”按钮，软件将提示“建立无氧线”，这时通过反应杯盖的排气孔用注射器加入高浓度的 $Na_2S_2O_4$（连二亚硫酸钠）溶液。然后点击提示框上的“OK”，这时屏幕上的踪迹信号线下降，因为反应杯内的氧气与连二亚硫酸钠反应，将溶液中的氧气消耗掉，电极附近的氧气下降为零。当踪迹信号线稳定后，点击“STOP”，屏幕上将再一次显示建立空气线的提示。将反应杯中带有耗氧剂的溶液倒出，反复冲洗反应杯、磁转子以及螺旋调节杆，然后在反应杯中准确加入等量体积的被空气氧饱和的去离子水。点击“OK”，当信号线平稳，点击“STOP”，校正完成。

3）叶片光合放氧速率的测定

取 1～2 cm^2 叶片切成 1 mm^2 大小的颗粒，然后用真空渗入法把反应介质渗入到叶肉内。放入盛有反应介质的反应杯中。盖好杯盖，开始搅拌，稳定后，打开光源照光[一般应大于 1 000 $\mu mol/(m^2 \cdot s)$]，此时记录的是光合放氧速率（表 5-1）。

5. 结果计算与分析

液相氧电极用软件最初计算出来的速率表示为：$\mu mol/(mL \cdot min)$，记为 A，然后根据实际加入的样品重量/面积（记为 B cm^2）及反应杯中的液体的体积（2 mL）再进行换算，计算出叶圆片的实际呼吸/光合速率：

光合速率(P)＝[A $\mu mol\ O_2/(mL \cdot min) \times 2\ mL \times 10^4$]/(B $cm^2 \times 60$ s)

单位：$\mu mol/(m^2 \cdot s)$。

6. 注意事项

(1)氧电极对温度变化很敏感，故测定时须注意恒温。

(2)氧电极内和反应室内不可存在气泡，搅拌速度也要稳定。

(3)用氧电极测光合速率是在溶液中进行，与在大气中所测结果相比，数值偏低，因此较适合与同类方法的结果作比较。

(4)有时叶片照光后要延迟数分钟才开始放氧，故照光时间须相应延长。

(5)氧电极不用时可浸水保持，如长期不用应干燥保存。在水中过久，往往会长微生物，其呼吸吸氧会干扰实验结果。

表 5-1 不同温度下水中氧的饱和溶解度

温度/℃	O_2/(μmol/mL)	温度/℃	O_2/(μmol/mL)
0	0.442	20	0.276
5	0.386	25	0.253
10	0.341	30	0.230
15	0.305		

参考文献

1. 汉莎科学仪器有限公司. Chlolab-2 型液相氧电极使用手册，2005.
2. 中国科学院上海植物生理研究所和上海市植物生理学会. 现代植物生理学实验指南. 北京：科学出版社，1999.
3. Danilov R A，Ekelund N G A. Influence of chlorophyll concentrations on the reliability of measurements with an oxygen electrode when studying photosynthetic efficiency in bioassays using microalgae. J. Appl. Phycol.，2000，12:63-67.

5.9 RuBP 羧化酶活性的测定

1. 实验目的

(1)了解同位素标记法测定叶片 RuBP 羧化酶活性的原理。

(2)掌握用液体闪烁计数仪测定 RuBP 羧化酶初始活性和总活性的步骤和方法。

2. 实验原理

核酮糖-1,5-二磷酸羧化酶(ribulose-1,5-bisphosphatecarboxylase，RuBPCase)是植物中最丰富的蛋白质，主要存在于叶绿体的可溶部分，总量占叶绿体可溶蛋白 50%～60%。RuBP 羧化酶催化整个光合固碳过程(暗反应)的第一步，它也是光合作用的重要限速酶，其活性的变化往往会明显影响叶绿体的光合速率。

RuBP 羧化酶催化如下反应：$RuBP+CO_2 \longrightarrow 2PGA$

(RuBP 为 1,5-二磷酸核酮糖，PGA 为 3-磷酸甘油酸)。

RuBP 羧化酶活性的测定方法主要有酶法和同位素标记法两种，其中同位素标记法的灵敏度和准确性都较高。同位素法的测定中 CO_2 由部分标记为 ^{14}C 的 $NaHCO_3$ 水溶液提供，酶活性(即单位时间内催化的反应量)可由被羧化反应固定到 PGA 中的 ^{14}C 量求得。未被固定的 $NaHCO_3$(包含 ^{12}C 和 ^{14}C)可通过加 HCl 除去。

RuBP 羧化酶的催化活性需要经过活化才能完全测出。体内这一过程需活化酶参与使 CO_2、Mg^{2+} 与羧化酶共价结合使之转变为活化态。体外反应如没有活化酶催化则需要高浓度的 CO_2 及 Mg^{2+} 和羧化酶预保温 5～10 min 也可以完成活化过程。此时测定的活性为总活性，它反映了叶片内的最大羧化潜力。如果叶片粗酶液不经过预保温，直接测定所得结果则为初始活性，一般用它表示叶片组织内部酶的实际活性及其激活程度。

3. 实验器材、试剂和材料

材料：植物叶片。

仪器设备：

①研钵、冰、高速离心机。

②恒温水浴。

③500 μL 加样器和 10 μL 加样器各一把，吸头若干只。

④10 μL 微量玻璃注射器两只（吸 $NaH^{14}CO_3$ 专用）。

⑤闪烁瓶。

⑥专用烘箱、专用通风橱。

⑦液体闪烁计数仪。

试剂：

①$NaH^{14}CO_3$溶液、RuBP 溶液（12 mmol/L）。

②研磨介质。100 mmol/L Hepes(pH 7.7)缓冲液，内含 20 mmol/L KCl。

③CO_2 固定介质。100 mmol/L Hepes[pH 7.7，20 mmol/L KCl，80 mmol/L $MgCl_2$，12 mmol/L $NaHCO_3$，1 mmol/L DTT(DTT 于测定前临时加入)]。

④中止液。4 N HCl。

⑤闪烁液。667 mL 甲苯、333 mL 曲拉通(Triton X-100)加入闪烁剂 PPO 3 g、POPOP 0.5 g，避光充分搅拌至完全溶解。

4. 实验步骤

1)粗酶液的制备

称取一定量的叶片，按 1∶10(*W*∶*V*)比例加研磨介质，研磨后 10 000 g 离心 10 min，取上清液测定其蛋白质含量，一般应确保蛋白质含量在 0.5～5 mg/mL。

2)初始活性的测定

①将闪烁瓶置于 30℃的恒温水浴中，加入 500 μL CO_2 固定介质。

②用 10 μL 加样器吸取 RuBP 溶液加入闪烁瓶中。

③用微量注射器吸取 10 μL $NaH^{14}CO_3$，注入闪烁瓶。

④保温 5 min。

⑤加入 10 μL 粗酶液并开始计时。

⑥45 s 后加中止液 500 μL 停止反应。

⑦将闪烁瓶置入 80℃烘箱中烘干(需 7～8 h)。

⑧加 500 μL 蒸馏水于闪烁瓶中振荡以溶解瓶底残余物。

⑨加 4.5 mL 闪烁液，旋上瓶盖，然后充分振荡(注意勿将闪烁液摇出瓶外)，约需 5 min 闪烁液与水充分混溶。用酒精棉球擦净瓶壁，置于暗处 0.5 h 然后上液体闪烁计数器测定 dpm(每分钟衰变数)值。对照除第⑤步不加酶液外其余同上。

3)总活性测定

①同初始活性测定中相应步骤①。

②加入 10 μL 酶液。

③保温 5 min。

④加入 10 μL $NaH^{14}CO_3$ 溶液,混匀。

⑤加入 10 μL RuBP 溶液开始反应并计时。

⑥45 s 后加中止液 500 μL 停止反应。

⑦~⑨同初始活性测定中相应步骤。

对照第 5 步不加 RuBP,其余同上。

4)比强测定

取 10 μL $NaH^{14}CO_3$,加入 500 μL 乙醇胺稀释液(乙醇胺、水比为 1∶15,V/V)混匀后抽取 10 μL,加入闪烁瓶中(另取一只微量注射器),再加入 500 μL 乙醇胺稀释液,摇匀后加 4.5 mL 闪烁液,测定 dpm 值。

5. 结果计算与分析

1)比强计算

$$\text{比强}(\text{dpm}/\mu\text{molC})=\frac{\text{dpm}\times\frac{510}{10}}{12\ \mu\text{mol NaHCO}_3/\text{mL}\times 0.5\ \text{mL}}=\frac{\text{dpm}\times 51}{6}$$

dpm 为测定比强时所得结果(Decay Per Minute)。

2)活性及比活性的计算

$$\text{活性}=\frac{\text{dpm1}-\text{dpm0}}{\text{比强}\times\text{时间}(0.75\ \text{min})\times 10\ \mu\text{L 酶液}}$$

单位:$\mu mol\ CO_2/(min\cdot\mu L)$。

$$\text{比活性}=\frac{\text{dpm1}-\text{dpm0}}{\text{比强}\times\text{时间}(0.75\ \text{min})\times\mu\text{g 蛋白}/\mu\text{L 酶液}\times 10\ \mu\text{L 酶液}}$$

单位:$\mu mol\ CO_2/(min\cdot\mu g$ Protein);

dpm1 为样品 dpm 值,dpm0 为对照 dpm 值。

6. 注意事项

(1)加中止液后会有较多$^{14}CO_2$ 排出,此时应注意安全,尽可能将闪烁液举至通风橱内高处。

(2)由于所加试剂量很小,应注意加样器和微量注射器的准确性。加样时应贴壁且靠近瓶底处,使所加微量溶液吸附在瓶壁上,然后轻轻摇动瓶底反应液,使之充分混匀。微量注射器内的气泡应反复抽推几次充分排净。

(3)烘箱温度不可超过 80℃,否则导致碳化影响结果。

(4)闪烁液应放入棕色瓶中避光保存。曲拉通应选用无色的进口(分装)试剂,以免引起淬灭。

(5)反应时间仅 45 s,因此其准确性对测定结果影响很大。为得到较好结果,应由同一个人测定,并尽可能保持同样的操作程序。

参考文献

1. 王学奎. 植物生理生化实验原理和技术. 北京：高等教育出版社，2006.
2. 中国科学院上海植物生理研究所和上海市植物生理学会. 现代植物生理学实验指南. 北京：科学出版社，1999.
3. Perchorowicz J T, Raynes D A, Jensen R G. Measurement and perservation of the in vivo activation of ribulose 1,5-bisphosphate carboxylase in leaf extracts. Plant Physiol., 1982, 69: 1165-1168.

5.10 PEP 羧化酶活性的测定

1. 实验目的

(1)了解酶偶联法测定 PEP 羧化酶活性的原理。

(2)掌握用偶联法测定 PEP 羧化酶活性的步骤和计算方法。

2. 实验原理

磷酸烯醇式丙酮酸(PEP)羧化酶是 C_4 植物和 CAM 植物光合碳代谢的关键酶,此酶起着固定环境中 CO_2 的作用。PEP 羧化酶催化 PEP 和 CO_2 羧化形成草酰乙酸(OAA),此反应是不可逆的。PEP 羧化酶在光合碳同化、呼吸作用和物质代谢等方面均具有重要作用。在 Mg^{2+} 存在时,PEP 羧化酶可催化 PEP 与 HCO_3^- 形成草酰乙酸。草酰乙酸在还原型辅酶Ⅰ(NADH)存在时,在苹果酸脱氢酶(MDH)的作用下形成苹果酸和 NAD^+。NADH 消耗(或 NAD^+ 形成)的速率可用分光光度计于 340 nm 波长下进行测定,并以每分钟每毫升酶原液氧化 NADH 的 μmol 值计算酶活性。

$$\text{PEP}+\text{HCO}_3^- \xrightarrow[\text{Mg}^{2+}]{\text{PEPCase}} \text{草酰乙酸}+\text{Pi}$$

$$\text{草酰乙酸}+\text{NADH}+\text{H}^+ \xrightarrow{\text{苹果酸脱氢酶}} \text{苹果酸}+\text{NAD}^+$$

3. 实验器材、试剂和材料

材料:C_4 植物(如甘蔗、玉米、高粱等)叶片。

仪器设备:组织捣碎机,冷冻离心机,紫外分光光度计,Sephadex-G25 柱(2 cm×45 cm),DEAE(二乙胺基乙基)-纤维素(DE-52,1 cm×30 cm)柱,自动部分收集器,蠕动泵,纱布等。

试剂:

①提取缓冲液。0.1 mol/L Tris(三羟甲基氨基甲烷)-H_2SO_4 缓冲液,内含 7 mmol/L 巯基乙醇,1 mmol/L EDTA(乙二胺四乙酸),5%甘油,pH 7.4。

②洗脱缓冲液。10 mmol/L Tris-H_2SO_4 缓冲液,内含 0.2 mmol/L EDTA,0.2 mmol/L 二硫苏木糖醇,5%甘油,pH 8.2。

③酶反应缓冲液。0.1 mol/L Tris-H_2SO_4 缓冲液,内含 0.1 mol/L $MgCl_2$,pH 9.2。

④100 mmol/L $NaHCO_3$。

⑤40 mmol/L PEP(磷酸烯醇式丙酮酸)。

⑥NADH，1 mg/mL，pH 8.9。

⑦苹果酸脱氢酶(MDH)。

4. 实验步骤

1)酶的提取

将新鲜叶片洗净并吸去水分，去掉中脉，称取 25 g 剪碎放入组织捣碎机中，加入已预冷的提取缓冲液 100 mL ，20 000 r/ min 匀浆 2 min(运行 30 s 间歇 10 s，反复匀浆)，用 4 层纱布滤去残渣，滤液于冷冻离心机中以 11 000 *g* 离心 10 min ，弃去残渣上清液即为 PEP 羧化酶的粗酶提取液。以上过程均在 0～4℃下进行。

2)酶的纯化

(1)硫酸铵分步沉淀。将上述粗酶液装入烧杯，于搅拌器上搅拌，缓慢加入固体硫酸铵粉末达到 35%饱和度，在冰箱中静置 1 h，于 15 000 *g* 下离心 10 min ，取上清液再缓慢加入固体硫酸铵粉末达到 55%饱和度，在冰箱中静置 1 h，再于 15 000 *g* 下离心 10 min，弃去上清液，沉淀用洗脱缓冲液 8 mL 溶解。

(2)SephadexG-25 柱层析。先用洗脱缓冲液平衡 Sephadex G-25 柱(2 cm×45 cm)。将上述溶液上柱，压样 2 次，用洗脱缓冲液洗脱，洗脱速度 50 mL/h，通过检测仪，收集有酶活性的部分，于 15 000 *g* 下离心 10 min，上清液即为 PEP 羧化酶的部分纯化酶液。

(3)DEAE-纤维素柱层析。把转型的 DE-52 装入 1 cm×3 cm 的层析柱，洗脱缓冲液平衡 2 h，将上述已部分纯化的酶液上 DE-52 柱，压样 2 次，用洗脱缓冲液洗脱，通过紫外检测仪，用部分收集器收集。用洗脱缓冲液配制 0～0.6 mol/L NaCl 溶液进行连续性梯度洗脱，洗脱速度为 30 mL/h，收集有酶活性的部分即为纯化的 PEP 羧化酶，用于酶活性的测定。

3)酶活性的测定

取试管 1 支，依次加入反应缓冲液 1.0 mL，40 mmol/L PEP、1 mg/mL NADH(pH 8.9)、0.1 mL 苹果酸脱氢酶(MDH)和纯化的 PEP 羧化酶提取液 0.1 mL，蒸馏水 1.5 mL ，在所测温度下保温 10 min 后，在 340 nm 处测定吸光度值 A_{340}(OD_0)。然后再加入 100 mmol/L $NaHCO_3$ 0.1 mL 启动反应，立即计时，每隔 30 s 测定吸光度值(OD_1)，记录吸光度的变化。

5. 结果计算与分析

在测定条件下，每分钟内每毫升酶液原液的酶活力单位按下式计算：

$$\text{酶活力单位}=\frac{\Delta OD\times m\times 3}{d\times \varepsilon\times 0.1}[\mu\text{mol}/(\text{mL}\cdot\text{min})]$$

式中，ΔOD 为反应起始后 1 min 内 OD 值变化的绝对值；d 为比色杯光程(cm)；m 为酶液稀释倍数；0.1 为反应混合液中酶液用量(mL)；3 为测定混合液的总体积(mL)；ε 为还原型辅酶 I 在340 nm 处的摩尔消光系数(6.22×10^3)。

6. 注意事项

需要事先通过实验确定测定时的酶液用量，苹果酸脱氢酶的最佳用量根据 PEP 羧化酶活性的大小来确定。

参 考 文 献

1. 中国科学院上海植物生理研究所和上海市植物生理学会. 现代植物生理学实验指南. 北京：

科学出版社，1999.
2. Joshi A K, Chanda S V, Krishnan P N, *et al*. Chlorophyll content, Hill reaction and PEP-case activity in relation to hyhrid vigour in pearl millet during early seedling growth. J. Agron. Crop Sci., 1986, 157: 1-12.

5.11　蔗糖合成酶(SS)与蔗糖磷酸合成酶(SPS)活性的测定

5.11.1　植物组织中蔗糖合成酶活性测定

1. 实验目的

掌握间苯二酚法测定植物组织中的蔗糖合成酶活性。

2. 实验原理

蔗糖合成酶(sucrose synthase,E.C.2.4.1.13,简称 SS)是由 Cardini 等于 1955 年首次在小麦胚芽中发现。SS 是一种胞质酶,是促使蔗糖进入各种代谢途径的关键酶之一,在大多数植物的贮藏器官中得到明显的表达,其活性通常与淀粉的积累或者器官的生长发育相联系。目前 SS 已经被确认有两种不同的存在形式 SSI 和 SSⅡ,大部分以可溶性状态存在于细胞质中,有些不溶性的 SS 则附着在细胞膜上。催化如下可逆反应:果糖+UDPG——蔗糖+UDP(蔗糖合成最适 pH 值 8.0～9.5,蔗糖裂解最适 pH 值 5.5～6.5)。植物生长发育中,SS 既可催化蔗糖合成又可催化蔗糖分解,但通常认为 SS 主要起分解蔗糖作用。研究表明,其分解产物尿苷二磷酸葡萄糖(UDPG)可为细胞壁构建和糖酵解代谢提供底物,同时也是支链淀粉和直链淀粉合成的前体。SS 活性通常在那些合成淀粉或者细胞壁的组织中最高,其生理功能主要有:①影响库强、调控输入蔗糖多少和代谢蔗糖的能力。②参与细胞分化与纤维细胞壁合成。③调节淀粉合成。④提高植物抗逆性。

蔗糖合成酶催化游离果糖与葡萄糖供体 UDPG(尿苷二磷酸葡萄糖)反应生成蔗糖。UDPG+果糖——蔗糖+UDP 这是一个可逆反应,平衡常数为 1.3～2.0。该酶在分解方向的 K_m 值相对较高(30～150 mmol/L),细胞中高的蔗糖浓度有利于反应向分解方向进行。蔗糖合成酶活性测定既可在合成方向进行测定(外加底物 UDPG 和果糖,测产物蔗糖的量表示酶活性),也可以在分解方向进行测定(外加蔗糖和 UPD,测定果糖含量表示酶活性)。果糖是酮糖,可与间苯二酚混合加热反应生成红色产物,在一定范围内糖的含量与反应液颜色成正比。蔗糖在含有盐酸的间苯二酚中水解成葡萄糖和果糖,也能生成红色产物,在 480 nm 处可比色测定。

3. 实验器材、试剂和材料

材料:新鲜植物叶片。

仪器与用具:冷冻离心机,恒温水浴,分光光度计,研钵一套,磁力搅拌器,天平(感量 0.01 mg),0.1、0.5、1、5 mL 移液管各 1 个,10 mL 具塞试管 10 支,5mL 量瓶一个,冰箱。

试剂:

①提取缓冲液。100 mmol/L Tris-HCl(pH 7.0)缓冲液,内含 5 mmol/L $MgCl_2$,2 mmol/L EDTA-Na_2,2% 乙二醇,0.2% 牛血清蛋白(BSP),2% PVP(聚乙烯吡咯烷酮),5 mmol/L DTT(二硫苏糖醇)。

②透析缓冲液。25 mmol/L Tris-HCl(pH7.0)缓冲液,内含 2.5 mmol/L $MgCl_2$,

1 mmol/L EDTA-Na_2,1%乙二醇,1 mmol/L DTT。

③酶反应液。100 mmol/L Tris-HCl(pH 7.0)缓冲液,内含 10 mmol/L 果糖,2 mmol/L EDTA-Na_2,5 mmol/L 醋酸镁,5 mmol/L DTT。

④10 mmol/L UDPG。称取 0.012 206 g UDPG,配成 2 mL,浓度计为 10 mol/L UDPG,随配随用。

⑤2 mol/L NaOH。

⑥30% HCl。

⑦0.1%间苯二酚:0.1 g 间苯二酚溶于 100 mL 95%乙醇中,棕色瓶保存。

⑧1 mg/mL 蔗糖标准液。

4. 实验步骤

(1)酶液制备。称取 1 g 植物叶片,置于预冷的研钵中,分批加入 5 mL 提取缓冲液,冰浴研磨提取,2℃下 10 000 r/min 离心 20 min,上清液 3 mL 装入透析袋中,透析袋置于透析缓冲液中 4℃透析过夜,期间更换透析液 3 次,透析后酶液定容 5 mL 备用。

(2)蔗糖合成酶活性测定。取 3 支 10 mL 具塞试管,加入 0.4 mL 酶反应液,0.1 mL UDPG 和 0.05 mL 透析后的酶液,补水至 1 mL,于 30℃水浴中反应 10 min 后,沸水浴 3 min 中止反应,对照用蒸馏水代替 UDPG。

(3)蔗糖含量测定。往各反应试管中加入 2 mol/L NaOH 0.1 mL,沸水浴 10 min 后,冷却至室温。加 30% HCl 3.5 mL,0.1%间苯二酚 1 mL,摇匀后于 80℃保温 10 min,冷却后 480 nm 处比色,测定蔗糖生成的量。

(4)标准曲线制作。取 7 支 10 mL 具塞试管,如表 5-2 所示加入各种试剂,按上述步骤③反应并测定其吸光度。以吸光度值为纵坐标,蔗糖含量为横坐标,绘制标准曲线,以计算反应中蔗糖形成的数量。

表 5-2 蔗糖合成酶标准曲线的配方表

试剂	管号						
	1	2	3	4	5	6	7
1 mg/mL 蔗糖标准液/mL	0	0.1	0.2	0.4	0.6	0.8	1.0
蒸馏水/mL	1.0	0.9	0.8	0.6	0.4	0.2	0
蔗糖含量/mg	0	0.1	0.2	0.4	0.6	0.8	1.0
OD_{480}/nm							

(5)结果计算。蔗糖合成酶活力,单位为:mg/(g·FW·L)。

$$酶活力[mg/(g \cdot FW \cdot L)]=C\times Vt\times n/(FW\times t\times Vs)$$

式中,C 为从标准曲线查得的蔗糖量(mg);FW 为样品鲜重(g);t 为反应时间(h);Vt 为提取酶液总体积(mL);Vs 为测定时取用酶液体积(mL);n 为提取液测定中的稀释倍数。

5.11.2 植物组织中蔗糖磷酸合成酶活性测定

1. 实验目的

掌握间苯二酚法测定植物组织中的蔗糖磷酸合成酶活性。

2. 实验原理

植物生长发育所需要的光合产物大部分以蔗糖的形式供应和运输，蔗糖磷酸合成酶(Sucrose Phosphate Synthase，E. C. 2. 4. 1. 14，简称 SPS)是植物体内控制蔗糖合成的关键酶之一，也是光合产物向蔗糖和淀粉分配的关键调控点。植物体内蔗糖的积累与 SPS 活性呈正相关，SPS 还参与植物的生长和产量形成，并在植物的抗逆过程中起重要作用。

蔗糖磷酸合成酶是一种可溶性酶，活性最适 pH 值约为 7.0，存在于细胞质中，催化如下可逆反应：

$$\text{尿苷二磷酸葡萄糖(UDPG)} + \text{6-磷酸果糖(F-6-P)} \rightarrow \text{6-磷酸蔗糖} + \text{UDP}$$

SPS 是以 UDPG 为供体，以 F-6-P 为受体的糖转移酶，合成 6-磷酸蔗糖。6-磷酸蔗糖具有酮糖结构，可与间苯二酚混合加热反应生成红色产物，在一定范围内糖的含量与反应液颜色成正比，在 480 nm 处可比色测定。

3. 实验器材、试剂和材料

材料：新鲜植物叶片。

仪器与用具：冷冻离心机，恒温水浴，分光光度计，研钵一套，磁力搅拌器，天平(感量 0.01 mg)，0.1、1、5 mL 移液枪各 1 支，10 mL 具塞试管 10 支，5 mL 量瓶一个，冰箱。

试剂：SPS 的酶活性测定所用试剂与 SS 的基本相同，只是在酶反应液中以 10 mmol/L 6-磷酸果糖(F-6-P)取代 10 mmol/L 果糖。

①提取缓冲液。100 mmol/L Tris-HCl(pH 7.0)缓冲液，内含 5 mmol/L$MgCl_2$，2 mmol/L EDTA-Na_2，2%乙二醇，0.2%牛血清蛋白(BSP)，2% PVP(聚乙烯吡咯烷酮)，5 mmol/LDTT(二硫苏糖醇)。

②透析缓冲液。25 mmol/L Tris-HCl(pH 7.0)缓冲液，内含 2.5 mmol/L $MgCl_2$，1 mmol/L EDTA-Na_2，1%乙二醇，1 mmol/L DTT。

③100 mmol/L Tris-HCl(pH 7.0)缓冲液，内含 10 mmol/L 6-磷酸果糖(F-6-P)，2 mmol/L EDTA-Na_2，5 mmol/L 醋酸镁，5 mmol/L DTT。

④10 mmol/L UDPG。称取 0.012 206 g UDPG，配成 2 mL，浓度计为 10 mol/L UDPG，随配随用。

⑤2 mol/L NaOH。

⑥30% HCl。

⑦0.1%间苯二酚。0.1 g 间苯二酚溶于 100 mL 95%乙醇中，棕色瓶保存。

⑧1 mg/mL 蔗糖标准液。

4. 实验步骤

SPS 的酶活性测定步骤基本与 SS 的相同，只是在反应体系中以 10 mmol/L 6-磷酸果糖(F-6-P)取代 10 mmol/L 果糖。具体步骤如下：

(1)酶液制备。称取 1 g 植物叶片，置于预冷的研钵中，分批加入 5 mL 提取缓冲液，冰浴研磨提取，2℃下 10 000 r/min 离心 20 min，上清液 3 mL 装入透析袋中，透析袋置于透析缓冲液中 4℃透析 10 h，期间更换透析液 3 次，透析后酶液定容 5 mL 备用。

(2)蔗糖磷酸合成酶活性测定。取 3 支 10 mL 具塞试管，加入 0.4 mL 酶反应液，0.1 mL UDPG 和 0.05 mL 透析后的酶液，补水至 1 mL，于 30℃水浴中反应 10 min 后，沸水浴 3 min

中止反应，对照用蒸馏水代替 UDPG。

(3)蔗糖含量测定。往各反应试管中加入 2 mol/L NaOH 0.1 mL，沸水浴 10 min 后，冷却至室温。加 30% HCl 3.5 mL，0.1%间苯二酚 1 mL，摇匀后于 80℃保温 10 min，冷却后 480 nm 处比色，测定蔗糖生成的量。

(4)标准曲线制作。取 7 支 10 mL 具塞试管，并如表 5-3 所示加入各种试剂，按上述步骤 3 反应并测定其吸光度。以吸光度值为纵坐标，蔗糖含量为横坐标，绘制标准曲线，以计算反应中蔗糖形成的数量。

表 5-3　蔗糖磷酸合成酶标准曲线的配方表

试剂	管号						
	1	2	3	4	5	6	7
1 mg/mL 蔗糖标准液/mL	0	0.1	0.2	0.4	0.6	0.8	1.0
蒸馏水/mL	1.0	0.9	0.8	0.6	0.4	0.2	0
蔗糖含量/mg	0	0.1	0.2	0.4	0.6	0.8	1.0
OD_{480}/nm							

(5)结果计算。蔗糖磷酸合成酶活力单位为 mg/(g·FW·L)

$$酶活力[mg/(g \cdot FW \cdot L)] = C \times Vt \times n/(FW \times t \times Vs)$$

式中，C 为从标准曲线查得的蔗糖量(mg)；FW 为样品鲜重(g)；t 为反应时间(h)；Vt 为提取酶液总体积(mL)；Vs 为测定时取用酶液体积(mL)；n 为提取液测定中的稀释倍数。

5. 注意事项

(1)透析袋不可装满，以防止吸水涨破。

(2)提取缓冲液配好以后要在－20℃以后保存备用。

6. 思考题

(1)为什么要对酶提取液进行透析？

(2)蔗糖合成酶和蔗糖磷酸合成酶在糖代谢中的作用是什么？

参考文献

1. 高俊凤. 植物生理学实验指导. 北京：高等教育出版社，2006：105-107.

2. 张明方，李志凌. 高等植物中与蔗糖代谢相关的酶. 植物生理学通讯，2002，38(3)：289-295.

3. Hussain M W，Allen L H，Bowes G. Up-regulation of sucrose phosphate synthase in rice growen under elevated CO_2 and temperature. Photosyn. Res.，1999，60：199-208.

4. Mccollum T G，Huber D J，Cantliffe D J. Soluble sugar accumulation and activity of related enzymes during musk melon fruit development. J Amer Soc Hort Sci，1988，113：399-403.

5. Ruan Y L，Lewelly D J，Furbank R T. Suppression of sucrose synthase gene expression represses cotton fiber cell initiation，elongation，and seed development. Plant Cell，2003，15：952-964.

6. Sturm A, Tang G Q. The sucrose-cleaving enzymes of plants are crucial for development, growth and carbon partitioning. Trends in Plant Sci(Reviews), 1999(4):401-407.

设计实验

5.12　光抑制条件下植物光合速率、气孔导度和叶绿素荧光参数的变化

1. 实验目的

(1)针对农业生产中常见的光抑制现象,设计实验验证强光对植物光合速率、气孔导度以及叶绿素荧光参数的影响。

(2)培养灵活运用课堂所学理论知识和实验技能来验证或分析、解决某一实际问题的能力,培养创新意识。

2. 实验原理

强光对高等植物的光合作用具有抑制和破坏作用。植物光合机构接受的光能超过光合作用所能利用的数量时，光合功能便降低，表现为量子效率和光能转换效率的降低，这就是所谓的光合作用的光抑制。早在 20 世纪初，光抑制与光破坏现象就引起了人们的注意，但对光抑制和光破坏的真正认识，则是近二十几年的事。目前研究认为，光抑制常常是一种保护机制，代表一种光系统Ⅱ(PSⅡ)的长期调控机制。植物在进化过程中形成了多种 PSⅡ光保护机制，如:围绕 PSⅡ的电子循环及与叶黄素循环有关的能量耗散、光呼吸、活性氧代谢、PSⅡ中心异质化及 D1 蛋白修复循环有关的能量耗散等。

3. 实验器材、试剂和材料

材料:植物连体叶片。

仪器设备:生物效应灯、LI-6400 型红外线 CO_2 气体分析仪、PAM 2100 荧光仪等。

试剂:无水氯化钙,碱石灰等。

4. 实验步骤

(1)根据研究目的,自行查阅资料,设计实验方案。

(2)在教师帮助下完成该实验设计并进行强光条件下相关光合参数的测定。其中光合速率和气孔导度的测定方法参考本章基础实验——5.5 红外气体交换方法测定叶片光合速率;荧光参数的测定参考本章拓展实验——5.7 叶绿素荧光参数分析测定。

(3)撰写实验报告,并分析结果。

5. 结果计算与分析

通过计算和比较强光照射前后植物叶片相关光合参数的变化,了解光抑制对植物光合功能的影响。

6. 注意事项

(1)处理光强的选择因植物而异,但应高于该植物的饱和光强。

(2)光抑制处理也可利用晴天自然条件下正午的强光照射下进行。

参 考 文 献

1. 王学奎. 植物生理生化实验原理和技术. 北京：高等教育出版社，2006.
2. 魏爱丽，王志敏. 高等植物 PSⅡ的光抑制与光破坏研究进展. 西北植物学报，2004，24(7)：1342-1347.
3. Kitao M，Lei T T，Koike T，*et al*. Temperature response and photoinhibition investigated by chlorophyll fluorescence measurements for four distinct species of dipterocarp trees. Physiol. Plant，2000，109：284-290.

5.13 环境条件对植物光合作用和同化物积累的影响

1. 实验目的

(1)针对环境条件会影响植物的光合作用和同化物的积累，查阅资料并设计实验，了解其影响的方式和途径。

(2)培养灵活运用课堂所学理论知识和实验技能来验证或分析、解决某一实际问题的能力，培养创新意识。

2. 实验原理

植物的生长和同化物积累常常受生长环境的影响，包括光强、光质、光照时间、CO_2 浓度、温度、水分、矿质影响等。其中光是光合作用的能量来源，也是形成叶绿素、叶绿体以及叶片正常发育的必要条件。此外，光还调节着光合酶的活性和气孔开度，因此光直接制约着光合速率的高低。光照因素主要包括光强、光质与光照时间这 3 方面。光合过程中的暗反应是由酶所催化的化学反应，因而受温度影响。在强光、高 CO_2 浓度下，温度对光合速率的影响比在低 CO_2 浓度下的影响更大，因为高 CO_2 浓度有利于暗反应的进行。水分对光合作用的影响有直接的也有间接的。直接的影响是水为光合作用的原料之一；没有水不能进行光合作用。但是用于光合作用的水不到蒸腾失水的 1%，因此缺水影响光合作用主要是间接的。矿质营养直接或间接影响光合作用。N、P、S、Mg 是叶绿体中构成叶绿素、蛋白质、核酸以及片层膜不可缺少的成分；Cu、Fe 是电子传递体的重要成分；Mn 和 Cl 是光合放氧的必需因子；磷酸基团在光、暗反应中均具有重要作用，它是构成同化力 ATP 和 NADPH 以及光合碳还原循环中所有的中间产物，是合成淀粉的前体 ADPG 以及合成蔗糖的前体 UDPG 的重要成分；Rubisco、FBPase 等酶的活化需要 Mg^{2+}；K 和 Ca 对气孔开闭和同化物运输具有调节作用；K 和 P 促进光合产物的转化与运输等。此外，重金属铊、镉、镍和铅等都对光合作用有害，它们大都影响气孔功能。另外，镉对 PSⅡ活性有抑制作用。

3. 实验器材、试剂和材料

材料：植物连体叶片。

仪器设备：光照培养箱，LI-6400 型红外线 CO_2 气体分析仪，PAM 2100 荧光仪等。

试剂：无水氯化钙，碱石灰等。

4. 实验步骤

(1)根据研究目的，自行查阅资料，设计实验方案。

(2)在教师帮助下完成该实验设计并进行相关的光合参数及同化物积累的测定。其中光合速率和气孔导度等的测定方法参考本章基础实验——5.5 红外气体交换方法测定叶片光合速率；荧光参数的测定参考本章拓展实验——5.6 叶绿素荧光参数分析测定。而同化物的积累的测定可参考本章基础实验——8.8 植物组织中非结构性碳水化合物含量的测定。

（3）撰写实验报告，并分析结果。

5. 结果计算与分析

通过比较不同生长环境条件下植物的叶片相关光合参数及同化物积累的差异，了解环境条件对植物光合作用及同化物积累的影响。

6. 注意事项

（1）设计实验时要注意遵循唯一差异性原则。

（2）要确保置于不同生长环境处理前植物生长状态的一致性，避免系统误差。

（3）测定光合以及同化物积累时要注意设置对照和重复实验。

参考文献

1. 蔡庆生. 植物生理学. 北京：中国农业大学出版社，2011.

2. 王学奎. 植物生理生化实验原理和技术. 北京：高等教育出版社，2006.

3. Huang Z A, Jiang D A, Yang Y, *et al*. Effects of nitrogen deficiency on gas exchange, chlorophyll fluorescence and antioxidant enzymes in leaves of rice plants. Photosynthetica, 2004, 42(3):357-364.

第 6 章　植物的呼吸作用

基础实验

6.1　植物呼吸速率的测定

6.1.1　氧电极方法测定呼吸速率

1. 实验目的

掌握氧电极的安装和使用方法，比较不同类型植物材料的呼吸强度。

2. 实验原理

呼吸速率是植物生命活动最重要的指标之一。测定呼吸速率的方法可以分成两大类：测定吸氧速率或者测定放出 CO_2 速率。前者有测压法、氧电极法；后者有小篮子法、红外线 CO_2 气体分析仪(IRGA)等方法。测压法、氧电极法是测定植物呼吸过程对 O_2 的吸收，样品用量少，且精确度高，是科研上常采用的方法。

液相氧电极(oxygen electrode，图 6-1)也称 Clark 电极，是测定水中溶氧含量的一种极谱电极，通常由镶嵌在绝缘材料上的银极和铂极构成。氧电极实际上是一个电化学电池，银极为阳极(+)，一般制成圆环状，作为参比极。铂极为阴极(−)，一般制成圆点状，位于电极的中央，电解反应发生在铂极上。电极表面覆以 15～20 μm 厚度的聚四氟乙烯薄膜(只允许氧透过而不能透过各种电解质，故可排除被测溶液中各种离子电解反应的干扰)，电极与薄膜之间以饱和氯化钾溶液为电解质，在两极间形成盐桥。通过在两极间施加稳定的极化电压后，反应杯中的溶氧透过薄膜进入氯化钾溶液，在铂极上被还原：

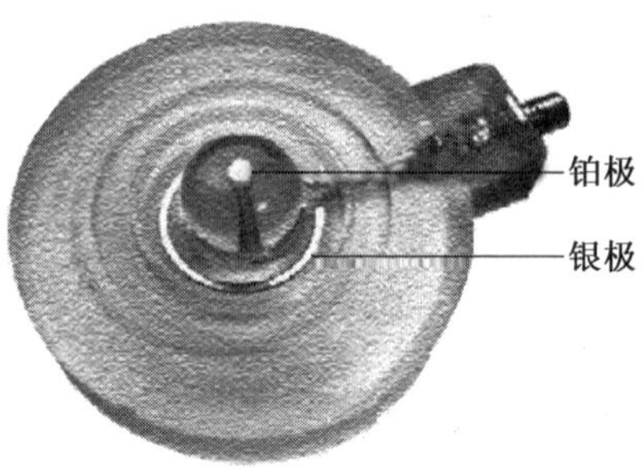

图 6-1　液相氧电极

$$O_2 + 2H_2O + 4e = 4OH^-$$

银极上则发生银的氧化反应：

$$4Ag + 4Cl^- = 4AgCl + 4e$$

这时电极间产生电解电流，其大小与透过膜的溶氧量成正比。电极间产生的电流讯号通过电极控制器的电路转换成电压输出，再换算成溶氧量。

3. 实验器材、试剂及材料

器材：液相氧电极(Chlorolab，Hansatech，UK)，恒温水浴槽，注射器，烧杯等。

材料：刚离体的植物组织（如小麦叶片、黄瓜根系）。

试剂：0.5 mol/L KCl 溶液，0.1 mol/L $NaHCO_3$ 溶液。

4. 实验步骤

1）氧电极的安装和校正

（1）清洁电极。用棉棒蘸少许清洁剂，反复擦拭氧电极底部的银极，直到电极表面的氧化层被擦掉，电极光亮为止。

（2）电极膜的安装。在圆形电极的顶部加 1 小滴电解液（0.5 mol/L KCl 溶液）。取 1 块长约为 3.5 cm、宽约为 0.5 cm 的长方形盐桥纸片覆盖在电解液上，并且至少使一角在电极的凹槽内担当盐桥的作用。然后取 1 块电极膜覆盖在盐桥纸片上面。所用的薄膜必须无洞、无皱折，不能用手接触。接着将电极的“O”型圈放在装膜器的末端，然后将装膜器垂直于圆形电极的顶部，向下滑动装膜器的外套，推动“O”型圈套在覆有电极膜的电极上。然后检查电极膜是否平滑，膜内不能存有气泡。最后在电极凹槽内加入几滴电解液。

（3）氧电极系统的安装。将电极室下部的底座逆时针旋转取下。将外部“O”型圈安置在电极外部的凹槽圈内。垂直握住电极室，将电极放入电极室，顺时针旋转底座安装好电极，电极覆有薄膜的阴极成为反应杯的底部。将安装好的电极室安置在控制盒上方的黑色磁力搅拌器上。用电极连接线将电极与控制盒连接（一端插在控制盒的“INPUT”插口，另一端插在电极的 SMB 控制器上），为电极提供极化电压。在反应杯中准确加入一定量的蒸馏水（0.2～2.5 mL），然后放入磁转子。接着连接循环恒温水浴。用 RS232 数据传输线将氧电极控制盒与计算机连接起来。数据传输线的一端接入控制盒背后的 RS232 INPUT 接口，另一端接到计算机的 COM1 端口。电源线连接到控制盒背后的 12 V 插孔上。

（4）氧电极的校正。在烧杯中加入约 50 mL 的去离子水，充分搅拌使之充分溶入空气中的氧。然后在反应杯中准确加入 2 mL 被空气饱和的去离子水，并放入磁转子。点击工具栏上的“Calibrate”，选择下拉菜单中“Oxygen”下的“New”选项，并出现一个对话框。选择“Liquid phase calibration”，在提示框中输入实验时的温度和大气压，然后点击“OK”进行下一步操作。点击“Stirrer Speed”框中的上下箭头调节磁转子为适当的转速（100 为最大转速），然后点击“OK”进行下一步操作。在屏幕记录一条被空气饱和的去离子水中的氧含量信号线。提示框中“Signal”为来自电极的信号，“Rate”为信号的变化速率。当信号线平稳，将显示“Plateau reached, press OK to…”的提示。点击 OK，屏幕上显示建立零氧线的提示。通过反应杯盖的排气孔用注射器加入高浓度的连二亚硫酸钠溶液（现用现配），然后点击提示框上的“OK”进行下一步操作。这时屏幕上的踪迹信号线下降，由于反应杯中的氧气与连二亚硫酸钠反应，将溶液中的氧气消耗掉，电极附近的氧气下降为零。理想的电位信号（踪迹信号线）应该为零，但实际上无氧时也总有一些小的残余电流（残余信号）发生。当踪迹信号线稳定后，屏幕上将显示提示，点击 OK。之后屏幕上提示再校一次空气线。校完之后即可用于样品测定。

2）呼吸速率的测定

取 0.01 g 水稻叶片（避开主叶脉），剪成数段置于注射器中，加水抽气，使其叶肉细胞间的空气排出。然后取出叶片，切碎（接近 1 mm×1 mm），全部转移到氧电极反应杯中。接着向反应杯内注入 3 mL 0.1 mol/L 的 $NaHCO_3$ 溶液，开启磁转子，反应杯温度用恒温水浴槽控制在 20℃。

测定呼吸速率前用自带的塞子堵住反应杯透光处，且不开光源（“On/Off”按钮应一直处于凸起状态），然后点击“Start”按钮开始检测。5 min 后，点击“Stop”按钮终止检测。这时软件中显示出一条呈逐渐下降趋势的曲线。点击“Tool”菜单中的“Get rate”栏，以 3 min 为跨度取图中曲线最接近直线的部分的斜率。记录该斜率[R，μmol/(mL·min)]。

5. 结果计算与分析

样品的呼吸速率按以下公式计算：

$$P=\frac{\text{氧电极放(吸)氧斜率}\times\text{反应液体积}}{\text{叶面积}(dm^2)}$$

式中，反应液体积单位为 mL。

6. 注意事项

(1)氧电极对温度变化非常敏感，测定时需要维持温度恒定。

(2)反应杯中不应有气泡，否则会造成读数不稳，吸氧曲线扭曲。

(3)由黑暗转入照光后，光合作用有一段滞后期，需延迟数分钟才开始放氧，故样品最好提前照光。

(4)电极使用一段时间后，会发生污染，灵敏度下降，可用专门的清洗膏清洗。

(5)所用膜必须无洞，无皱褶，并不能用手接触。

(6)注意洗净反应杯以消除残留的微生物呼吸造成的影响。

7. 思考题

(1)氧电极法测定呼吸作用和其他方法相比有何优缺点？

(2)用氧电极测定呼吸作用时，为何必须不断搅拌？如果搅拌不均匀会怎样？

参 考 文 献

1. Saka H, Chisaka H. Photosynthesis measurement by oxygen-electrode as a simple bioassay method. Jarq-Japan Agricultural Research，1985，18：252-259.

2. Akhkha, A., I. Reid, *et al*. Photosynthetic light response curves determined with the leaf oxygen electrode: minimisation of errors and significance of the convexity term. Planta，2001，214：135-141.

3. Henley W. J. Measurement and interpretation of photosynthetic light-response curves in algae in the context of photoinhibition and diel changes. Journal of Phycology，1993，29：729-739.

4. http://blog.sina.com.cn/s/articlelist_1595406152_0_1.html.

6.1.2 小篮子法测定呼吸速率

1. 实验目的

学会在没有氧电极仪器设备时，利用简便的滴定方法测定植物组织呼吸强度。

2. 实验原理

通过测定定量的植物样品在单位时间内吸收放出 CO_2 的数量，测得样品的呼吸速率。呼吸放出的 CO_2 可用 $Ba(OH)_2$ 溶液吸收，实验结束后用已知浓度的弱酸(草酸)溶液滴定剩余的碱液，从空白和样品二者消耗草酸溶液之差即可计算出呼吸过程中释放的 CO_2 的量。

$$Ba(OH)_2 + CO_2 \rightarrow BaCO_3 \downarrow + H_2O$$

$$Ba(OH)_2(\text{剩余}) + H_2C_2O_4 \rightarrow BaC_2O_4 \downarrow + 2H_2O$$

每毫升 1/44 mol/L 的草酸相当于 1 mg CO_2。

3. 实验器材、试剂和材料

实验器材：呼吸测定装置（图 6-2），电子天平，酸式及碱式滴定管，温度计。

试剂：饱和 $Ba(OH)_2$，1/44 mol/L 草酸溶液，酚酞指示剂。

实验材料：发芽的小麦（或其他）种子。

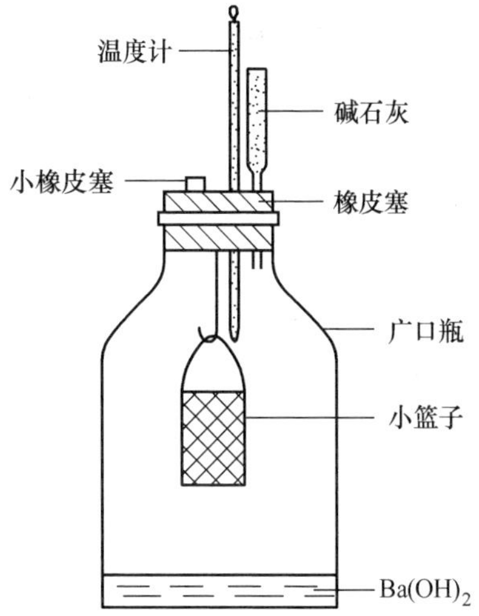

图 6-2　广口瓶呼吸测定装置

4. 实验步骤

（1）取 500 mL 广口瓶 2 个，标记为 0、1 号，瓶口用打有 3 孔的橡皮塞塞紧，一孔插一盛碱石灰的干燥管，使呼吸过程中能进入无 CO_2 的空气，一孔插入温度计，另一孔直径约 1cm，供滴定用，平时用一小橡皮塞塞紧，瓶塞下面挂一铁丝小篮，以便装植物样品，整个装置即谓"广口瓶呼吸测定装置"。分别在 2 个广口瓶中准确加入 20 mL 饱和 $Ba(OH)_2$ 溶液。

（2）称取萌发中的种子和萌发后经高温（100℃开水）烫死的种子各 1 份，每份 10 g，分别放入 2 个小篮子中，分别挂在编号为 0 和 1 的广口瓶中[即 0 号放经高温（100℃开水）烫死的种子，作对照，1 号放萌发中的种子]，盖紧瓶塞，记录时间，在室温下（25℃左右）放置 30 min，放置期间经常平摇广口瓶，以破坏碱液表面的硬膜。

（3）取出广口瓶中的小篮子，向瓶中加入 1～2 滴酚酞指示剂，盖紧瓶盖，充分摇动 2 min，使瓶中 CO_2 完全被吸收。

（4）用草酸滴定广口瓶中的碱液至红色刚好消失为止，记录空白及各个温度处理下的草酸用量（记为 V_0 和 V_1）。

（5）结果计算：

$$\text{呼吸速率 } v[\text{mg}CO_2/(\text{g}\cdot\text{fw}\cdot\text{h})] = \frac{(V_0 - V_n)\times \text{草酸浓度} \times CO_2\text{ 相对分子质量}}{\text{种子质量(g)}\times\text{反应时间(h)}}$$

$$= \frac{(V_0 - V_n)\times \frac{1}{44}\times 44}{10\times\frac{30}{60}} = 0.2\times(V_0 - V_n)$$

式中，V_0 为空白滴定用去的草酸量（mL）；V_n 为处理滴定用去的草酸量（mL）。

5. 思考题

本实验中哪些操作步骤对结果影响较大？

参考文献

1. 王学奎. 植物生理生化实验原理与技术. 2 版. 北京：高等教育出版社，2007.
2. 南京农业大学植物生理组自编教材. 植物生理学实验指导，1991.

6.2 植物组织呼吸商的测定

1. 实验目的

呼吸商是表示呼吸作用的重要指标之一，掌握测定呼吸商的技术。呼吸商可用来研究植物呼吸底物的种类、氧化作用是否完全以及植物体内物质转化、合成作用的情况。通过本实验学会用呼吸商判断呼吸底物的性质及代谢情况。

2. 实验原理

呼吸作用所放出的 CO_2 和吸收 O_2 的体积比或摩尔数比称为呼吸商(RQ)。呼吸商的大小因呼吸基质不同而异：有氧呼吸中以碳水化合物为基质时，RQ=1；有机酸为基质则 RQ>1；脂类为基质时则 RQ<1。

本实验利用呼吸商测定装置，在加碱除去 CO_2 时测得 O_2 的体积；而不加碱时测得 O_2 及 CO_2 两者体积改变的差。然后进行计算，即可求得呼吸商。

3. 实验器材、试剂及材料

器材：丹尼(Denny)管，大型玻璃层析缸，橡皮管，500 mL 广口瓶，尼龙小篮，橡皮塞，玻璃活塞开关等。

试剂：20% NaOH。

材料：萌发的小麦、大豆、玉米等种子。

4. 实验步骤

1)仪器组装

按图 6-3 所示组装种子呼吸商的测定装置。整个装置包括丹尼管和呼吸瓶两部分。其中，丹尼管是由内外套管组成，管底部与外界相通，外管上有刻度；丹尼管顶部分出两个支管；一个支管上装有玻璃活塞开关，另一个支管与呼吸瓶相连，另外在橡皮塞下悬挂一尼龙网小蓝，用于盛装被测样品。

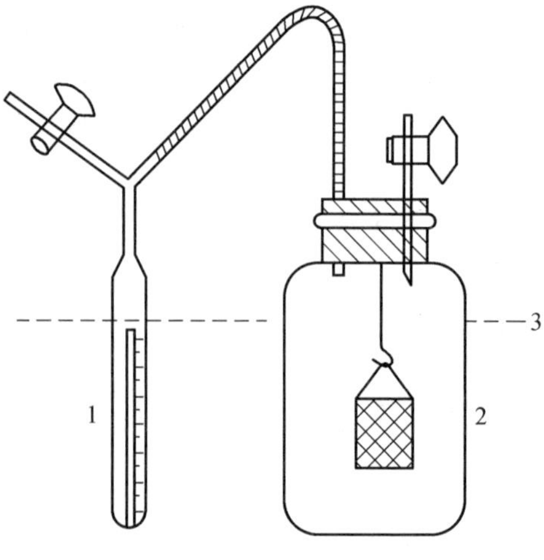

图 6-3 种子呼吸商测定装置

1. 丹尼管 2. 广口瓶 3. 水面

2)样品测定

将被测样品挂于尼龙网小篮中，全部活塞打开，再把整个装置置于恒温水浴中，调节液面使其与丹尼管的内管管口平齐(但不可使水流入外管)，待温度平衡后立即关闭所有活塞，使内外气体隔绝，整个测试装置基本上成为封闭系统，并立刻记下时间。在封闭系统内，如要被测材料呼吸作用时吸收的 O_2 比放出的 CO_2 多，则压力减少，导致水由丹尼管的上口流入外管，这部分水的体积相当于封闭系统中样品吸收 O_2 与放出 CO_2 的体积之差，可从丹尼管外管上的刻度读出，在封闭 30～60 min 之后，打开活塞，读记刻度(V_1)。然后把呼吸瓶的塞子打开，加入 20% NaOH 溶液 30 mL，按照上述方法与未加 NaOH 时一样再测定一次，但水溶液温度和测定时间应与前次完全相同。由于加入的 NaOH 可吸收植物材料放出的 CO_2，所以测得的体积则为样品呼吸时吸收 O_2 的体积(V_2)。

5. 结果计算与分析

按照下式计算，并填写实验结果到表 6-1。

$$RQ=\frac{V_2-V_1}{V_2}$$

式中，V_1 为吸收 O_2 和放出 CO_2 体积之差(μL)；V_2 为吸收 O_2 体积(μL)。

表 6-1　实验结果记录表

样品名称	O_2 和 CO_2 体积之差 V_1/μL	O_2 体积 V_2/μL	呼吸商(RQ)
小麦			
大豆			
玉米			

6. 注意事项

加碱和未加碱的两次测定时间和测定温度要完全一致。

7. 思考题

(1)测定植物呼吸商有何生理意义？

(2)比较所测几种植物的呼吸商，并推断它们的主要呼吸基质分别是什么。

参 考 文 献

1. 萧浪涛，王三根. 植物生理学实验技术. 北京：中国农业出版社，2005.

2. 华东师范大学生物系植物生理教研组. 植物生理学实验指导. 北京：人民教育出版社，1980.

6.3　植物组织中 H_2O_2 含量的测定

1. 实验目的

学习植物组织中 H_2O_2 含量测定的方法。

2. 实验原理

过氧化氢，分子式 H_2O_2，是除水外的另一种氢的氧化物。黏性比水稍微高，化学性质不稳定，一般以 30%或 60%的水溶液形式存放。过氧化氢有很强的氧化性，且具弱酸性。在植物体内过氧化氢是活性氧(active oxygen species, AOS)的一种，多种外界刺激或细胞内信号分子都可以导致细胞内 H_2O_2 的积累。H_2O_2 不仅具有损伤生物大分子、产生细胞毒害的能力，而且还被证明可以作为信号分子，在气孔运动、生物和非生物胁迫应答、细胞程序性死亡、激素应答以及生长发育调控过程中起重要作用。

H_2O_2 与四氯化钛反应生成的过氧化物-钛复合物黄色沉淀，溶解于硫酸后，可在波长 412 nm 处比色。在一定范围内，颜色深浅与 H_2O_2 浓度呈线性关系。

3. 实验器材、试剂及材料

器材：高速冷冻离心机，分光光度计，通风橱，离心管，研钵和移液器。

实验试剂：丙酮(−20℃预冷)；浓氨水；盐酸 2 mol/L；四氯化钛-盐酸溶液(10% V/V)，棕色瓶密封，4℃保存；H_2O_2-丙酮溶液 100 μmol/L H_2O_2，新鲜配制：先配制 10 mmol/L H_2O_2 水溶液，再用丙酮稀释至 100 μmol/L。

材料：小麦叶片。

4. 实验步骤

1）制作标准曲线

取 6 支试管，编号，在通风橱中按照表 6-2 加入各个试剂，混匀，反应 5 min 后，12 000 *g* 离心力下 4℃离心 15 min，留沉淀。加入盐酸 3 mL，摇动使得沉淀溶解。以 0 号管为对照调零，在波长 412 nm 处比色测定溶液的吸光度。以 H_2O_2 的量（nmol）为横坐标，*OD* 值为纵坐标制作标准曲线。

表 6-2 制作 H_2O_2 含量测定的标准曲线配方

	试管号					
	0	1	2	3	4	5
H_2O_2-丙酮溶液/mL	0	0.2	0.4	0.6	0.8	1.0
丙酮/mL	1.0	0.8	0.6	0.4	0.2	0
四氯化钛-盐酸溶液/mL	0.1	0.1	0.1	0.1	0.1	0.1
浓氨水/mL	0.2	0.2	0.2	0.2	0.2	0.2
H_2O_2/nmoL	0	20	40	60	80	100
OD_{412}						

2）提取

取小麦叶片 5 g，加入 5 mL 预冷的丙酮和少许石英砂，在冰浴上研磨成浆，12 000 *g* 条件下 4℃离心 20 min，收集上清液并测定其体积。

3）测定

取上清液 1 mL，按照表 6-2 依次加入试剂，得到的沉淀用预冷的丙酮反复洗涤离心 2～3 次（3000 *g*，每次 10 min，弃上清液保留沉淀），直到沉淀没有光合色素的颜色。再向沉淀中加入3 mL硫酸溶解沉淀进行比色测定。

5. 结果计算与分析

根据标准曲线计算叶片中 H_2O_2 的量，计算公式如下：

$$H_2O_2 \text{ 含量(nmol/g FW)} = (n \times V)/(v \times m)$$

式中，n 为根据标准曲线计算的 H_2O_2 的量（mmol）；V 为样品上清液的体积（mL）；v 为用于显色的样品上清液的体积（mL），本实验中为 1 mL；m 为样品鲜重（g）。

6. 注意事项

过氧化物-钛复合物黄色沉淀溶于硫酸需要一定时间，必须等沉淀完全溶解后才能比色测定。

7. 思考题

（1）加入的四氯化钛和浓氨水的量对于结果有什么影响？

（2）本实验能否用蒸馏水不用丙酮提取叶片中的 H_2O_2？为什么？

参考文献

1. Patterson B D, MacRae E A, Ferguson I B. Estimation of hydrogen peroxide in plant extracts using titanium(IV). Anal Biochem, 1984, 139(2): 487-92.
2. 刘俊, 吕波, 徐朗莱. 植物叶片中过氧化氢含量测定方法的改进. 生物化学与生物物理进展, 2000, 27(5): 548-551.
3. 李玲, 植物生理学模块实验指导. 北京: 科学出版社, 2009.

拓展实验

6.4　植物线粒体的提取

1. 实验目的

了解提取线粒体的基本原理及其过程，通过光学显微镜的观察，了解体外分离的线粒体的一般形态。

2. 实验原理

线粒体具有完整的结构，一定的大小和质量，低温条件下在等渗液中破碎细胞，差速离心后，获得线粒体。

3. 实验器材、试剂及材料

器材：高速冷冻离心机，研钵，离心管，移液枪等。

试剂：

缓冲液 A：蔗糖 0.5 mol/L，Tris 50 mmol/L，EDTA 5 mmol/L，BSA 0.1%，PVP 0.5%，0.1% β-巯基乙醇，pH 7.5。

缓冲液 B：蔗糖 0.5 mol/L，Tris 50 mmol/L，pH 7.5。

材料：油菜叶片。

4. 实验步骤

(1)在田间采集新鲜油菜叶片 30 g 左右(采集前需暗培养 24～28 h，以减少叶片组织所含糖类的污染)，用蒸馏水洗涤 2～3 次，置研钵中(研钵提前预冷)，加适量预冷缓冲液 A 和少量的石英砂在冰上研磨，直至缓冲液为深绿色(其他方法采用直接研磨或加液氮研磨)。

(2)用 6 层无菌纱布过滤匀浆组织(并用缓冲液 A 漂洗纱布)，然后将磨碎组织放回研钵中重新研磨并过滤，2 次滤液合并，补加缓冲液 A 至 3～5 mL。试材，并将滤液分装于 4 个 50 mL 无菌离心管中，1 000 g 离心 10 min，收集上清液。

(3)将上清液 2 000 *g* 离心 10 min，再收集上清液于 20 000 *g* 离心 10 min 得到粗线粒体沉淀，在粗线粒体沉淀中每管加入 10 mL 预冷的缓冲液 B 用软笔轻轻悬浮沉淀，得到线粒体悬液。

5. 注意事项

离心机使用时样品离心管一定要两两配平。

6. 思考题

(1)线粒体的提取方法还有哪几种？

(2)如何证明以上差速离心法得到的就是线粒体？

参 考 文 献

曾秀存,孙万仓,孟亚雄,等.十字花科植物线粒体 DNA 的提取和纯化.西北植物学报,2005,25(6):1137-1142.

6.5 呼吸抑制剂对呼吸作用的影响

1. 实验目的

了解不同的呼吸抑制剂对于呼吸电子传递链的影响。

2. 实验原理

呼吸抑制剂包括:

(1)鱼藤酮等。阻断电子从 NADH 到辅酶 Q 的传递。鱼藤酮是极毒的植物物质,可作杀虫剂。

(2)抗霉素 A。抑制从细胞色素 b 到 c1 的传递。

(3)氰化物、叠氮化物、CO、H_2S 等,阻断由细胞色素 a 和细胞色素 a3 到分子氧的传递。

3. 实验器材、试剂及材料

器材:同氧电极方法测定呼吸速率。

试剂:NaN_3,KCN,鱼藤酮,其他试剂同氧电极方法测定呼吸速率。

材料:同氧电极方法测定呼吸速率。

4. 实验步骤

(1)采用本书 6.4 节中方法提取植物组织线粒体。

(2)采用本书 6.1 节中氧电极方法测定线粒体的呼吸速率。

(3)在用氧电极方法测定呼吸速率时,向反应杯中分别加入至 0.1 mmol/L NaN_3、100 nmol/L 鱼藤酮或者 0.5 mmol/L KCN,抑制植物组织的呼吸作用,与对照不加抑制剂的线粒体进行比较。

5. 结果计算与分析

结果计算同本书中氧电极方法。

参 考 文 献

1. 文江祈,等. KCN 和 NaN_3 预处理对烟草愈伤组织抗氰呼吸的影响.植物学报,1995,37(9):711-717.
2. 傅爱根,等.绿豆线粒体呼吸链中不同电子传递途径中的电子漏.热带亚热带植物学报.2000,8(2):97-103.

6.6 抗坏血酸(AsA)含量的测定

1. 原理

还原型抗坏血酸(AsA)可以将铁离子还原成亚铁离子，亚铁离子与红菲罗琳(4,7- 二苯基-4, 10-菲罗琳, BP)反应，形成红色螯合物。该物质对 534 nm 波长的吸收值与 AsA 含量呈正相关。脱氢抗坏血酸(DAsA)可以由二硫苏糖醇(DTT)还原成 ASA。用 AsA 总量减去还原型 AsA，即为 DAsA 含量。

2. 仪器设备

离心机,分光光度计,研钵,试管。

3. 试剂

无水乙醇,0.2 mol/L Na_2HPO_3-1.2 mol/L NaOH(pH 8),0.5%红菲罗琳*,20%三氯乙酸(20% TCA),0.4 % $H_3PO_4^*$,还原型抗坏血酸(AsA),0.03 % $FeCl_3^*$,5% TCA,60 mol/L DTT*,20 % N-乙酰顺丁烯二酰亚胺*。

*:用乙醇配制(N-ethylmaleimide,N-ETH)。

4. 步骤

(1)取植物叶片 1.0 g,按 1∶5(*W*/*V*)加入 5% TCA 研磨,20 000 *g* 离心 10 min,上清液即为样品提取液,供测定。

(2)测定 AsA:总体积为 5.0 mL 的反应液中含有(依次加入):

1.0 mL 样品提取液;

1.0 mL 5% TCA;

1.0 mL 无水乙醇,摇匀;

0.5 mL 0.4 % H_3PO_4;

1.0 mL 0.5% 红菲罗琳;

0.5 mL 0.03% $FeCl_3$。

于 30℃下反应 90 min 后,形成 Fe^{2+}-BP 红色螯合物,测定 OD_{534} 值。根据标准曲线计算出还原型 AsA 含量。

(3)测定 DAsA:总体积为 5.0 mL 的反应液中含有(依次加入):

1.0 mL 样品提取液;

0.5 mL 60 mol/L DTT;

0.5 mL 0.2 mol/L Na_2HPO_3-1.2 mol/L NaOH,将溶液 pH 调至 7~8,室温下 10 min,使 DAsA 还原;

0.5 mL 20% N-ETH,终止还原反应。

0.5 mL 20 % TCA,将溶液 pH 调至 1~2 后,再依次加入:

0.5 mL 0.4 % H_3PO_4;

1.0 mL 0.5 % 红菲罗琳;

0.5 mL 0.03 % $FeC1_3$。

于 30℃下反应 90 min 后,测定 *OD*m 值。计算出总 AsA 含量。从总 AsA 含量中减去还原型 AsA 含量,形成 Fe^{2+}-BP 红色螯合物,测定 OD_{534} 值。根据标准曲线计算 DAsA 含量。

(4)标准曲线的制作:配制浓度为 2,4,6,8,10,12 和 14 mg/L 的 AsA 系列标准液。各取 1.0 mL于试管中,此后分别按测定 AsA 方法和测定 DAsA 方法测得 OD_{534} 值,分别记作 OD_{534}-AsA 和 OD_{534}DAsA。以 AsA 系列标准液浓度为横坐标,OD_{534} 值为纵坐标,分别绘制标准曲线。

6.7　抗坏血酸过氧化物酶(AsA-POD)活性的测定

1. 实验目的

掌握抗坏血酸过氧化物酶活性测定的方法。

2. 实验原理

过氧化物酶普遍存在于植物组织中，其活性与植物的代谢强度及抗寒、抗病能有一定关系，它在代谢中调控 IAA 水平，并可作为一种活性氧防御物质，消除机体内产生的 H_2O_2 的毒害作用。故在科研上常加以测定。过氧化物酶有多种底物，其中抗坏血酸过氧化物酶(AsA-POD)以抗坏血酸为电子供体，催化抗坏血酸与 H_2O_2 反应，使抗坏血酸氧化成单脱氢抗坏血酸(MDAsA)。随着 AsA 被氧化，溶液在 290 nm 波长下的吸光值(A_{290})逐渐下降。根据单位时间内 A_{290} 的减少值，可以计算 AsA-POD 的酶活性。

3. 实验器材、试剂及材料

材料：小麦叶片。

器材：高速冷冻离心机；紫外可见分光光度计；研钵；离心管等。

试剂：提取液为 50 mmol/L K_2HPO_4-KH_2PO_4 缓冲液(pH 7.8，内含 5 mmol/L EDTA-Na_2，2 mmol/L AsA)，新鲜配制。

反应液为 50 mmol/L K_2HPO_4-KH_2PO_4 缓冲液(pH 7.0，内含 0.1 mmol/L EDTA-Na_2，0.06 mmol/L H_2O_2，0.3 mmol/L AsA)，新鲜配制。

4. 实验步骤

1)酶液的制备

取 0.5～1 g 叶片鲜样，剪碎置于研钵中，加入 5 mL 预冷的提取液 50 mmol/L K_2HPO_4-KH_2PO_4 缓冲液，于冰浴上研磨至匀浆。匀浆转移至离心管中，在 10 000 g、4℃条件下离心 20 min。离心后的上清液转入试管中，用量筒测定并记录其体积。此上清液为 AsA-POD 的粗酶液，置于冰浴中备用。

2)酶活性的测定(在 20 ℃条件或室温条件下)

反应液总体积为 3 mL，内含：

反应液 50 mmol/L K_2HPO_3-KH_2PO_4缓冲液(pH7.0)；

0.1 mmol/L EDTA-N-Na_2；

0.3 mmol/L AsA；

0.1 mL 酶液；

0.06 mmol/L H_2O_2。

加入 0.1 mL 酶提取液和 H_2O_2 后反应即启动，迅速摇匀，将反应液倒入比色杯内，并立即开始计时，记录 10～40 s 内的吸光值变化(即 ΔA)，计算斜率，单位时间内 AsA 减少量即酶活性。以不加 H_2O_2 作为对照，H_2O_2 本身对抗坏血酸的氧化作用在测定时间内对光吸收值影响低可忽略不计。

5. 结果计算与分析

以 1 min 内 A_{290} 值变化 0.01 为 1 个酶活力单位(U)，按以下公式计算 AsA-POD 的活性：

$$\text{酶活性}=\frac{\Delta A}{0.01\times T\times W}\times\frac{\text{提取液总体积}}{\text{测定酶液用量}}$$

酶活性单位：U/(gFW·h)。

式中：ΔA 为反应时间内吸光度的变化值；W 为样品鲜重(g)；T 为反应时间(min)。

6. 注意事项

(1)提取液和反应液中不得加入 DTT 等巯基保护剂，否则会抑制 AsA-POD 的酶活性。

(2)酶活性反应时间不宜过长,确保吸光值的变化在线性范围内。

7. 思考题

(1)记录吸光值变化时采用连续测定法有何优点?

(2)粗提液中有哪些物质会对吸光值产生干扰?如何消除之?

参考文献

1. 沈文飚,徐朗莱,叶茂炳,等.抗坏血酸过氧化物酶活性测定的探讨.植物生理学通讯,1996,32(3):203-205.
2. Nobuhiko Arakawa,*et al*. Agric Biol Chem, 1981,45(5):1289.
3. Mistlra N P,*et al*. Plant Physiol, 1993, 102:903.

6.8　植物体内多酚氧化酶活性的测定

1. 实验目的

掌握多酚氧化酶活性测定的方法。

2. 实验原理

多酚氧化酶(PPO,polyphenol oxidase)是一种由核基因编码的含铜的氧化酶,广泛存在于植物、真菌、昆虫等有机体中,属于非线粒体内的末端氧化酶。该酶在有氧的条件下,能使一元酚和二元酚氧化产生相应的醌,这是高等植物组织发生褐变的主要因素。作为一种氧化还原酶,在植物(如苹果、荔枝、菠菜、马铃薯、豆类、茶叶、桑叶、烟草等)组织中,PPO是与内囊体膜结合在一起的,天然状态无活性,但将组织匀浆或损伤后PPO被活化,从而表现出活性。多酚氧化酶还参与植物的光合作用,促进伤口的愈合,增加植物对病原体的抗性等。该酶在茶叶加工过程中参与一系列由酶促活动而引起的化学变化。如绿茶加工过程中的杀青就是利用高温钝化酶的活性,在短时间内制止由酶引起的一系列化学变化,形成绿茶绿叶绿汤的品质特点;而红茶加工过程中的发酵就是激化酶的活性,促使茶多酚物质在多酚氧化酶的催化下发生氧化聚合反应,生成茶黄素、茶红素等氧化产物,形成红茶红叶红汤的品质特点。

由于反应产物醌在波长为410 nm处有最大吸收峰,因此,用分光光度法检测A_{410}吸光值的变化,即可计算出多酚氧化酶的活力和比活性。多酚氧化酶的酶促反应式如下:

$$\text{邻苯二酚} + \frac{1}{2}O_2 \xrightarrow{PPO} \text{邻醌} + H_2O$$

3. 实验器材、试剂及材料

材料:玉米幼苗根系或者马铃薯块茎。

器材:研钵或匀浆机,紫外可见分光光度计,高速冷冻离心机,恒温水浴槽,试管等。

试剂:聚乙烯吡咯烷酮(PVP);0.1 mmol/L 磷酸缓冲液(pH 6.5);0.1 mol/L 邻苯二酚(儿茶酚)。

4. 实验步骤

1)粗酶液的制备

称取玉米根系或者马铃薯块茎1 g置于预冷的研钵中,加入0.1 g不溶性聚乙烯吡咯烷酮

(PVP)和 5 mL 磷酸缓冲液，冰浴研磨成匀浆，于 10 000 g、4℃条件下离心 30 min。离心后的上清液测量并记录其体积。此上清液即为多酚氧化酶的粗酶液，置于冰浴中备用。

2)酶活性的测定

在试管中加入 3.9 mL 磷酸缓冲液和 1.0 mL 儿茶酚溶液，在 37℃恒温水浴中保温 10 min，然后加入 0.1 mL 粗酶液，迅速摇匀，倒入比色杯内，并迅速把 A_{410} 调 0 并开始计时，反应到 3 min 时，记录吸光值(即 ΔA)。也可以连续记录 3 min 内吸光值的变化。

5. 酶活性的计算

以 1 min 内 A_{410} 值变化 0.01 为 1 个酶活力单位，按以下公式计算多酚氧化酶的活性：

$$\text{酶活性}=\frac{\Delta A}{0.01\times T\times W}\times\frac{\text{提取液总体积}}{\text{测定酶液用量}}$$

酶活性单位：U/(g·FW·h)。

式中：ΔA 为反应时间内吸光度的变化值；W 为样品鲜重(g)；T 为反应时间(min)。

6. 注意事项

(1)PPO 酶活性随温度升高从 3℃开始先提高后下降，在 37℃达到最高然后下降。

(2)吸光值变化在 10 min 内呈现上升趋势然后就下降，尤其在前 3 min 内有很好的线性关系，用于活性的测定。

(3)PPO 酶有多种同工酶，具有各自的最适 pH 值(4～7)。所有可以选择其他 pH 用于酶活性的测定。

(4)植物样本在处理前勿碰伤搓揉。

7. 思考题

(1)温度对于多酚氧化酶活性的影响如何用于生产实践?

(2)多酚氧化酶活性与植物的“伤呼吸”有何关系? 多酚氧化酶活性高说明了什么?

参 考 文 献

1. 薛应龙. 植物生理学实验. 北京：高等教育出版社，1985.
2. 邹琦. 植物生理学实验指导. 北京：中国农业出版社，2000.
3. 李忠光，龚明. 植物多酚氧化酶活性测定方法的改进. 云南师范大学学报，2005，25(1)：44-46.

6.9 苯丙氨酸解氨酶(PAL)活性的测定

1. 实验目的

掌握测定苯丙氨酸解氨酶活性的方法。

2. 实验原理

苯丙氨酸解氨酶(PAL，phenylalnine ammonialyase)是植物体内苯丙烷类代谢的关键酶，与一些重要的次生物质如木质素、异黄酮类植保素、黄酮类色素等合成密切有关，在植物正常生长发育和抵御病菌侵害过程中起重要作用。PAL 催化苯丙氨酸(Phe)的脱氨反应，脱氨后生成反式肉桂酸。而反式肉桂酸在 290 nm 处吸光值(A)居高，在 1 cm 光程下，A 值每变化

0.01 就有 1 μg 反式肉桂酸量的变化。

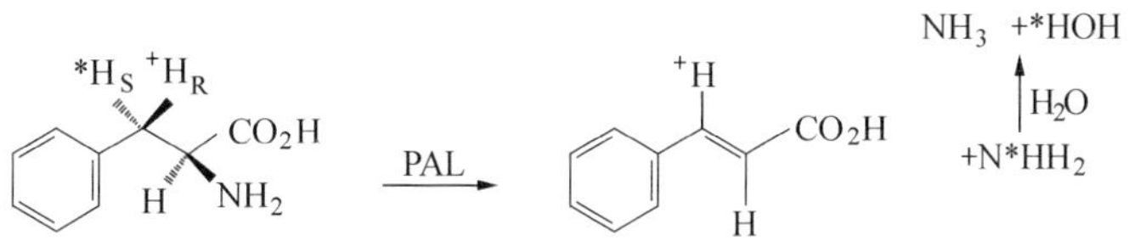

(苯丙氨酸)　　(反式肉桂酸)　　($NH_3 \cdot H_2O$)

3. 实验器材、试剂及材料

材料:水稻黄化幼苗。

器材:紫外可见分光光度计,高速冷冻离心机,研钵,打孔器,移液枪等。

试剂:酶提取液为 0.1 mol/L Tris-H_2SO_4 缓冲液(pH 8.3),含 1 mmol/L EDTA,7 mmol/L β-巯基乙醇和 7 %(*W*/*V*)的甘油。

0.1 mol/L Tris-H_2SO_4 缓冲液(pH 8.8)。

0.02 mol/L 苯丙氨酸。

4. 实验步骤

1)酶液提取

取水稻黄化幼苗 5 g,剪成 1 cm 长的小段,加入预冷的 20 mL 酶提取液和 0.5 g 聚乙烯吡咯烷(PVP)(用以除去酚类物质毒害,防止颜色的干扰),用研钵或者组织捣碎机匀浆。4 层纱布过滤,滤液在 4℃低温下 10 000 *g* 离心 30 min,取上清液测量体积并记录。

2)酶的活性测定

取 1 mL 苯丙氨酸溶液和 2 mL 的 0.1 mol/L Tris-H_2SO_4 缓冲液(pH 8.8)(对照管不加底物苯丙氨酸,直接取 3 mL 的缓冲液)置试管中,用 30℃水浴保温 3 min。在各只试管中加入 0.5 mL 待测酶液,空白管不加酶液,摇匀后立即在分光光度计上测定起始 A_{209} 值,用空白管调零,并精确计时。将各只试管放到 30℃水浴保温反应 30 min,再次测定 A_{209}。

5. 酶活性的计算

以每小时在 290 nm 处光密度增加 0.01 所需酶量为 1 单位(U),以植物鲜重作为单位。也可以用蛋白质含量作为酶活性单位,蛋白质含量用 Folin-酚法进行测定,以牛血清蛋白作标准。

$$\text{酶活性} = \frac{\Delta A}{0.01 \times T \times W} \times \frac{\text{提取液总体积}}{\text{测定酶液用量}}$$

酶活性单位:U/(g · FW · h)。

式中,ΔA 为前后 2 次测定的吸光度的差值;*W* 为样品鲜重(g);*T* 为反应时间(30 min)。

6. 问答题

酶活性测定中设立对照管和空白管的目的是什么?

7. 注意事项

不同的实验材料的 PAL 酶活性有较大差异。同健康对照相比,感病植株的酶活性较高。

参 考 文 献

1. 萧浪涛,王三根. 植物生理学实验技术. 北京:中国农业出版社,2005.
2. 汤章程. 现代植物生理学实验指南. 北京:科学出版社,1999.

3. 张志良,翟伟菁.植物生理学实验指导.北京:高等教育出版社,2003.
4. Amrhein N, Gerhardt J, Gödeke K H. The estimation of phenylalanine ammonia-lyase (PAL)-actvity in intact cells of higher plant tissue. I. Parameters of the assay. Planta, 1976,131:33-40.

6.10 植物组织中ATP含量的测定

1. 实验目的

了解生物发光法的基本原理,掌握植物组织中三磷酸腺苷(ATP)含量的测定方法。

2. 实验原理

生物为了维持其生命和执行各种生理功能都需要消耗能量。ATP是一种可以被生物直接利用的含能物质,它在储存、输送和释放能量过程中,在调节若干代谢环节中起着重要的作用。因此,ATP含量的测定,便成为研究生物能量代谢的一种必不可少的手段。在生物化学、微生物学、植物生理学、海洋学、环境科学、医学和农业研究中得到广泛的应用。测定ATP的方法有:①将生成的不溶性盐类沉淀;②层析分离后测定;③放射性同位素标记分析;④酶偶联分析;⑤荧光素酶系法测定。其中,以荧光素法测定植物组织中腺苷酸的含量是目前生物能量研究中最灵敏、专一的方法之一。

生物发光的化学过程可以用下面的公式来描述:首先发光器中的荧光素与线粒体所分泌的三磷酸腺苷(ATP)在荧光素酶和金属离子(如 Ca^{2+} 和 Mg^{2+})的辅助下相互作用,生成荧光素-腺苷酸和高能的焦磷酸酯;然后荧光素-腺苷酸与气管输送进来的氧气反应生成激发态氧化荧光素和腺苷酸(AMP);当氧化荧光素从激发态跃迁回基态时就会放出光。

$$\text{荧光素} + \text{ATP} \xrightarrow[\text{Ca}^{2+}\text{或 Mg}^{2+}]{\text{荧光素酶}} \text{荧光素-腺苷酸} + \text{PPi}$$

$$\text{荧光素-腺苷酸} + O_2 \rightarrow \text{激发态氧化荧光素} + \text{AMP}$$

$$\text{激发态氧化荧光素} \rightarrow \text{基态氧化荧光素} + h\upsilon$$

荧光素酶催化的发光反应的发光峰波长为在562 nm,这过程必须要有 O_2 的参与。当 $ATP \leqslant 10^{-6}$ mol/L时,ATP的浓度与荧光素酶催化的发光反应的发光强度呈线性相关,因此可用荧光素测定ATP的含量。

3. 实验器材、试剂及材料

器材:恒温水浴锅,发光光度计,刻度试管和容量瓶等。

试剂:

①1 mmol/L的 $MgSO_4$;

②荧光素酶系缓冲液,含50 mmol/L甘氨酰甘氨酸,10 mmol/L $MgSO_4$,1 mmol/L EDTA-Na_2,1 mg/L牛血清白蛋白(BSA),pH 7.6;

③荧光素酶系溶液,将3 mg荧光素酶-荧光素溶于1 mL荧光素酶系缓冲液;

④ATP标准溶液,ATP-Na_2 浓度分别为 5×10^{-12}、5×10^{-11}、5×10^{-10}、5×10^{-9} 和 5×10^{-8} mmol/L,用荧光素酶系缓冲液配制。

材料:小麦叶片。

4. 实验步骤

1)植物组织中 ATP 的提取

取小麦叶片 0.5 g 剪碎,放入具塞刻度试管中,加入 10mL 1 mmol/L 的 $MgSO_4$,放入沸水浴中保温 10 min 后取出,放在冰浴中冷却。定容后取上清液作为待测液,若上清液混浊可以 10 000 g 高速离心 30 min 得到澄清上清液。如果要测定种子中的 ATP 含量,可取小麦胚芽 50 粒,先浸泡在纯丙酮中 20 min,放到沸水浴中至丙酮挥发尽;加入 10 mL 1 mmol/L 的 $MgSO_4$,在沸水浴中保温 10 min 后取出,放在冰浴中冷却,定容后取上清液作为待测液。

2)ATP 标准曲线的制作

吸取 0.2 mL 荧光素酶系缓冲液到比色杯内,放入发光光度计的反应暗室,往比色杯中注射加入 0.8 mL 荧光素酶系溶液,记录以发光峰值为相对发光强度,此时测得的发光强度为荧光素酶系内源 ATP 本底。反应杯分别加入 0.2mL ATP 标准溶液[$(5\times10^{-12})\sim(5\times10^{-8})$ mmol/L 浓度梯度的 ATP 溶液]和 0.8 mL 荧光素酶系溶液,测定各自对应的相对发光强度。扣除本底 ATP 发光强度后,取对数值作为纵坐标,以不同浓度 ATP 值取对数作为横坐标,绘制标准曲线,得到线性回归方程。

3)植物组织中 ATP 含量的测定

取提取上清液 0.2 mL 放到比色杯中,在发光光度计暗室加入 0.8 mL 荧光素酶系溶液,测定相对发光强度。代入回归方程,计算出 ATP 含量。

5. 结果计算与分析

ATP 标准浓度绘制双对数回归曲线,拟合得到线性回归曲线。植物组织上清液中的 ATP 含量通过回归曲线计算得到。

6. 注意事项

(1)荧光素酶反应的最适 pH 为 7.4～7.8,最佳温度为 25℃。

(2)选择合适的植物组织 ATP 提取方法对于结果有较大影响,常见的有酸提取、有机溶剂提取和热提取。不论采用什么方法,对提取 ATP 方法总的要求是:提取完全,提取液稳定,方法的重复性好,尽量减少干扰,操作方便快速。

7. 思考题

针对不同的植物材料,各种 ATP 提取方法各有哪些优缺点?

参 考 文 献

1. 汤章程.现代植物生理学实验指南.北京:科学出版社,1999.
2. http://www.zjubiolab.zju.edu.cn/lesson/news.php? action=show&id=865.

设计实验

6.11 不同温度对植物根系呼吸、根系活力和矿质元素吸收的影响

1. 实验目的

了解不同温度对于植物根系呼吸、根系活力与矿质元素吸收的影响。

2. 实验原理

不同植物或同一种植物的不同生长阶段所需的适宜温度不同；根系呼吸强度受到温度影响，进而波及根系活力和根系对矿质元素的吸收。

3. 实验器材、试剂及材料

器材和试剂：恒温恒湿培养箱，光照培养箱，烘箱，培养皿，吸水纸，盆钵，石英砂等，植物材料培养、根系呼吸强度、根系活力和矿质元素吸收所需的器材和试剂分别参照本书章节 2.1、章节 6.1、章节 4.3、章节 4.4 和章节 4.7。

材料：小麦、水稻或者玉米、高粱种子等。

4. 实验步骤

(1)种子萌发。根据植物生物学特性、原产地，确定种子萌发的适宜温湿度和时间，通常，C4 植物种子(如玉米、高粱)萌发所需的适宜温度高于 C3 植物种子(如小麦、油菜)；水稻和小麦同属于 C3 植物，水稻种子萌发所需的适宜温度高于小麦。

(2)培苗。准备适量石英砂(填满 4/5 盆钵)，彻底洗净，平铺于(搪瓷)盘中晒干，置烘箱内 80℃左右烘干后使用。在装有约 2/3 石英砂的盆钵中加等量蒸馏水后，将催好芽的种子均匀间隔移入，再均匀撒盖上剩余石英砂，置光照培养箱或温暖(朝南实验室)处生长。幼苗初露后，每隔 1～2 d 喷水 1 次。禾本科植物长至 1 叶 1 心期(植株具有 1 张完全展开叶片和 1 片未展心叶)后，双子叶植物至子叶完全展开后，开始用 1/4 Hoagland 营养液培养和温度处理(详细 2.1)。

(3)温度处理。将生长一致的小苗分别移至由打孔泡模板作定苗装置的水溶液中培养，设置低温处理或高温处理，溶液培养的植物幼苗分别置于 5℃、10℃、15℃、20℃和 25℃下低温处理，或在 25℃、30℃、35℃和 40℃下高温处理 3～12 d，以 25℃为对照。

(4)动态观察。低温或高温处理期间，定期加营养液，0，3，6，9 d 进行非损坏性生长观察，活体记录幼苗生长动态(表 6-3)。

表 6-3 不同温度下幼苗生长参数

样品号	苗高/cm					叶长/mm					根长/mm					根数				
	0	3 d	6 d	9 d	12 d	0	3 d	6 d	9 d	12 d	0	3 d	6 d	9 d	12 d	0	3 d	6 d	9 d	12 d
CK1-1																				
CK1-2																				
CK1-3																				
…																				
CK3-3																				
T1-1																				
T1-2																				
TI-3																				
…																				
T3-3																				
……																				

(5)样品分析。分别取出根系,参照本书章节 6.1、章节 4.3、章节 4.4 和章节 4.7,分别测定根系呼吸速率、根系活力、矿质元素 N 和其他元素的吸收,分析高温或低温对植物幼苗根系呼吸强度、根系活力和矿质元素吸收的影响,并分析根系呼吸强度、根系活力和矿质元素吸收之间的关系。

5. 注意事项

(1)合理安排幼苗数量作为实验重复。

(2)根据实验安排每项生理指标测定所需要的幼苗数量,培养箱空间限制情况下,安排多次、分批培养。

参 考 文 献

南京农业大学生命科学学院植物科学系自编教材．现代植物学实验技术,2006.

第 7 章　植物激素生理

基础实验

7.1　生长素对种子根芽生长的影响

1. 实验目的

(1)了解生长素的生理效应。

(2)了解不同器官对生长素敏感性的差异。

2. 实验原理

吲哚乙酸(3-Indoleacetic acid,IAA)及人工合成的类似物如萘乙酸(NAA)、2,4-D 等都属于生长素类物质,对植物生长和发育有很大的影响,如促进细胞的生长与分化,加速根、芽的伸长、促进果实和种子的发育等。生长素发挥作用具有明显的浓度效应,一般来讲,低浓度促进生长,而高浓度抑制生长。不同的植物或同一植物的不同器官,对生长素的敏感性也不同。一般根比芽、茎对生长素的反应要敏感(图 7-1)。本实验根据这一原理观察不同浓度萘乙酸对小麦根、芽生长的不同影响。

3. 实验器材、试剂和材料

器材:温箱,培养皿,移液管,直尺,滤纸,镊子,铅笔。

试剂: 10 mg/L NAA(称取 1 mg NAA ,先用少许酒精溶解,加水稀释并定容到 100 mL),0.1%升汞。

材料:小麦种子。

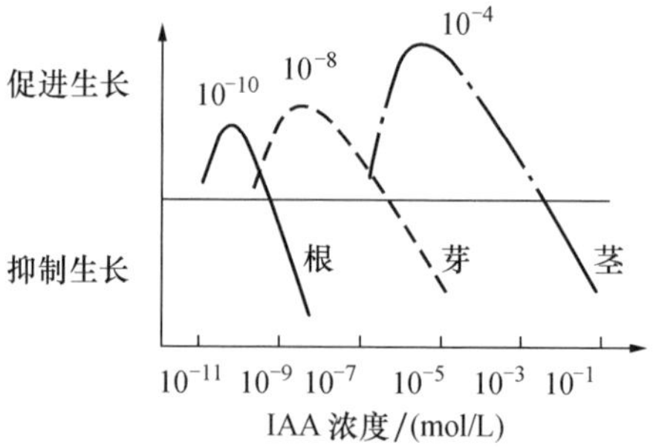

图 7-1　不同营养器官对不同浓度生长素的反应

4. 实验步骤

(1)取大小均匀一致的小麦种子用 0.1% 升汞消毒 15～20 min,再用自来水和蒸馏水各冲洗 3 次,置于 25℃ 温箱中发芽 2 d。

(2)配制一系列浓度的 NAA 溶液:取洁净的直径为 9 cm 的培养皿 5 套,在皿的边缘贴上标签编号。用移液管在①号培养皿中加入 1 mL 10 mg/L 的 NAA 母液和 9 mL 蒸馏水,混匀即为 1 mg/L NAA 溶液;然后从①号培养皿中吸取 1 mL 放入②号皿,加 9 mL 蒸馏水混匀后即为 0.1 mg/L NAA 溶液;如此依次稀释到④号皿(最后从④号培养皿中取出 1 mL 弃去),即成 1、0.1、0.01、0.001 mg/L 4 种浓度 NAA 溶液,⑤号皿则加入 9 mL 蒸馏水作为对照。

(3)在每个培养皿中放入一张与皿底同样大小的滤纸,选取已萌动的小麦种子 10 粒,用镊子将其整齐地排列在培养皿中,使芽尖朝上,并使胚的部位朝向同一侧,盖上培养皿盖后,置于 25℃的培养箱中暗培养 3 d。各浓度均需有至少 3 次重复。

(4)暗培养 3 d 后,记录不同处理下各粒种子的根数并测量根长,芽长。

5. 结果计算与分析

计算不同处理下小麦种子的平均根数、根长、芽长。以蒸馏水中的数值作对照,计算不同浓度 NAA 处理对于小麦幼苗根、芽生长的影响(促进或抑制)。实验结果记入表 7-1,分析 NAA 对小麦种子萌发时的根芽生长的不同影响。

表 7-1　生长素对种子根芽生长的影响数据记录表

生长参数	浓度/(mg/L)				
	1	0.1	0.01	0.001	0
平均根数/个					
平均根长/cm					
平均芽长/cm					
幼根增或减的长度/%					

6. 注意事项

(1)NAA 浓度要准确配置,制作浓度梯度时,摇匀后再取,由高到低稀释。

(2)试验中要防止生长素污染。

(3)注意把培养皿的盖子盖严,否则会有水分挥发,使激素溶液浓度变浓,本来在低浓度下促进生长的处理,有可能会抑制生长,得到的结果会不可靠。

7. 思考题

(1)为什么外用生长素物质类物质时,多用 NAA,而 IAA 的使用比较少?

(2)除促进生长外,生长素还有哪些生理作用?

(3)用本实验的结果分析根和芽的生长对生长素的敏感性差异。

参考文献

南京农业大学植物生理组自编教材. 植物生理学实验指导,1991.

7.2　脱落酸对种子发芽率的抑制作用

1. 实验目的

了解脱落酸的生理效应。

2. 实验原理

脱落酸(abscisic acid,ABA)在种子的发育和成熟过程中具有重要的作用,可诱导成熟期种子的程序化脱水与营养物质的积累。另外,ABA 还可以维持种子的休眠,抑制种子的萌发。许多种子难以萌发就是因为种皮中含有 ABA,很多植物的种子可用 ABA 浸泡而防止发芽。此方法可用于 ABA 含量的生物测试法。用一系列已知浓度的 ABA 标准液浸泡油菜种子,可绘制出 ABA 浓度与发芽率的标准曲线。若用植物组织粗提液或内源 ABA 提取液浸泡种子,测定发芽率,则可从标准曲线上查出待测样品抑制物质浓度或内源 ABA 浓度。

3. 实验器材、试剂和材料

器材：温箱，培养皿(5 cm)，移液管，滤纸，镊子，铅笔，烧杯。

试剂：ABA 母液(0.1 mmol/L)。称取 5.286 mg (±)ABA，先用少许酒精溶解，加水稀释并定容到 100 mL。

0.1%氯化汞。

材料：油菜种子。

4. 实验步骤

(1)取大小均匀一致的油菜种子用 0.1% 氯化汞消毒 5 min，再用自来水和蒸馏水各冲洗 3 次，吸干。

(2)配制一系列浓度的 ABA 溶液：取洁净的直径为 5 cm 的培养皿 5 套，在皿的边缘贴上标签编号。在①号培养皿中加入 2 mL 0.1 mmol/L 的 ABA 母液；然后从①号培养皿中吸取 0.2 mL 放入②号皿，加 1.8 mL 蒸馏水混匀后即为 0.01 mmol/L 的 ABA 溶液；如此依次稀释到④号皿(最后从④号培养皿中取出 0.2 mL 弃去)，即成 0.1 mmol/L、0.01 mmol/L、0.001 mmol/L、0.000 1 mmol/L 4 种浓度 ABA 溶液，⑤号皿则加入 2 mL 蒸馏水作为对照。在每个培养皿中放入一张与皿底同样大小的滤纸。

(3)选取油菜籽 30 粒，放入有 ABA 的小培养皿中后，用镊子将种子分布均匀，盖上培养皿盖后，放在 25℃的温箱中暗培养 2 d，测发芽率。各浓度均需有至少 3 次重复。

5. 结果计算与分析

以发芽率(设蒸馏水浸泡的种子发芽率为 100%)为纵坐标，ABA 浓度为横坐标，绘出曲线，并分析。

6. 注意事项

(1)ABA 浓度要准确配置，制作浓度梯度时，摇匀后再取，由高到低稀释。

(2)化学合成的 ABA 系(+)ABA 和(−)ABA 的消旋体，实际上仅(+)ABA 具有生理活性，故在配置母液时应将称量增加一倍。

(3)调查发芽率时，种子的胚根长度大于种子半径作为种子萌发的标准。

7. 思考题

哪些实验方法可作为 ABA 的生物测试法？

参考文献

南京农业大学植物生理组自编教材. 植物生理学实验指导，1991.

7.3 生长素含量的生物试法

1. 实验目的

掌握生长素含量的生物试法——小麦芽鞘切段法。

2. 实验原理

生物试法是通过某些植物组织和器官对植物激素产生的特异性反应进行测定的。1928 年，Went 首先建立了检测植物生长素的燕麦胚芽鞘弯曲测试法，生长素类的生物试法还包括燕麦叶鞘切段伸长法、小麦胚芽鞘切段法等。大多数生物试法的专一性较差，精确度低，后来逐渐被其他方法代替。但对于从大量人工合成的化合物中筛选植物生长调节剂，生物试法仍不失为一种行之有效的手段。小麦胚芽鞘切段法因其操作简单，应用最为广泛。

切去顶端的胚芽鞘段，断绝了内源生长素的来源，其伸长在一定范围内与外加生长素浓度的对数呈线性关系。因此，可以用一系列已知浓度的生长素溶液培养芽鞘切段，绘制成生长素浓度与芽鞘伸长的关系曲线，以鉴定待测样品中的内源生长素含量。

3. 实验器材、试剂和材料

器材：温箱，带盖搪瓷盘，10 mL 具塞试管（可用青霉素小瓶替代），微量移液器，移液管，滤纸，镊子，铅笔，培养缸，贴有毫米方格纸的玻璃板 1 块，简易切割刀（用有机玻璃和两片双面刀片制成，两刀片间距 5 mm），旋转摇床。

试剂：含有 2%蔗糖的磷酸-柠檬酸缓冲液（pH 5.0）。称取磷酸氢二钾（K_2HPO_4）1.794 g，柠檬酸（$C_6H_8O_7 \cdot H_2O$）1.019 g，蔗糖 20 g，各溶于水，混合后用蒸馏水定容至 1 L。吲哚乙酸（IAA）母液（100 mg/L）：精确称取 10 mg IAA，先用少许酒精溶解，用上述缓冲液溶解并定容至 100 mL。

0.1%氯化汞。

材料：小麦种子。

4. 实验步骤

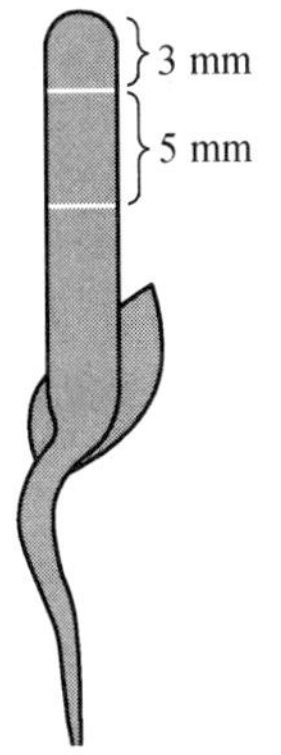

图 7-2　取材部位

（1）材料的准备。取大小均匀一致的小麦种子用 0.1% 氯化汞消毒 5 min，再用自来水和蒸馏水各冲洗 3 次，吸干。腹沟朝下，摆放在铺有洁净湿滤纸的带盖搪瓷盘中，置于 25℃ 培养箱中黑暗发芽。待出现胚根后，移入培养缸的尼龙网上，并继续在 25℃ 培养箱中黑暗生长。播种后 3 d，当胚芽鞘长度为 3 cm 左右时，精选芽鞘长度一致的幼苗，用镊子从基部取下芽鞘，再用切割刀在贴有方格纸的玻璃板上切去芽鞘顶端 3 mm，再向下切取 5 mm 的切段（图 7-2），放入磷酸-柠檬酸缓冲液中浸泡 1～2 h，以洗去内源生长素。

（2）系列 IAA 浓度的配置。用含 2%蔗糖的磷酸-柠檬酸缓冲液（pH 5.0）把 IAA 母液稀释成系列浓度，分别为 1 mg/L、0.1 mg/L、0.01 mg/L、0.001 mg/L 4 种浓度 IAA 溶液。

（3）标准曲线的绘制。取干净的具塞试管 5 根，编号。分别在各个试管中加入 2 mL 不同浓度的 IAA 溶液，第⑤号试管中加入 2 mL 缓冲液作为对照。从缓冲液中取出胚芽鞘切段，吸去表面水分，每管加入 10 根小麦芽鞘切段。各浓度均需有至少 3 次重复。加塞后置旋转床上旋转培养（黑暗，25℃）。20 h 后取出芽鞘，在毫米方格纸上测量其长度，按下式计算增长百分数。以增长百分数为纵坐标，IAA 浓度的对数为横坐标，绘出标准曲线。

$$\text{增长百分数} = \frac{\text{处理总长度} - \text{对照总长度}}{\text{原始总长（5 cm）}} \times 100\%$$

（4）样品的测定。将待测样品溶于含有 2%蔗糖的磷酸-柠檬酸缓冲液（pH 5.0），进行稀释后，各取 2 mL 放入具塞试管中。然后按上述标准曲线制作的步骤进行操作。测量并计算待测液的增长百分数，便可从标准曲线中查得相应的 IAA 的浓度，乘以稀释倍数后，即得待测样品的 IAA 含量。

5. 注意事项

(1)小麦胚芽鞘伸长不仅对生长素有反应,对脱落酸也有反应,但脱落酸是抑制胚芽鞘的伸长,而且在一定范围内胚芽鞘伸长的抑制与脱落酸含量成正比,因此,此法也可以用于ABA含量的测定。但如果样品提取液中同时含有两种物质,则作用抵消,因此只有将两者分开才能利用此法测定。

(2)旋转培养是为了防止切段受重力作用和接触溶液不均匀而产生弯曲。

(3)全部操作应在暗室中进行,必要时可开启绿灯。

(4)每次测定样品,均需同时作标准曲线。

6. 思考题

(1)生长素的生物测试法还包括哪些方法?

(2)生长素含量除了用生物测试法测定以外,还可以用哪些方法测定?

(3)该方法中,为什么要将芽鞘尖端3 mm去除,而取下面的5 mm切段作为实验材料?

参 考 文 献

1. 上海植物生理学会. 植物生理学实验手册. 上海:上海科学技术出版社,1985.
2. 中国科学院上海植物生理研究所和上海市植物生理学会. 现代植物生理学实验指南. 北京:科学出版社,1999.
3. 郝建军,康宗利,于洋. 植物生理学实验技术. 北京:化学工业出版社,2007.

7.4 植物激素的提取与纯化

1. 实验目的

植物激素作为植物体内的痕量信号分子,几乎参与了调控植物生长发育的每一过程。在研究植物激素作用机理过程中,常常需要准确了解某一激素在某一部位的含量以及各激素之间的比例。无论是采用理化方法还是免疫学方法,对激素进行定量都需要首先提取植物材料中的激素,并需进行初步纯化。

2. 实验原理

植物激素的提取常用含有一定水分的甲醇或丙酮等有机溶剂进行,并加入一定的抗氧化剂,而纯化则有固相萃取和有机溶剂萃取法,如需制备更纯的样品,还可以运用薄层层析(TLC)、各种柱层析以及高效液相色谱(HPLC)等方法。本实验主要介绍固相萃取和有机溶剂萃取法。

3. 植物材料、试剂和仪器

植物材料:高等植物,真菌,藻类等。

试剂:80%甲醇;100%甲醇;乙醚;2,6-二叔丁基对甲苯酚(BHT);乙酸乙酯;正丁醇。

仪器:研钵,可调微量进样器(或移液枪),5 mL塑料离心管,高速冷冻离心机,Sep-Pak C_{18}柱,注射器,吹氮气装置,分液漏斗等。

4. 实验步骤

1)激素的提取

取新鲜样品或贮存样品(液氮速冻的样品)200~500 mg(准确至0.1 mg),剪碎,分3次加入预冷的 80% 甲醇共 3 mL[甲醇内加入丁羟甲苯(BHT)(10 mg/L)],在弱光下冰浴匀浆,匀浆液倒入离心管中,于 4℃,10 000 *g* 离心 15 min,倒出上清液,残渣加 0.5 mL 80% 甲醇,再离心一次,合并上清液。

2)激素的纯化

可选择下列两种方法之一纯化样品中的激素。

(1)固相萃取法(C_{18}柱法)。C_{18}柱(Sep-Pak C_{18}柱 Cartridge,Waters 公司产品)可根据样液中溶质极性的不同,分离水溶液或极性较大的水和有机溶剂的混合物。当C_{18}胶柱用于含水样液时,应先加 2 mL 可与水混合的一种溶剂(如甲醇等)予以平衡,然后用和样液浓度相等的该溶剂(70% 甲醇)湿润胶柱,再加入样液予以洗脱,最后可用非极性的溶剂去除残留在胶柱上的污染物。具体操作如下:

a. 5 mL 针筒接在C_{18}胶柱的上端,以 5 mL 100% 甲醇平衡柱(0.5～1 min),然后去除甲醇。

b. 以 5 mL 70%甲醇洗柱,去除漂浮液。

c. 加样(一般一次不超过 5 mL 80%甲醇粗提液),并收集滤液。

d. 用 5 mL 100%甲醇过柱,再用 5 mL 乙醚过柱洗去亲酯色素,以便柱的重新使用。

反复步骤 b～d,每根柱可再生使用 15 次左右(若每次注入柱中的样液体积在 1 mL 左右,每根柱可再生使用 25～30 次)。

(2)溶剂萃取法(不同激素的萃取方法略有差异)。取 300 μL 样液,在减压条件下(或用 N_2 吹干)去除甲醇,用 200 μL 0.1 mol/L Na_2HPO_4(pH 9.2)溶解,加等体积的乙酸乙酯,涡旋,萃取 3 次,弃去乙酸乙酯相,水相用 0.1 mol/L HCl 调 pH 至 2.5,用 200 μL 乙酸乙酯萃取 3 次,合并乙酸乙酯相,减压去除或用 N_2 吹干乙酸乙酯,用于测定 IAA、ABA、GA 等酸性激素。

取 300 μL 样液,在减压条件下(或用 N_2 吹干)去除甲醇,用 200 μL 0.1 mol/L Na_2HPO_4(pH 9.2)溶解(样液的 pH 达 8.0 左右),然后用等体积的饱和正丁醇(85%)萃取 3 次,合并正丁醇,减压去除或用 N_2 吹干正丁醇,用于测定细胞分裂素类。

5. 注意事项

(1)样品的采集。应快速取样,以缩小先后采集的样品间存在的差异。样品采集后如不立即测定,应先在液氮中速冻,然后存于−80℃以下的冰柜中。

(2)样品量。随材料不同而异。激素含量高的材料,取样量少;反之取样量多。通常,100～500 mg 的样品量适中。每个样品应设置 3～5 个重复。

(3)萃取。CTK 所用的正丁醇,要事先用重蒸馏水饱和,否则难与水相分层。

(4)样品纯化。用C_{18}柱纯化样品时,每次的载样量不应超过 5 mL,上样前,应把漂浮液去除干净。

(5)清洁。在提取和纯化过程中,应保持实验环境或实验器皿的清洁。

6. 思考题

(1)植物激素纯化的方法有哪些?

(2)植物提取过程中为什么要加入抗氧化剂,为什么要在弱光冰浴条件下研磨?

参 考 文 献

1. Ullah H, Chen J G, Wang S C, *et al*. Role of a heterotrimeric G protein in regulation of

Arabidopsis seed germination. Plant Physiol., 2002, 129: 897-907.
2. Chen J G, Zhao H Y, Zhou X, *et al*. Changes in levels of endogenous hormones in azalea released from apical dominance. J. Hort. Sci, 1997, 72: 583-591.
3. Chen J G, Du X M, Zhou X, *et al*. Levels of Cytokinins in the Ovules of Cotton Mutants with Altered Fiber Development. J. Plant Growth Regul, 1997, 16: 181-185.
4. Chen J G, Du X M, Zhao H Y, *et al*. Fluctuation in levels of endogenous plant hormones in ovules of normal and mutant cotton during flowering and their relation to fiber development. J. Plant Growth Regul, 1996, 15: 173-177.

拓展实验

7.5 植物激素的 ELISA 测定

1. 实验目的

植物激素作用分子机理研究是生命科学领域的重大课题之一，精确检测植物激素含量的变化对于研究植物激素作用机理至关重要。激素含量测定常用的方法有物理化学方法和免疫学方法。物理化学方法如气相色谱（GC）、高效液相色谱（HPLC）以及气质联用（GC-MS）等方法虽然精确度高，重复性好，但需要昂贵的设备。免疫学方法主要有放射免疫法(RIA)和酶联免疫吸附测试法(enzyme linked immunosorbent assay, ELISA)，由于前者操作上需要安全防护等原因，目前常采用后一种类型。ELISA 具有特异性、灵敏性高，且方便、快速、成本低等特点，已广泛用于植物激素含量测定。目前，包括 ABA、iPAs、ZRs、DHZRs、GAs、IAA 几种经典的植物激素及 JA、SA 等新型植物激素在内的 ELISA 都已经建立起来，并可购到成品试剂盒，大大促进了对植物激素的研究。

2. 实验原理

ELISA 的基本原理是利用抗原和抗体的特异性识别，以同位素或酶如辣根过氧化物酶等标记植物激素或抗体作为示踪物检测植物组织中的激素含量。其准确性和灵敏度在很大程度上依赖于抗体的质量和所用的示踪物。一般单克隆抗体(monoclonal antibody, McAb)要优于多克隆抗体(polyclonal antibody, PAb)。植物激素是小分子化合物，为半抗原，和载体蛋白偶联后才具有免疫原性。ELISA 有很多类型，常用于植物激素测定的主要有两种：固相抗原型 ELISA(间接法)和固相抗体型 ELISA(直接法)。

固相抗原型 ELISA：将“激素-蛋白质”复合物(该蛋白质不同于免疫原中的载体蛋白)包被于固相载体，加入待测激素(样品或标准品)和抗激素的抗体，使待测激素及“激素-蛋白质”复合物上的激素与抗体竞争结合，再加入酶标记的二抗(抗抗体)与结合在固相上的抗体反应，通过测定与固相结合的酶量，换算出样品中激素的含量(图 7-3)。固相结合的酶量与样品中的激素含量呈负相关。

固相抗体型 ELISA：先将足量的二抗(抗抗体)包被于固相载体，再将抗激素抗体与二抗结合，加入待测激素(样品或标准品)和抗体结合，再加入酶标记的激素，通过测定酶标激素的结合量，换算出样品中激素的含量(图 7-4)。酶标激素的结合量与样品中激素的含量呈负相关。

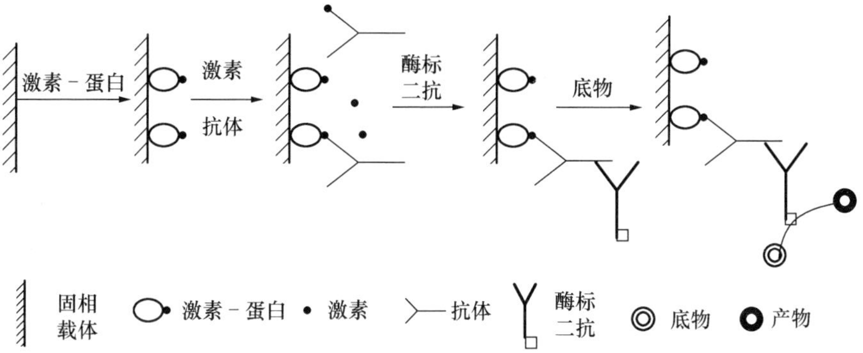

图 7-3 固相抗原型 ELISA 示意图

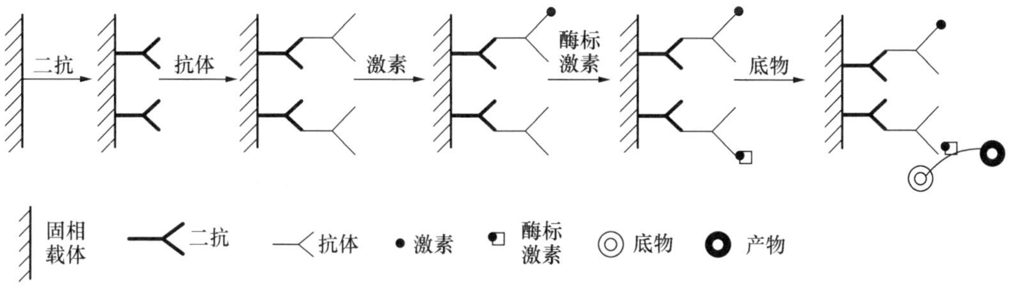

图 7-4 固相抗体型 ELISA 示意图

3. 试剂和仪器

试剂：

(1)洗涤缓冲液(washing buffer，WB)，0.01 mol/L pH 7.4 磷酸盐缓冲液(PBS)，临用前加 Tween-20 至 0.05%。

(2)稀释缓冲液(dilution buffer，DBⅠ)，0.01 mol/L pH 7.4 磷酸盐缓冲液(PBS)。

(3)稀释缓冲液(DBⅡ)。称取 60 mg 卵清蛋白(OVA)溶于 60 mL DBⅠ中。

(4)包被缓冲液(coating buffer，CB)。0.05 mol/L pH 9.6 碳酸盐缓冲液。

(5)基质缓冲液(matrix buffer，MB)。0.05 mol/L pH 5.0 Na_2HPO_4-柠檬酸缓冲液。

(6)硫酸(3 mol/L)。

(7)包被物(激素-蛋白复合物)、激素标准品、抗激素抗体、辣根过氧化物酶标记羊抗兔 IgG(GARIG-HRP)、正常兔血清(NRS)、二抗(羊抗鼠 IgG，RAMIG)、辣根过氧化物酶标记激素。

(8)邻苯二胺(ortho-phenylenediamine，OPD)。称取 5 mg OPD，溶于 12.5 mL MB 溶液中，临用前加入 30% H_2O_2(自备) 即为基质液，此液必须现配现用，放在暗处，若发现溶液已呈浅黄色则不能使用。

仪器与用具：酶联免疫测定仪，涡旋仪，恒温培养箱，微量加样器(50、100、150、500 μL)，小试管，有盖搪瓷盒，96 孔聚苯乙烯微孔板(酶标板)等。

4. 实验步骤

1)植物激素的甲酯化

在用GA、IAA、ABA的羧基和载体蛋白偶联作为免疫原制备抗体，建立的ELISA测定植物激素时，必须对样品的GA、IAA、ABA进行甲酯化。

(1)重氮甲烷的制备。在通风橱中取3支带盖的试管A、B、C，于A管中加入2 mL 40%(*W/V*)KOH和10 mL乙醚，冰浴，然后加入500 mg亚硝基甲基脲，磁力搅拌10 min，待上层乙醚相呈黄色后，将含重氮甲烷的乙醚液转移至试管B，并在B管中加数粒KOH颗粒吸水20 min，去除水分的重氮甲烷乙醚液倒入C管即可使用或加盖于−20℃保存1周。亚硝基甲基脲为致癌剂，操作时切勿与皮肤接触。

(2)植物样品的甲酯化。取上述干燥后的样品用200 μL甲醇溶解，冰浴，加入过量的重氮甲烷(100～200 μL)，至样品呈黄色，反应10 min后，以半滴0.2 mol/L乙酸甲醇破坏过量的重氮甲烷(黄色消失)，用氮气吹干，用于测定。

2)固相抗原型ELISA测定iPA

用方阵法滴定选择各反应物最适工作浓度，ELISA操作流程如下：

包被(每孔准确加入100 μL包被液，37℃过夜)→洗涤(用WB洗3次)→加DBⅡ封板(每孔100 μL，37℃，30 min)→洗涤(用WB洗3次)→加激素标准液或样品(每孔50 μL)→加抗激素抗体(每孔50 μL，37℃，1 h)→洗涤(用WB洗3次)→加酶标二抗(每孔100 μL，37℃，1 h)→洗涤(用WB洗3次)→显色(各孔中加入100 μL OPD基质液，37℃，15～20 min)→终止反应(各孔中加入50 μL 3 mol/L硫酸)→读数(OD_{490})。

(1)包被。在10 mL包被缓冲液中加入适量的“iPA-BSA”复合物混匀，在酶标板每孔中加入100 μL，然后将酶标板放入湿盒内，37℃过夜。

(2)用DBI配制系列浓度的激素标准品(iPA)。

(3)洗板。从37℃湿盒中取出酶标板，恢复到室温后，弃去包被液，用WB洗涤3次，甩干。

(4)封闭。在各孔中加100 μL DBⅡ，37℃温育30 min。

(5)洗板同(2)。

(6)在1～6列A、B和C孔内平行加入6个浓度的iPA标准品50 μL，第7至8列A、B和C孔内加入DBⅠ 50 μL，在其余各孔中加入50 μL样液(干燥后的样液用DBI溶解)。

(7)在第8列A、B和C孔中加入50 μL NRS，在其他各孔中均加入50 μL抗体稀释液(用DBⅡ稀释到一定浓度)，于37℃温育50 min。

(8)洗板同(2)。

(9)各孔加入100 μL酶标记的二抗(GARIG-HRP)(用DBⅡ稀释到一定浓度)于37℃温育60 min。

(10)洗板同(2)。

(11)各孔中加入100 μL OPD基质液，于37℃温育10～20 min。

(12)各孔中加入50 μL 3 mol/L硫酸终止反应。

(13)5 min后用吸水纸吸干微孔板底部，将微孔板置于酶联免疫测定仪上，在490 nm波长下，以第8列A、B和C孔为空白调零，测定其余各孔的OD值。

(14)设第7列A、B和C孔的*OD*值的平均值为B_0，1～6列各自A、B和C的*OD*值的平

均值为 B_i（i=1、2、3、4、5、6），同一样品的重复孔的平均值为 B_{sj}（sj 代表不同的样品）。以激素标准品浓度的常用对数 log[iPA]为横坐标（x），对应的 $\ln[B_i/(B_0-B_i)]$为纵坐标（y），可得一条直线 $y=a+bx$，将 B_{sj} 经 $\ln[B_{sj}/(B_0 : B_{sj})]$换算成 Y_{sj}，然后代入直线 $y=a+bx$，可得 X_{sj}。对 X_{sj} 取反对数，即可知 sj 样品孔内激素的摩尔数量，再乘以稀释倍数，除以样品鲜重，即为每克样品的激素含量。

3）固相抗体型 ELISA 测定 ABA

用方阵法滴定选择各反应物最适工作浓度，ELISA 操作流程如下。

包被（每孔准确加入 100 μL 二抗，4℃过夜）→洗涤（用 WB 洗 3 次）→加抗激素抗体（每孔 100 μL，37℃，70 min）→加激素标准液或样品（每孔 50 μL，15～20℃ 20 min）→加酶标记的激素（每孔 50 μL ，37℃，1 h）→洗涤（用 WB 洗 3 次）→显色（各孔中加入 100 μL OPD 基质液，37℃，15～20 min）→终止反应（各孔中加入 50 μL 3 mol/L 硫酸）→读数（OD_{490}）。

（1）包被。在 10 mL 包被缓冲液中加入适量的二抗 RAMIG 混匀，酶标板每孔中加入 100 μL，然后将酶标板放入湿盒内，4℃过夜。

（2）洗板。从 4℃湿盒中取出酶标板，恢复到室温后，弃去包被液，用 WB 洗涤 3 次，甩干。

（3）在各孔中加 100 μL 抗 ABA 单克隆抗体，37℃湿盒温育 70 min。

（4）用 DBI 配制系列浓度的激素标准品（ABAMe）。

（5）洗板。从 37℃湿盒中取出酶标板，恢复到室温后，弃去包被液，用 WB 洗涤 3 次，甩干。

（6）在 1 列 A、B 和 C 孔内加入 50 μL ABA 母液，第 2 至 7 列依次加入 6 个浓度的 ABAMe 标准品 50 μL，第 8 列 A、B 和 C 孔内加入 DBⅠ 50 μL，在其余各孔中加入 50 μL 样液。将此酶标板于 15～20℃湿盒温育 20 min 后，再向各孔内加入 50 μL 酶标激素（ABA-HRP），37℃湿盒温育 1 h。

（7）洗板同（5）。

（8）各孔中加入 100 μL OPD 基质液，于 37℃温育 10～20 min。

（9）各孔中加入 50 μL 3 mol/L 硫酸终止反应。

（10）5 min 后用吸水纸吸干微孔板底部，将微孔板置于酶联免疫测定仪上，在 490 nm 波长下，以第 1 列 A、B 和 C 孔为空白调零，测定其余各孔的 OD 值。

（11）设第 8 列 A、B 和 C 孔的 OD 值的平均值为 B_0，2 至 7 列各自 A、B 和 C 的 OD 值的平均值为 B_i（i=1，2，3，4，5，6），同一样品的重复孔的平均值为 B_{sj}（sj 代表不同的样品）。以激素标准品浓度的常用对数 log[iPA]为横坐标（x），对应的 $\ln[B_i/(B_0-B_i)]$为纵坐标（y），可得一条直线 $y=a+bx$，将 B_{sj} 经 $\ln[B_{sj}/(B_0-B_{sj})]$换算成 Y_{sj}，然后代入直线 $y=a+bx$，可得 X_{sj}。对 X_{sj} 取反对数，即可知 sj 样品孔内激素的摩尔数量，再乘以稀释倍数，除以样品鲜重，即为每克样品的激素含量。

5. 注意事项

（1）必须先了解所采用抗体的特异性，未经严格交叉反应试验的抗体不能用于免疫检测，否则会导致错误的结果。

（2）在正式测定之前，应做预备试验，分析几个典型样品的稀释曲线，比较样品稀释曲线与标准曲线是否平行，了解样液中是否存在干扰物质；此外，确定样品的稀释倍数，以使测定值在标准曲线的检测范围之内。

(3)ELISA 操作过程中要准确,速度要快,尽量减少操作误差。

(4)加样的环境温度不宜过高。

6. 思考题

(1)酶联免疫吸附测定法与理化方法相比,有何优缺点?

(2)如何确定提取液中是否有干扰物质存在?

参 考 文 献

1. 陈以峰, 周燮. 异戊烯基腺苷组细胞分裂素的快速酶联免疫吸附测定法的建立. 华北农业学报, 1996, 11(1): 97-102.

2. 周燮,郑志富,陈溥言. 专一识别脱落酸甲酯的单克隆抗体的制备与应用. 植物生理学学报, 1996, 22(3): 284-290.

3. 黄少白, 周燮. $GA_{1,3,4,7}$ 酶联免疫检测法(ELISA)的建立. 华北农学报,1993, 8(4): 46-51.

4. 张能刚, 周燮, 吴颂如. 吲哚乙酸间接酶联免疫法的建立. 南京农业大学学报, 1990, 13(1): 116-119.

5. 吴颂如, 陈婉芬, 周燮. 酶联免疫法(ELISA)测定内源植物激素. 植物生理学通讯,1988, 5: 53-57.

6. Ullah H, Chen J G, Wang S C, *et al*. Role of a heterotrimeric G protein in regulation of Arabidopsis seed germination. Plant Physiol., 2002, 129: 897-907.

7. Chen J G, Du X M, Zhou X, *et al*. Levels of cytokinins in the ovules of cotton mutants with altered fiber development. J. Plant Growth Regul., 1997, 16: 181-185.

8. Chen J G, Du X M, Zhao H Y, *et al*. Fluctuation in levels of endogenous plant hormones in ovules of normal and mutant cotton during flowering and their relation to fiber development. J. Plant Growth Regul., 1996, 15: 173-177.

7.6 植物多胺的层析分离与检测

1. 实验目的

了解多胺的提取及检测方法。

2. 实验原理

多胺(polyamines,PAs)是一类低分子量的脂肪族含氮碱,广泛存在于原核和真核生物中。它主要包括精胺(spermine,Spm)、亚精胺(spermidine,Spd)、尸胺(cadaverine, Cad)和腐胺(putrescine,Put)。按所含氨基数目不同,这些 PAs 被分为二胺(Put、Cad)、三胺(Spd)和四胺(Spm)。它们在花芽诱导、果实发育、胚胎发生、延缓植物衰老等方面发挥着重要的作用。

多胺在紫外-可见光区吸收极弱,难以用分光光度计法进行测定。目前国内外已报道的大多采用以层析分离为基础并配之以适宜的检测手段或高压液相色谱-质谱法的方法。多胺本身没有荧光发射,必须经过与丹磺酰氯(DNS-Cl)或其他衍生试剂反应后,将吸收荧光或紫外光的基团连在 PAs 的一、二级氨基上,才能被检测。本实验通过对多胺的丹磺化、薄层分析及荧光检测等步骤,对植物内源多胺的种类与数量进行测定,具有分离完全、灵敏度高

(0.01 mg)、省时等特点,同时也无需复杂的检测仪器,可在一般生理生化实验室进行。

3. 实验器材、试剂和材料

实验器材:高速冷冻离心机,荧光分光光度计,三用紫外分析仪,微量进样器,层析硅胶薄板(G 8×18 cm),电吹风,层析缸,离心管,青霉素瓶。

试剂:高氯酸(5%),脯氨酸(100 mg/mL 水),氯仿,三乙胺,饱和碳酸钠溶液,乙酸乙酯,丹磺酰氯(二甲基氨基萘磺酰氯),丙酮,苯。

多胺标准溶液:4 种多胺(精胺、亚精胺、尸胺、腐胺)均用 5%高氯酸配制浓度相等的混合液,然后稀释。其浓度梯度为:10,1,0.1 和 0.01 mmol/L 标准液。

材料:小麦叶片或玉米胚。

4. 实验步骤

1)硅胶板的制作

称取层析用硅胶(G60)4 g 于研钵内,加入 10～13 mL 5%淀粉水溶液磨匀,将硅胶倾倒于层析用玻璃板上(8 cm×18 cm)上,轻轻振动玻璃板,使薄层面平整均匀。室温下在水平位置放置,待薄层发白近干。然后置 110℃烘箱内烘干活化 0.5～1 h。

2)多胺粗提液的制备

准确称取小麦叶片(中段)或玉米胚 500 mg,用 5 mL 预冷的 5%高氯酸分数次加入,在小研钵里研磨提取,合并提取液,在冰浴中继续浸提 1 h(期间摇晃数次)。然后用冷冻高速离心机离心(15 000 g,20 min,4℃),上清液即为多胺粗提液。

3)丹磺化与萃取

取 400 μL 多胺提取液,加入 400 μL 丹磺酰氯和 300 μL 饱和碳酸钠溶液,搅拌后置于室温、黑暗中过夜。次日,加入 100 μL 脯氨酸水溶室温下搅拌,反应 30 min 后加入 500 μL 苯萃取 2 min,静置后,取上层有机相。

4)层析

用微量进样器吸取 5～10 μL 多胺丹磺化产物的苯提取液,点样于硅酸薄板上。在层析缸中加入扩展剂(氯仿、三乙酸比例为 100∶20,体积比)1 cm 厚,加盖平衡 0.5 h。当样点上的溶剂充分发挥干后,将薄层板点样端浸入扩展剂,扩展剂液面应低于点样线。盖好层析缸盖,上行展层。当展层剂前沿离薄板顶端 2 cm 时,停止展层,取出薄板,用铅笔描出溶剂前沿界线,用热风吹干。并置紫外分析仪下(波长 235.9 nm)观察荧光斑点。对照标准多胺,用铅笔画出各多胺斑点,求出各类多胺的 R_f 值(标准液 R_f 值精胺最大,腐胺最小)(图 7-5)。

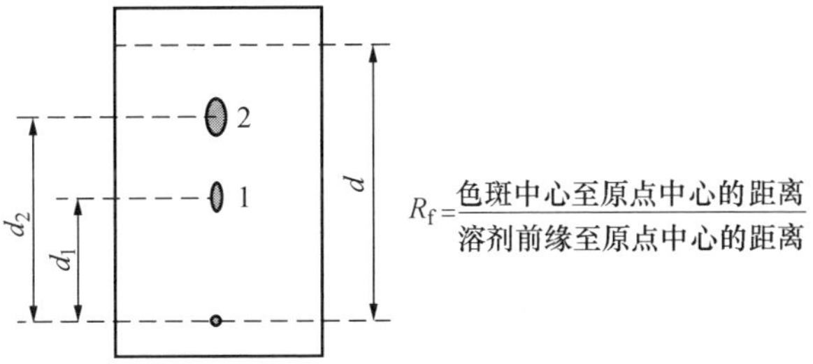

图 7-5　R_f 值计算方法

5)洗脱

刀片刮下上述薄板上的各点多胺衍生物的斑点,溶于 5 mL 乙酸乙酯中,将瓶口塞紧漩涡搅拌 20 s，静置 15～20 min，取上清液在荧光分光光度计上检测。

6)荧光检测

将植物样品的乙酸乙酯溶液用荧光分光光度计检测（吸收波长为 337 nm，发射波长为 495 nm），其数值可采取浓度直接或查标准曲线的方法求得，最后换算成 PAs(nmol/g FW)表示植物体内多胺的含量。

5. 注意事项

(1)用酒精洗加样器。

(2)薄层层析时，薄层板的制备要厚薄均匀，表面平整光洁。

(3)样点位置应在距离底边 1.5～2 cm 处，样品原点直径应小于 0.5 cm，相邻两斑点中心间距应大于 1.5 cm。

6. 思考题

(1)点样的要求是什么？

(2)多胺的检测方法有哪些？

参考文献

南京农业大学生命科学学院植物科学系自编. 现代植物学实验技术，2006.

7.7 植物激素对愈伤组织的形成与分化的影响

1. 实验目的

(1)掌握植物组织培养的基本方法。

(2)熟悉和了解植物激素在愈伤组织形成和分化过程中的调控作用。

2. 实验原理

植物的组织培养是根据植物细胞具有全能性这个理论，从植物体分离出符合需要的组织、器官或细胞，原生质体等，通过无菌操作，在人工控制条件下进行培养以获得再生的完整植株的技术。在组织培养中，一个成熟的细胞或分化的细胞转化为分生状态的过程，也就是愈伤组织的形成，这个过程称为脱分化。愈伤组织在适宜培养基上又可分化形成根和芽的过程称为再分化。植物激素在这个过程中起着非常重要的调控作用，其中生长素和细胞分裂素的比值起着关键作用。两者比值高时诱导根的分化，比值低时则促进芽的分化，两种激素比值适中时，愈伤组织生长占优势或不分化。通过改变两种激素的相对浓度即可有效地调控愈伤组织的形成和器官分化。

3. 实验器材、试剂及材料

器材：高压灭菌锅，超净工作台，光照培养箱，pH 计，电炉，天平，剪刀，手术刀，镊子，三角瓶，容量瓶，试剂瓶，细菌滤膜，玻璃注射器，吸液管，微量进样器，量筒，搪瓷量杯，烧杯，培养皿，搅捧，吸耳球，玻璃架，牛皮纸，消毒纱布，消毒棉，记录笔，白线绳，酒精灯等。

试剂：75% 酒精，2% 次氯酸钠，1 mol/L HCl，琼脂，6-苄基腺嘌呤(6-BA)，萘乙酸(NAA)，MS 培养基中各种化合物。

材料：烟草叶片。

4. 实验步骤

1)配制各母液

(1)根据表 7-2,配制 10 倍的大量元素母液,准确称取各成分,用蒸馏水溶解定容至 1 000 mL。

(2)根据表 7-3,配制 100 倍的微量元素母液,准确称取各成分,用蒸馏水溶解定容至 1 000 mL。

表 7-2　10 倍的大量元素母液

大量元素	质量/g
NH_4NO_3	16.5
KNO_3	19
$CaCl_2 \cdot 2H_2O$	4.4
$MgSO_4 \cdot 7H_2O$	3.7
KH_2PO_4	1.7

注:$CaCl_2 \cdot 2H_2O$ 需单独溶解,稀释后再与其他大量元素混合。

表 7-3　100 倍的微量元素母液

微量元素	质量/mg
KI	83
H_3BO_3	620
$MnSO_4 \cdot 4H_2O$	2 230
$ZnSO_4 \cdot 7H_2O$	860
$Na_2MO_4 \cdot 2H_2O$	25
$CuSO_4 \cdot 5H_2O$	2.5
$CoCl_2 \cdot 6H_2O$	2.5

注:$MnSO_4 \cdot 4H_2O$ 需先用少量 1 mol/L HCl 溶解,然后再与其他溶液混合。

(3)配制 200 倍的铁盐母液。准确称取 EDTA-Na_2 3.37 g,$FeSO_4 \cdot 7H_2O$ 2.78 g,用蒸馏水溶解定容至 500 mL(溶解时可加热)。

(4)有机成分。准确称取各有机物,分别溶于相应体积的蒸馏水中(表 7-4)。

表 7-4　有机物溶液母液

有机物母液浓度	质量/mg	体积/mL
肌醇(20 mg/mL)	2 000	100
烟酸(0.5 mg/mL)	12.5	25
甘氨酸(1 mg/mL)	25	25
盐酸吡哆醇(维生素 B_6)(0.5 mg/mL)	12.5	25
盐酸硫胺素(维生素 B_1)(0.1 mg/mL)	10	100

(5)植物激素。

1 mmol/L 萘乙酸(NAA)溶液:称取 18.6 mg NAA,先用少量 95% 乙醇溶解,再用蒸馏水定容至 100 mL,用孔径为 0.45 μm 或更小的细菌滤膜过滤灭菌后,分装低温保存。

1 mmol/L 的 6-苄基腺嘌呤(6-BA)溶液:称取 22.5 mg 6-BA,先用少量 1 mol/L 的 HCl 溶解,再用蒸馏水定容至 100 mL,用孔径为 0.45 μm 或更小的细菌滤膜过滤灭菌后,分装低温保存。

2)配制 MS 培养基

称出所需数量的蔗糖和琼脂,加水直到培养基最终容积的 3/4,在恒温水浴中加热使之溶解,用量筒或微量进样器量,再分别加入一定数量的各种母液,其中 1 L 体积各母液含量如表 7-5 所示。最后用蒸馏水定容至培养基的最终容积。充分混合之后,用 0.1 mol/L NaOH 或 0.1 mol/L HCl 将培养基 pH 调至 5.8。把培养基分装到相应的培养容器中,以铝箔或牛皮纸封住封口，放入高压灭菌锅，在 120℃下灭菌 15 min。

表 7-5 1 L MS 培养基中各种元素的母液含量

大量元素母液	100 mL	微量元素母液	10 mL
铁盐母液	5 mL	肌醇母液	5 mL
甘氨酸母液	2 mL	烟酸母液	1 mL
维生素 B_6 母液	1 mL	蔗糖	30 g
维生素 B_1 母液	1 mL	琼脂	7 g

待培养基冷却到大约 40℃时，再按表 7-6 分别加入 NAA、6-BA 母液后分装，配制成 3 种激素比例不同的培养基。

表 7-6 1～3 号 1 L 培养基分别加入 NAA、6-BA 溶液的含量及激素比值

激素	1 号	2 号	3 号
NAA 母液/mL	1	1	0.5
6-BA 母液/mL	1	0.1	1
NAA/6-BA	1	10	0.5

3)外植体消毒与接种

(1)器材灭菌。提前 0.5 h 打开超静工作台，用 75%酒精喷雾降尘，0.5 h 后备用。然后用酒精棉搽试超静工作台面和手，并将所用的用具在酒精灯火焰下消毒，冷却后备用。

(2)外植体消毒。取烟草幼嫩展开叶片，用流水冲洗 1 h 或更长时间，然后在超静工作台上工作，先将叶片在 70% 的酒精中浸 10 s，再用 2% 次氯酸钠溶液消毒 10～15 min，最后用无菌水把材料漂洗 3～4 次后，放进无菌的有滤纸的培养皿中。

(3)接种。用解剖刀切除主脉和大的侧脉，将叶片切成 5 mm 见方的小块，每个 100 mL 的三角瓶内接 5 块组织。

4)培养

接种后，将三角瓶置于光照培养箱内培养，培养条件为温度(25±2)℃，光强 1 500～2 000 lx，每天光照 10 h。

5. 结果计算与分析

(1)接种后每周观察一次，记录外植体上愈伤组织、不定根和不定芽的数量，把结果填入表 7-7。

(2)4 周后统计每种培养基上外植体生长和分化的情况于表 7-7 中，并综合分析。

表 7-7 NAA 和 6-BA 对愈伤组织分化的影响

时间	培养基	愈伤组织数/个	不定根数/个	不定芽数/个
第 1 周	1			
	2			
	3			

续表 7-7

时间	培养基	愈伤组织数/个	不定根数/个	不定芽数/个
第 2 周	1			
	2			
	3			
第 3 周	1			
	2			
	3			
第 4 周	1			
	2			
	3			
总数	1			
	2			
	3			

6. 注意事项

(1)分装培养基时,注意不要把培养基黏附在瓶口,以免引起污染。

(2)本实验为无菌培养,要注意培养基、植物材料及培养器皿的消毒。

(3)在配制植物激素母液时,乙醇和盐酸的用量要少。

(4)培养过程中,要经常检查并及时剔除污染的材料。

7. 思考题

(1)植物组织培养过程中应注意哪些问题?

(2)分析植物激素与愈伤组织分化之间的关系。

(3)植物激素为什么要过滤灭菌?

参 考 文 献

1. 张蜀秋. 植物生理学实验技术教程. 北京:科学出版社, 2011.

2. 南京农业大学生命科学学院植物科学系主编. 现代植物学实验技术, 2006.

7.8 气相色谱法测定乙烯含量

1. 实验目的

学习利用气相色谱仪测定乙烯的原理和技术,通过实验进一步认识乙烯在切花保鲜中的重要生理作用。

2. 实验原理

气相色谱法原理:气相色谱的分离是基于色谱分离的原理进行的。由于样品各组分在流动相和固定相中的分配情况不同,一些组分与固定相作用较强,故较慢流出色谱柱,从而得以分离。

气相色谱法的一般流程：载气经压力调节器降压、净化器脱水及净化，由稳压阀调至适宜的流量而进入色谱柱，经检测器流出色谱仪。待流量、温度及基线稳定后，即可进样。气态样品用注射器进样，样品被载气带入色谱柱。样品中各组分在固定相与载气间分配，由于各组分在两相中的分配系数不等，它们将按分配系数大小的顺序依次被载气带出色谱柱。流出色谱柱的组分被载气带入检测器，检测器将各组分的浓度的变化，转变为电压的变化，电压随时间的变化由记录器记录。

气相色谱法的特点：分离效能高，选择性好，灵敏度高，样品用量少，分析速度快及应用广泛。

乙烯是简单的烯烃，相对分子质量为 28，是一种轻于空气的气体。作为一种植物激素，其显著特征是介导植物对环境胁迫的响应，并能促进植物器官成熟与衰老。目前乙烯已广泛应用于香蕉等水果在贮运期间的成熟调节。由于乙烯是一种气态激素，非常适宜用气相色谱法进行测定。

3. 材料、仪器和试剂

植物材料：切花香石竹。

仪器与用具：Trace GC Ultra 气相色谱仪，密封装置为带空心橡皮塞的三角瓶。

试剂：标准乙烯，AVG(氨基乙烯基甘氨酸)。

4. 实验步骤

1)材料处理

将试验材料进行不同的处理。

对照：正常瓶插，0、30、60、90、120、150 min 后，称取一定量的试验材料置于密封装置中收集乙烯。

AVG 处理：不同浓度的 AVG 处理(1.25、2.5、5、10 μmol/L)，于处理后 0、30、60、90、120、150 min 后，称取一定量的试验材料置于密封装置中收集乙烯。

2)色谱仪启动

(1)开机前准备。根据需要由管理员安装检测器和色谱柱子。

(2)连接好载气(N_2)、空气和氢气的管路，检查各种气体的气路密封性，防止漏气。打开载气钢瓶开关，调节分压阀至 0.4 MPa。

(3)打开气相色谱主机和电脑，调节炉温、进样口温度、检测器温度。

3)测定

(1)用电脑编辑色谱方法，进样表，并将参数传给色谱仪，等待仪器平衡后，控制面板处于进样状态(ready to inject)后，用注射器从标准乙烯气袋抽取 1 mL 标气，立即注射，重复 3 次，得到平均值。

(2)仪器再次平衡后，又处于进样状态，抽取各处理的样品气体 1 mL，同法进行测定，各样品重复测定 3 次。

4)关机

测试完毕后，关色谱主机电源开关，关闭氮气、空气钢瓶出气阀和气压阀。

5. 结果计算与分析

1)定性

外标法定性：样品中与标准乙烯保留时间相同的峰，即为样品乙烯峰；内标法定性：在得到某一样品的色谱图后，向该样品中加入一定量的标准乙烯进样，若某峰增高，该峰即为样品中乙烯峰。

2)定量

用峰面积定量法进行计算：

$$样品乙烯含量(\mu L/L) = (标准乙烯含量/标准峰面积) \times 样品峰面积$$

$$样品乙烯产生速率[\mu L/(g \cdot h)] = \frac{样品乙烯含量 \times 容器体积}{密封时间 \times 样品鲜重}$$

参考文献

1. 张蜀秋. 植物生理学实验技术教程. 北京：科学出版社，2011.
2. 刘家尧，刘新. 植物生理学实验教程. 北京：高等教育出版社，2010.
3. 李玲. 植物生理学模块实验指导. 北京：科学出版社，2009.

7.9 DR5::GUS 转基因植物中报告基因 GUS 的组织化学定位检测

1. 实验目的

(1)了解用 GUS 与启动子融合表达法检测特定基因表达的组织和细胞特异性的原理。

(2)掌握 GUS 报告基因表达的组织化学定位的方法。

2. 实验原理

报告基因(reporter gene)是一种编码可被检测的蛋白质或酶的基因。把它的编码序列和基因表达调节序列相融合形成嵌合基因，或将其构建到某个基因启动子的下游，在调控序列控制下进行表达，从而利用它的表达产物来标定目的基因的表达调控。应用最为广泛的报告基因是 *Escherichia coli uidA* 基因，该基因编码 β-葡萄糖苷酸酶(β-glucuronidase，GUS)，能催化裂解一系列的 β-葡萄糖苷。组织化学法检测以 5-溴-4-氯-3-吲哚-β-D-葡萄糖苷酸酯(5-bromo-4-chloro-3-indoyl-β-D-glucuronic acid，X-Gluc)作为反应底物，将被检材料用含有底物的缓冲液浸泡，若组织中含有 GUS 基因，并表达出 GUS，在适宜的条件下，该酶就可将 X-Gluc 水解生成蓝色产物，使具有 GUS 活性的部位或位点呈现蓝色，用肉眼或在显微镜下可看到，且在一定程度下根据染色深浅可反映出 GUS 活性。因此利用该方法可观察外源基因在特定器官、组织甚至单个细胞内的表达情况。

DR5 是一种包含 TGTCTC 的生长素响应元件的启动子，该启动子在植物组织中含有生长素的情况下具有活性。将 DR5 构建到 GUS 的上游，GUS 基因的表达部位可分别用于检测植物地上和地下部分生长素流向动态变化。

3. 实验器材、试剂及材料

实验器材：微量移液器，Eppendorf 离心管，真空泵，镊子，恒温培养箱，解剖镜或光学显微镜。

实验试剂：

(1)染色缓冲液母液。

①500 mmol/L 磷酸缓冲液(pH 7.0)。

②10%(V/V)Triton X-100 水溶液。

③50 mmol/L 铁氰化钾（4℃ 黑暗贮藏）。

④50 mmol/L 亚铁氰化钾（4℃ 黑暗贮藏）。

(2)其他试剂：X-Gluc 用 N，N-二甲基甲酰胺配制成 20 mmol/L 的储存液，分装，于 −20℃保存；乙醇；丙酮。

实验材料：DR5：：GUS 转基因拟南芥植株。

4. 实验步骤

(1)将欲染色的组织材料浸泡到预冷的丙酮-水(9∶1，V/V)里，冰浴放置，直到所有的材料取完。染色用的容器根据实验材料的大小可选用 Eppendorf 离心管、酶标板或者小玻璃瓶。

(2)取完所有材料后，再在丙酮溶液中室温固定 20 min。

(3)除去丙酮，加入染色缓冲液洗涤 3 次，冰浴放置。

(4)按照表 7-8 配制染色液。

表 7-8 染色液的配制

试剂	浓度		1 mL 溶液中的体积/μL
	母液	最终浓度	
水	—	—	750
磷酸盐缓冲液(pH 7.0)	500 mmol/L	50 mmol/L	100
Triton X-100	10%	0.2%	20
铁氰化钾	50 mmol/L	2 mmol/L	40
亚铁氰化钾	50 mmol/L	2 mmol/L	40
X-Gluc	20 mmol/L	1 mmol/L	50

(5)除去浸泡材料的染色缓冲液后，加入 X-Gluc 浓度为 1 mmol/L 的染色液。

(6)将材料进行 15～20 min 的抽真空渗透处理。

(7)然后将材料放入 37℃温箱中孵育染色过夜。

(8)去除染色液，加入 70% 乙醇进行脱色处理，重复该步骤，直至材料无色。

(9)将植物材料放置载玻片上，加几滴 70% 乙醇，在解剖显微镜下观察植物材料。

5. 注意事项

(1)染色液要新鲜配制。

(2)要设立严格的阴性对照，即用同样的未转化的材料按相同的方法同时进行染色。

(3)根据具体情况，染色的时间可以短一些，但染色时间不宜过长(超过 2 d)，过长时间的孵育染色会破坏组织的结构。

(4)亚铁氰根和铁氰根离子浓度越高，染色的强度会降低，但是特异性会增加。大多数情况下，2 mmol/L 的离子浓度就是一个比较合适的浓度，但是具体的使用浓度要根据试验需求去设定。

6. 思考题

(1)GUS 活性检测有哪些优缺点？

(2)GUS 活性检测过程中有哪些注意事项？

(3)用GUS染色的组织为什么要进行固定?

参考文献

Kim K, Franceschi V R, Davin L B, *et al*. β-Glucuronidase as reporter gene, in Arabidopsis Protocols, Second Edition, Salinas J and Sanchez-Serrano J J. (eds.). Humana Press, 2006.

设计实验

7.10 乙烯诱导拟南芥根毛的形成

1. 实验目的

了解乙烯对根毛发育的影响,掌握观察根毛的方法。

2. 实验原理

拟南芥以其个体小、易于栽培管理、生长周期短、容易诱变产生所需突变体等优点作为一种模式植物被广泛应用于植物学科的研究中。乙烯是一种调节植物生长发育的关键激素,在根毛发育中它发挥着独特的作用,本实验用乙烯合成前体物质、乙烯合成及作用抑制剂处理拟南芥,通过观察根毛发育特征,了解乙烯对根毛发育的影响。

3. 实验材料、仪器及试剂

植物材料:实验所用的拟南芥野生型种子生态型为Columbia,突变体为乙烯不敏感型突变体etr1-1、etr1-3和乙烯过量产生型突变体eto1-1。

仪器与用具:显微镜,光照培养箱,培养皿,镊子,滴管等。

试剂:ACC (1-氨基环丙烷-1-羧酸,乙烯合成前体物质),AVG (氨基乙烯基甘氨酸,乙烯合成抑制剂) 和 $AgNO_3$(乙烯作用的抑制剂)分别溶于去离子水中配制成母液1mmol/L。将这些试剂均在培养基温度为45～50℃时加入。新培养基含有各种所用的激素及抑制剂。常规营养液及种子消毒所需的NaOCl和乙醇、琼脂、蔗糖。

4. 实验步骤

(1)培养基的配置。将包含5 mmol/L KNO_3、2 mmol/L $MgSO_4$、2 mmol/L $CaSO_4$、2.5 mmol/L KH_2PO_4、70 μmol/L H_3BO_3、14 μmol/L $MnCl_2$、1 μmol/L $ZnSO_4$、0.5 μmol/L $CuSO_4$、10 μmol/L NaCl、0.2 μmol/L Na_2MoO_4 和40 μmol/L FeEDTA的培养液500 mL加入三角瓶中,培养液中加入0.8% (*W*/*V*)琼脂和蔗糖 (43 mmol/L)。用KOH将pH调到5.5。将三角瓶放入高压灭菌锅中灭菌。

(2)种子的处理。种子首先进行表面消毒。将种子放入5%(*V*/*V*)NaOCl 5 min,接着将其转入到96%(*V*/*V*)乙醇7 min,然后用去离子水洗4～5次。将消毒种子播在培养基表面后在4℃黑暗条件下放置3 d,然后将其转移到光照培养箱中,培养箱内温度为23℃,光照24 h。4 d后将幼苗转移到新的培养基上,培养皿垂直放置以便植物在培养基的表面生长。

(3)处理。将生长4 d的幼苗转移到新的培养基上,培养基中加入一定浓度的ACC、AVG、$AgNO_3$,处理2 d后观察根毛的发育特征(测定根毛的密度及根毛的长度)。

(4)观察乙烯相关突变体根毛发育的特征(测定根毛的密度及根毛的长度),当乙烯过量产生或不能响应乙烯信号时,根毛发育是否受到影响。

5. 根毛的观察

1)根毛数量的测定

将生长有幼苗的培养皿置于体式镜(MZFLIII,Leica Microsystem,Wetzlar,Germany)载物台上,对距根尖第二和第三毫米处根上的根毛进行记数,每个处理重复3次,每个重复10棵苗(Müller, 2004)。

2)根毛长度的测定

将生长有幼苗的培养皿置于体式镜(MZFLIII,Leica Microsystem,Wetzlar,Germany)载物台上,对距根尖1 cm处的根部拍照,利用软件Motic Images Plus 2.0(China Group CO., LTD.)分析根毛的长度。

6. 实验结果与分析

(1)分别以ACC、AVG和$AgNO_3$的浓度为横坐标,以根毛密度(根毛数/cm)和根毛长度为纵坐标绘制曲线图。

(2)比较野生型、乙烯不敏感型突变体etr1-1、etr1-3和乙烯过量产生型突变体eto1-1根毛发育的特征,以根毛密度(根毛数/cm)和根毛长度为纵坐标绘制柱状图。

7. 思考题

乙烯如何影响拟南芥根毛的发育?

参 考 文 献

Muller M, Schmidt W. Environmentally induced plasticity of root hair development in *Arabidopsis*. Plant Physiol., 2004, 134: 409-419.

第 8 章　植物的生长生理

基础实验

8.1　植物种子活力的快速测定(BTB 法,TTC 法,红墨水法与荧光法)

1. 实验目的

种子发芽率是指在最适宜条件下,在规定天数内,发芽的种子占供试种子的百分数。它是决定种子品质和实用价值大小的主要依据,与播种的用种量直接有关。但用常规的直接发芽的方法测定发芽率所需时间较长,特别是有时为了应急需要,如涉及购买种子或者地区间交换种子时,没有足够的时间来测定发芽率;若是遇到休眠种子,则更是无法知道。快速测定种子活力的方法则能在较短时间内获得结果。

2. 实验原理

1)溴麝香草酚蓝法(BTB 法)

凡活细胞必有呼吸作用,呼吸作用放出的 CO_2 溶于水成为 H_2CO_3,H_2CO_3 可解离成 H^+ 和 HCO_3^-,使得胚周围环境的酸度增加,可用酸碱指示剂溴麝香草酚蓝(BTB)来测定酸度的改变。BTB 的变色范围为 pH 6.0～7.6,酸性呈黄色,碱性呈蓝色,中间经过绿色(变色点为 pH 7.1)。颜色变化越明显则表明种子活力越强。死细胞没有呼吸作用,也就没有 BTB 的颜色变化。

2)氯化三苯基四氮唑法(TTC 法)

TTC(2,3,5-三苯基氯化四氮唑)是无色的,它可被氢还原成不溶性的红色化合物三苯甲腙(TTF),见图 8-1。应用 TTC 的水溶液浸泡种子,使之渗入到种胚的细胞内,如果种胚具有生命力,TTC 可作为氢受体被脱氢辅酶($NADH_2$ 或 $NADPH_2$)上的氢还原,此时无色的 TTC 便转变为红色的 TTF,并吸附在活细胞表面,而且种子的生活力越强,代谢活动越旺盛,被染色的程度越深。死亡的种子由于没有呼吸作用,因而不会将 TTC 还原为红色。种胚生活力衰退或部分丧失生活力,染色则会较浅或局部被染色。因此,可以根据种胚染色的部位以及染色的深浅程度来判定种子的生活力的有无与大小。该方法在国际间、地区间交换种子最为常用。

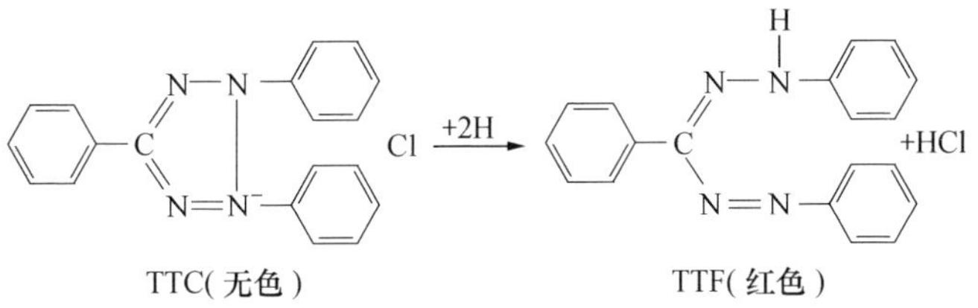

图 8-1　TTC 还原成 TTF

3)染料(如红墨水等)染色法

有生活力的种子其胚细胞的原生质具有半透性,有选择吸收外界物质的能力,一般染料如红墨水中的大红 G 不能进入细胞内,胚部不染色。而丧失生活力的种子,其胚部细胞原生质膜丧失了选择吸收的能力,染料可自由进入细胞内使胚部染色,所以可根据种子胚部是否染色来判断种子的生活力。

4)荧光法

植物种子中常含有一些物质能够在紫外线照射下产生荧光,如一些黄酮类、香豆素类、酚类物质等。在种子衰老过程中,这些荧光物质的结构和成分往往发生变化,因而荧光的颜色也相应地有所改变。而且即使这些种子在衰老死亡时,内含荧光物质改变也不大,但由于生命力衰退或已经死亡的细胞原生质膜的透性增加,当浸泡种子时,细胞内的荧光物质很容易外渗。因此,可以根据前一种情况直接观察种胚荧光的方法来鉴定种子的生命力,或根据后一种情况通过观察荧光物质渗出的多少来鉴定种子的生命力。

3. 实验器材、试剂和材料

实验器材:恒温箱,天平,刀片,烧杯,镊子,培养皿,滤纸,漏斗,紫外光灯,滤纸(不产生荧光的)。

试剂:

(1)0.1% BTB 溶液。称取 BTB 0.1 g,溶解于煮沸过的 100 mL 自来水中,然后用滤纸滤去残渣。滤液若呈黄色,可加数滴稀氨水或稀 NaOH 溶液,使之变为蓝色或蓝绿色。此液贮于棕色瓶中可长期保存。

(2)0.1% BTB 琼脂凝胶。取 0.1% BTB 溶液 100 mL 于烧杯中,将 1 g 琼脂剪碎后加入,用小火加热并不断搅拌,至琼脂完全溶解。

(3)0.5% TTC 溶液。称取 0.5 g TTC 放在烧杯中,加入少许 95% 乙醇使其溶解,然后用蒸馏水稀释至 100 mL,溶液避光保存。若溶液变成红色,表示 TTC 已被氧化不能再用。

(4)5%红墨水(酸性大红 G)。以市购红墨水为原液,用自来水配置成 5% 红墨水溶液。

实验材料:混有部分死种子的玉米(*Zea mays* L.)、小麦(*Triticum aestivum* L.)等种子。

4. 实验步骤

1)BTB 法

(1)浸种。将小麦或玉米种子用温水(约 30℃)浸泡 24 h,使种子充分吸胀。

(2)将 0.1% BTB 琼脂凝胶趁热倒入 3 只洁净的培养皿中,使之呈一均匀的薄层,自然冷却至不烫手,备用。

(3)显色。取已吸胀的种子 90 粒,均匀整齐地将胚向下埋于准备好的琼脂凝胶培养皿中,每个培养皿 30 粒。然后将培养皿置于恒温箱中 30~35℃培养。2 h 后,观察实验现象。

(4)记数。记录种胚附近出现黄色晕圈的活种子数,计算活种子的百分率。

2)TTC 法和红墨水法

(1)浸种。同 BTB 法。

(2)显色。随机取吸胀的种子 30 粒,沿种子胚的中心线纵切为两半。将其中的一半置于含 5 mL 0.5% TTC 溶液的培养皿中,另一半置于含 5 mL 0.5% 红墨水的培养皿中,每皿 30 个半粒。重复 3 次。然后将培养皿置于 30℃恒温箱中。

(3)观察。5～10 min 后，倒去红墨水，用水冲洗多次，至冲洗液无色为止。检查种子死活，凡种胚不着色或着色很浅的为活种子；凡种胚与胚乳着色程度相同的为死种子。

保温 0.5～1 h 后倒出 TTC 溶液，再用清水冲洗种子 1～2 次，观察种胚被染色的情况：凡种胚被染成红色的即为具有生命力的种子；种胚不被染色的为死种子；如果种胚中非关键性部位(如子叶的一部分)被染色，而胚根或胚芽的尖端不染色都属于不能正常发芽的种子(染色结束后要立即进行鉴定，因放久会褪色)。

(4)记录活种子数，计算活种子的百分率，并比较两种方法测定的结果是否有差异。

3)荧光法

(1)直接观察法。适用于禾谷类、松柏类及某些蔷薇科植物种子生命力的鉴定，但种间的差异较大。

用刀片沿种子的中心线将种子切为两半，使其切面向上放在无荧光的滤纸上，置于紫外光灯下照射并进行观察。有生命力的种子在紫外光的照射下将产生明亮的蓝色、蓝紫色或蓝绿色的荧光；丧失生命力的死种子在紫外光照射下多呈黄色、褐色以至暗淡无光，并带有多种斑点。

随机选取 20 粒待测种子按上述方法进行观察，并记载有生命力及丧失生命力的种子的数目，然后计算有生命力种子所占百分数。与此同时也作一平行的常规发芽试验，计算其发芽率作为对照。

(2)纸上荧光法。适用于白菜、萝卜等十字花科植物种子活力的鉴定效果很好。

①浸种。将完整无损的种子 100 粒，于 25～30℃水中浸泡 2～3 h。

②把已吸胀的种子，以 3～5 mm 间隔整齐地排列在培养皿中的湿滤纸上，滤纸上水分不能过多，以免荧光物质流散彼此影响。培养皿可以不必加盖，放置 1.5～2 h，取去种子，将滤纸阴干。取出的种子仍按原来顺序排列在另一培养皿中的湿滤纸上以备验证。

③观察。将阴干的滤纸置于紫外荧光灯下进行观察，观察如能在暗室中进行，则效果更好。在放过种子的位置上如见到荧光圈，则为死种子。如要确证它们是死种子，可将排列在另一培养皿中的这些种子挑出来，集中在一只培养皿的湿滤纸上，而让不产生荧光圈的种子留在原来的培养皿中，维持湿度，让其自然发芽。

④记录发芽数。3～4 d 后记录培养皿中发芽种子数，并与观察结果比较。

此方法的成败，首先决定于种子中荧光物质的存在，其次决定于种皮的性质。有些种子无论有无发芽能力，一经浸泡，即有荧光物质透出，大豆即属此类；也有些种子由于种皮的不透性，无论种子死活，都不产生荧光圈，许多植物的种子都会碰到这种个别现象，此时只要用机械方法擦伤种皮，可重复验证。相反，有时由于收获时受潮，种皮已破裂，也会产生荧光圈，试验时都应该注意。最好将浸泡液进行检查，没有荧光则适于作试验材料。这个方法应用于白菜、萝卜等十字花科植物种子生命力的鉴定上效果很好。但对于一些在衰老、死亡后减弱或失去荧光的种子便不适用此法，对它们只宜采用直接观察法。

5. 思考题

(1)应用各种方法来测定同一批种子活力，其结果是否相符？为什么？哪一种方法更准确？

(2)还有哪些方法可以测定种子的生命力与发芽率？

(3)BTB 法测定种子发芽率，配置 BTB 溶液用自来水，而且还需要煮沸，为什么？用蒸馏水配制后结果会怎样？

(4)如果用以上各方法来进行实验观察没有完全成熟的种子，将会有怎样的结果？

参 考 文 献

1. 南京农业大学植物生理教研组自编教材.植物生理学实验指导，1991.
2. 常福辰，陆长梅，沙莎. 植物生物学实验.南京：南京师范大学出版社，2007.

8.2 植物相对生长速率的测定

1. 实验目的

学会不同植物相对生长速率(在单位时间内生物的增长量与初始量之比值)的测定方法；了解不同生长时期植物生长速率的差异。

2. 实验原理

在比较不同材料的生长速率时，绝对生长常受到限制，因为材料本身的大小会显著地影响结果的可比性，为了充分显示幼小植株或器官的生长程度，常用相对生长速率表示。相对生长速率是指单位时间内的增加量占原有数量的比值。可用式(1)表示或用式(2)表示：

$$RGR=\frac{\ln W_2-\ln W_1}{t_2-t_1} \tag{1}$$

$$RGR=(W_2-W_1)/[W_1\times(t_2-t_1)] \tag{2}$$

式中，W_1 为第一次取样时(t_1)植物的生物量(g)；W_2 为第二次取样时(t_2)植物的生物量(g)；ln为自然对数；RGR 为 t_1 到 t_2 内植物的平均相对生长速率[mg/(g·d)]。

3. 实验器材、试剂和材料

仪器：培养箱，周转箱，移液管，试剂瓶，尺子。

材料：玉米、水稻等种子。

试剂：0.1% $HgCl_2$，Hoagland 营养液。

4. 实验步骤

(1)挑选大小一致、颗粒饱满的玉米和水稻种子，用 0.1% 的 $HgCl_2$ 浸泡种子 10 min，然后用蒸馏水冲洗 2～3 次干净。

(2)将消毒后的种子浸泡 24 h 后播于石英砂中，待其长出 2 片真叶时移至周转箱中用 1/2 的 Hoagland 营养液培养，昼夜温度为 30/25℃，光照时间为 14 h。

(3)移栽 2 d 和 6 d 后分别测量植物的生物量，记为 W_1 和 W_2。

(4)利用公式(1)或(2)计算 RGR。

5. 思考题

分析对比两种植物幼苗绝对生长速率和相对生长速率的差异。

参 考 文 献

1. 王忠，顾蕴洁. 植物生理学. 北京：科学技术文献出版社，2003.
2. Doncheva S, Moustakas M, Ananieva K, *et al*. Plant response to lead in the presence or

absence EDTA in two sunflower genotypes (cultivated *H. annuus* cv. 1114 and interspecific line *H.* annuus×*H.* argophyllus). Environ. Sci. Pollut. Res., 2012.

8.3　植物生长调节物质对种子萌发的影响

1. 实验目的

了解不同植物生长调节物质对种子萌发的影响。

2. 实验原理

种子的休眠和萌发受多种内源激素的共同调控。在休眠种子和芽中 ABA 含量高，而 IAA、CTK、GA 含量少。不同植物激素对种子萌发的影响不同，ABA 是种子休眠维持的主要植物激素，显著抑制种子的萌发。GA 则可有效地代替低温或光照打破 ABA 的抑制作用，解除休眠，促进种子萌发。IAA、CTK 对植物种子的萌发也有促进作用。外源植物生长调节物质可通过调节植物体内各种激素的合成与含量来调控种子的萌发。同一植物生长调节剂的不同浓度对种子萌发也有不同的影响。

3. 实验器材、试剂和材料

仪器：温箱，培养皿，移液管，试剂瓶，烧杯，滤纸和吸水纸，镊子。

材料：水稻、拟南芥、油菜等种子。

试剂：0.1% $HgCl_2$，10 mg/L 萘乙酸，100 mg/L GA_3，100 mg/L ABA，100 mg/L 6-BA。

4. 实验步骤

(1)挑选大小一致、颗粒饱满的水稻种子，用 0.1% 的 $HgCl_2$ 浸泡种子 10 min，用蒸馏水冲洗 2～3 次干净备用。

(2)取消毒过的种子，分别用 NAA(0、2.5、5、7.5、10 mg/L)、GA_3(0、25、50、75、100 mg/L)、ABA(0、25、50、75、100 mg/L)、6-BA(0、25、50 、75 、100 mg/L)于暗处浸种，温度为 25℃，处理 24 h 后将种子用蒸馏水冲洗干净。

(3)处理过的种子置于垫有湿润滤纸的培养皿中，每皿 30 粒，每个处理 3 次重复，将培养皿置于 30℃温箱中。

(4)分别于 24、48 和 72 h 时观察记录不同处理下种子的发芽势。发芽以胚萌芽突破稃壳露白作为标准，确定对水稻种子发芽势有明显影响的浓度和时间。

(5)计算发芽势，并作图，根据实验结果分析不同植物生长调节剂对水稻种子萌发的影响。

5. 思考题

实验中所用的各种植物生长调节剂溶液如何配制？

参 考 文 献

周述波，林伟，萧浪涛，等. 外源 GA_3 和 ABA 对杂交水稻种子萌发的影响. 湖南农业大学学报(自然科学版)，2005，31(3)：269-271.

8.4 谷物种子萌发时淀粉酶活性的测定

1. 实验目的

了解种子萌发时淀粉的水解与淀粉酶形成的关系。

2. 实验原理

在种子萌发过程中，其贮藏物质淀粉主要是在淀粉酶的作用下转变成简单的有机化合物，这些物质是构成新器官的材料。淀粉酶主要包括α-淀粉酶和β-淀粉酶两种。α-淀粉酶可随机地作用于淀粉中的α-1,4-糖苷键，生成葡萄糖、麦芽糖、麦芽三糖、糊精等还原糖，同时使淀粉的黏度降低，因此又称为液化酶。β-淀粉酶可从淀粉的非还原性末端进行水解，每次水解下一分子麦芽糖，又被称为糖化酶。淀粉酶催化产生的这些还原糖能使3,5-二硝基水杨酸还原，生成棕红色的3-氨基-5-硝基水杨酸。淀粉酶活力的大小与产生的还原糖的量成正比。用标准浓度的麦芽糖溶液制作标准曲线，用比色法测定淀粉酶作用于淀粉后生成的还原糖的量，以单位重量样品在一定时间内生成的麦芽糖的量表示酶活力。

两种淀粉酶特性不同，α-淀粉酶不耐酸，在pH3.6以下迅速钝化。β-淀粉酶不耐热，在70℃ 15 min钝化。根据它们的这种特性，在测定活力时钝化其中之一，就可测出另一种淀粉酶的活力。本实验采用加热的方法钝化β-淀粉酶，测出α-淀粉酶的活力。在非钝化条件下测定淀粉酶总活力(α-淀粉酶活力+β-淀粉酶活力)，再减去α-淀粉酶的活力，就可求出β-淀粉酶的活力。

3. 实验器材、试剂和材料

实验器材：离心机，离心管，研钵，电炉，容量瓶，恒温水浴，20 mL具塞刻度试管，试管架，刻度吸管，分光光度计。

试剂：(1)标准麦芽糖溶液(1 mg/mL)。精确称取100 mg麦芽糖，用蒸馏水溶解并定容至100 mL。

(2)DNS(3,5-二硝基水杨酸试剂)。精确称取3,5-二硝基水杨酸1 g，溶于20 mL 2 mol/L NaOH溶液中，加入50 mL蒸馏水，再加入30 g酒石酸钾钠，待溶解后用蒸馏水定容至100 mL。盖紧瓶塞，勿使CO_2进入。若溶液混浊可过滤后使用。

(3)0.1 mol/L pH 5.6的柠檬酸缓冲液。柠檬酸溶液55 mL与0.1 mol/L柠檬酸钠溶液145 mL混匀，即为0.1 mol/L pH 5.6的柠檬酸缓冲液。

(4)1%淀粉溶液。称取1 g淀粉溶于100 mL 0.1 mol/L pH 5.6的柠檬酸缓冲液中。

实验材料：萌发的小麦种子(芽长约1 cm)。

4. 实验步骤

1)麦芽糖标准曲线的制作

取7支干净的具塞刻度试管，编号，按表8-1加入试剂。

摇匀，置沸水浴中煮沸5 min。取出后流水冷却，加蒸馏水定容至20 mL。以1号管作为空白调零点，在540 nm波长下比色测定吸光值。以麦芽糖含量为横坐标，光密度为纵坐标，绘制标准曲线。

表 8-1　制作麦芽糖标准曲线的配方表

试　剂	管　号						
	1	2	3	4	5	6	7
麦芽糖标准液/mL	0	0.2	0.4	0.8	1.2	1.6	2.0
蒸馏水/mL	2.0	1.8	1.6	1.2	0.8	0.4	0
麦芽糖含量/mg	0	0.2	0.4	0.8	1.2	1.6	2.0
DNS/mL	2.0	2.0	2.0	2.0	2.0	2.0	2.0

2)淀粉酶液的制备

称取 0.25 g 已萌发 3 d 的小麦种子(芽长约 1 cm 时),置于研钵中,加入少量石英砂和 2 mL 蒸馏水,研磨匀浆。将匀浆倒入离心管中,用 6 mL 蒸馏水分次将残渣洗入离心管。提取液在室温下放置提取 15～20 min,每隔数分钟搅动 1 次,使其充分提取。然后在 3 000 r/min 转速下离心 10 min,将上清液倒入 25 m L 容量瓶中,加蒸馏水定容,摇匀,即为淀粉酶原液,用于 α-淀粉酶活力的测定。

吸取上述淀粉酶原液 5 mL,放入 25 mL 容量瓶中,用蒸馏水定容至刻度,摇匀,即为淀粉酶稀释液,用于淀粉酶总活力的测定。

3)酶活力的测定

取 6 支干净的试管,编号,按表 8-2 的配方表进行操作。

表 8-2　淀粉酶活性的测定配方表

	管　号			
	1	2	3	4
淀粉酶原液/mL	1.0(水)	1.0	0	0
钝化 β-淀粉酶	置 70℃水浴中 15 min,取出后流水冲管壁冷却			
淀粉酶稀释液/mL	0	0	1.0(水)	1.0
	40℃恒温水浴预保温 10 min			
1%淀粉溶液/mL(40℃)	1.0	1.0	1.0	1.0
保温	40℃恒温水浴中准确保温 5 min			
DNS 试剂/mL	2.0	2.0	2.0	2.0
	摇匀,置沸水浴中煮沸 5 min。取出后流水冷却,加蒸馏水定容至 20 mL			
测定 540 nm 下的吸光值	A_1	A_2	A_3	A_4

4)结果计算

根据 $\Delta A_\alpha(A_2-A_1)$ 和 $\Delta A_T(A_4-A_3)$ 值和标准曲线计算出相应的麦芽糖含量 C_α 和 C_T(mg),再按下式计算 α-淀粉酶活性(U_α)和(α+β)-淀粉酶总活性(U_T),淀粉酶活性以 mg 麦芽糖/(g · min) 表示:

$$U_\alpha = \frac{C_\alpha \times V_t}{V \times t \times FW}$$

$$U_T = \frac{C_T \times V_t \times n}{V \times t \times FW}$$

β-淀粉酶活性 $U_\beta = U_T - U_\alpha$。

式中，C_α 为 α-淀粉酶水解淀粉生成麦芽糖的量；C_T 为($\alpha+\beta$)淀粉酶共同水解淀粉生成麦芽糖的量；V 为显色所用酶液体积(mL)；t 为酶作用时间(min)；V_t 为提取液总体积；n 为稀释倍数；FW 为样品鲜重(g)。

5. 思考题

萌发种子和干种子 α-淀粉酶和 β-淀粉酶活性有何不同？并简述淀粉酶在种子萌发过程中的作用。

参 考 文 献

任永波，任迎虹. 植物生理学(附植物生理学实验指导). 成都：四川科学技术出版社，2001.

8.5 光敏色素的提取和纯化

1. 实验目的

掌握光敏色素的提取方法。

2. 实验原理

根据光敏色素中脱辅基蛋白的氨基酸组成及其结构差异可以把植物的光敏色素分为几种，不同种植物所含的光敏色素不尽相同。但所有的植物都含有 2 种光敏色素 Phy A(PⅠ)和 Phy B(PⅡ)。Phy A 在黑暗条件下被合成，光下降解；Phy B 的周转不受光的调节。所以黄化幼苗中光敏色素的含量比绿色组织中的含量要高得多，而且光敏色素以 Phy A 为主。为了提取到较多的光敏色素，一般情况下以黄化幼苗为提取材料。

3. 实验器材、试剂和材料

实验器材：离心机、分光光度计等。

实验材料：黄化燕麦幼苗或水稻幼苗。

试剂：

(1)提取缓冲液(缓冲液 1)。50%乙二醇(V/V)，0.1 mol/L Tris-HCl 缓冲液，0.14 mol/L $(NH_4)_2SO_4$，10 mmol/L $Na_2S_2O_5$，20 mmol/L 巯基乙醇。在 0℃下调节溶液 pH 8.3(燕麦为材料；如水稻为材料，调 pH 8.45)，在开始研磨材料之前加入苯甲基磺酰氟化物(PMSF)，使其终浓度为 4 mmol/L。

(2)10%聚乙烯亚胺(PEI)，用 HCl 调 pH 至 7.8。

(3)$(NH_4)_2SO_4$。

(4)缓冲液 2。2-25%乙二醇(V/V)，50 mmol/L Tris-HCl 缓冲液(pH7.8)，5 mmol/L Na_2EDTA，14 mmol/L 巯基乙醇，2 mmol/L PMSF。

(5)缓冲液 3。100 mmol/L 磷酸钾缓冲液(pH 7.8)，5 mmol/L EDTA，14 mmol/L 巯基乙醇，1 mmol/L PMSF，1 mg/L 蛋白酶抑制剂 leupetin 和 1 mg/L 蛋白酶抑制剂 pepstatin。

(6)缓冲液 4。10 mmol/L 磷酸钾缓冲液(pH 7.8)，5 mmol/L EDTA，5 mmol/L 巯基乙醇，1 mmol/L PMSF，1 mg/L 蛋白酶抑制剂 leupetin 和 1 mg/L 蛋白酶抑制剂 pepstatin。

(7)10 mmol/L 磷酸钾缓冲液(pH 7.8,含 1 mmol/L EDTA)。

4. 实验步骤

1)光敏色素的提取

取 1 kg 黄化燕麦幼苗,加入 750 mL 提取缓冲液,在 0～4℃安全绿光下匀浆(以后的全部提纯过程均在此条件下进行)。粗匀浆液快速通过 4 层纱布过滤后,离心 15 min(11 000*g*,4℃),在 1 000 mL 上清液中加入 10 mL 10%聚乙烯亚胺,搅拌 15 min 后在 13 000*g* 离心 20 min(4℃)。取上清液,加入 PMSF 至 2 mmol/L。

2)光敏色素的测定

将无悬浮物的光敏色素提取液倒入 1 cm 光程的比色杯中,对其照射远红光 30～60 s,得到红光吸收型光敏色素(Pr),测定 660 nm 和 730 nm 下的吸光值,记为 A_1 和 A_2。再对比色杯照射红光 30～60 s,得到远红光吸收型光敏色素(Pfr),测定 660 nm 和 730 nm 下的吸光值,记为 A_3 和 A_4。

光敏色素的含量用以下公式计算:

$$\Delta(\Delta A) = \Delta A(\mathrm{Pr}) - \Delta A(\mathrm{Pfr}) = (A_1 - A_2) - (A_3 - A_4)$$

在饱和光强的远红光和红光分别照射后,1 cm 光程时每毫升溶液中 $\Delta(\Delta A)=1$ 的光敏色素含量被定义为 1 个光敏色素单位。

3)光敏色素的纯化

在步骤 1 所得的每升上清液中缓慢加入 250 g$(NH_4)_2SO_4$,搅拌 20 min 后离心 30 min(27 000 *g*,4℃)。将沉淀溶于缓冲液 2(每光敏色素单位加入 10 mL)。所得溶液经 33 000 *g* 离心 20 min,弃沉淀,对含有 PhyA 的上清液再进行一次硫酸铵分部:每 100 mL 上清液加入 17 g $(NH_4)_2SO_4$,pH 保持在 7.8,搅拌 15 min 后在 23 000 *g* 离心 15 min,取沉淀。

将沉淀以每光敏色素单位 0.7 mL 的缓冲液 3 在玻璃组织匀浆器中研匀,33 000 *g* 离心 20 min。以等量的缓冲液 3 悬浮 PhyA 沉淀,重复上述步骤。再以每光敏色素单位 0.4 mL 缓冲液 3 洗涤 PhyA 沉淀 2 次。

以每光敏色素单位 0.1 mL 的缓冲液 4 再次悬浮 PhyA 沉淀后,33 000 *g* 离心 15 min,取上清液。再以 2.5 mL 缓冲液 4 溶解 PhyA 沉淀,33 000 *g* 离心 15 min 取上清液,重复上述步骤,合并上清液。照射远红光后,将所得上清液滴入已用 10 mmol/L 磷酸钾缓冲液(pH 7.8,含1 mmol/L EDTA)平衡过的 Toyopearl HW-65S 凝胶过滤层析柱(2.5 cm×90 cm),层析速度为 24 mL/h。凡在 280 nm 有吸收的组分均进行光敏色素含量测定(见步骤 2),收集合并含光敏色素的组分。

4)光敏色素吸收光谱的测定

在安全绿光和 4℃条件下,测定红光(660 nm)照射 30～60 s 比色杯中的样品溶液后得到的 Pfr 或远红光(730 nm)照射 30～60 s 后得到的 Pr 的吸收光谱,可采用紫外分光光度计和自动绘图器测定和记录吸收光谱。

参考文献

上海植物生理与生物化学研究所. 现代植物生理学实验指南. 北京:科学出版社,1999.

8.6 大豆萌发时氨基酸含量的变化

1. 实验目的

了解豆类种子萌发时蛋白质的分解和氨基酸含量的变化。

2. 实验原理

大豆种子中含有丰富的蛋白质，种子萌发时蛋白质可在蛋白质水解酶的作用下被水解为氨基酸，生成的氨基酸可与茚三酮反应生成紫红色化合物，可用比色法进行比色。

3. 实验器材、试剂和材料

实验仪器：分光光度计，天平，水浴锅，研钵，10 mL 和 50 mL 玻璃试管，25 mL 容量瓶。

实验试剂：80% 乙醇，0.1% 抗坏血酸，25 μg/mL 亮氨酸标准溶液(2.5 mg 亮氨酸溶于 100 mL 80% 乙醇中)，0.1% 茚三酮(0.1 g 茚三酮溶于 100 mL 80% 乙醇中)。

实验材料：风干的大豆种子。

4. 实验步骤

(1)氨基酸标准曲线的制作。取 7 支干净的刻度试管，编号，按表 8-3 配方表顺序加入试剂：

表 8-3 制作氨基酸标准曲线的配方表

试剂	管号						
	1	2	3	4	5	6	7
亮氨酸标准液/mL	0	0.04	0.2	0.4	0.6	0.8	1.0
蒸馏水/mL	1.0	0.96	0.8	0.6	0.4	0.2	0
亮氨酸浓度/(μg/mL)	0	1	5	10	15	20	25
茚三酮溶液/mL	2.9	2.9	2.9	2.9	2.9	2.9	2.9
抗坏血酸/mL	0.1	0.1	0.1	0.1	0.1	0.1	0.1

摇匀，置沸水浴中煮沸 15 min，取出后流水冷却，加水将反应液体积补足 4.0 mL。于 570 nm 处测定 OD 值。以 1 号管作为空白调零点，在 580 nm 下测定吸光值。以亮氨酸浓度为横坐标，吸光值为纵坐标，绘制标准曲线。

(2)先将风干的大豆种子磨粉备用。另取大豆种子先行吸涨，然后播于湿沙中，待胚根长达 2～4 cm 即可用于实验。

(3)取大豆粉 0.1 g 于大试管中，加入 80% 乙醇 20 mL，加盖。另取已发芽的大豆 1 g 于研钵中，加少许石英砂和 2 mL 乙醇，研成匀浆后倒入另一大试管中，取 18 mL 乙醇分三次清洗研钵，洗液并入大试管中，加盖。

(4)将两支试管分别置于 70℃ 的水浴锅中保温，30 min 后取出大试管冷却，定容至 25 mL，混匀后，离心 5 min(2 000 g，20℃)，取上清液。用氯仿去除上清液中的色素和油脂类物质，即得到待测液。

(5)取待测液 1 mL，加入 2.9 mL 茚三酮试剂及 0.1 mL 抗坏血酸，将反应液剧烈摇晃，混合均匀于沸水浴中 15 min，用水将反应液体积补足 4.0 mL，于 570 nm 处测定 OD 值。

(6)根据样品的 OD 值,利用标准曲线计算出样品中的氨基酸浓度,根据下式计算发芽大豆和未发芽大豆中氨基酸的含量(μg/g 干重):

$$每克干重样品中氨基酸含量(\mu g/g)=\frac{C\times V}{m\times D}$$

式中,C 为提取液中氨基酸的质量浓度(μg/mL);V 为提取液的体积(25 mL);m 为所取样品的质量(g);D 为样品中干物质所占的百分比(%)。

参考文献

1. 张志良,瞿伟菁,李小方. 植物生理学实验指导. 4 版. 北京:高等教育出版社,2009.
2. Da Matta F M, do Amaral J A T, Rena A B. Growth periodicity in trees of *Coffea arabica* L. in relation to nitrogen supply and nitrate reductase activity. Field Crop Res., 1999, 60: 223-229.

8.7 植物细胞壁蛋白的提取和测定

1. 实验目的

学会植物细胞壁蛋白的提取方法,并比较不同植物细胞壁蛋白含量差异。

2. 实验原理

细胞壁蛋白质(cell wall proteins, CWPs)约占细胞壁干重的 10%,是细胞壁生命活动的主要承担者,与细胞壁结构形成、细胞壁成分的修饰、细胞的生长和信号传导、抵御生物或非生物胁迫等过程密切相关。根据提取的难易程度,CWPs 可分为不稳定蛋白、结合疏松的蛋白和糖蛋白等。在提取 CWPs 的过程中,细胞壁蛋白容易丢失;而且组织破碎时,细胞内的蛋白质易被细胞壁多糖(半纤维素和果胶等)吸附,造成 CWPs 的污染。一般来说,植物的黄化幼苗中胚轴生长快、不含叶绿素、取材容易,是分离细胞壁蛋白质的理想材料。

3. 实验器材、试剂和材料

实验器材:培养箱,剪刀,天平,量筒,研钵,烧杯,涡旋仪,离心管,离心机,pH 计,超声波细胞破碎仪,分光光度计。

试剂:5 mg/g NaClO,乙酸钠溶液(5 mmol/L CH COONa,25 mmol/L 二硫苏糖醇,1 mmol/L苯甲基磺酰氟,pH 4.6),Tris-饱和酚,蔗糖,$CaCl_2$ 溶液(5 mmol/L 醋酸缓冲液,pH 4.6,0.2 mol/L $CaCl_2$ 和 10 μL 蛋白酶抑制剂混合物),LiCl 溶液(5 mmol/L 醋酸缓冲液,pH 4.6,2 mol/L $CaCl_2$ 和 10 μL 蛋白酶抑制剂混合物),0.1 mol/L 的乙酸铵/甲醇溶液,甲醇,丙酮,考马斯亮蓝 R250,牛血清蛋白标准品,蒸馏水。

实验材料:玉米等的黄化幼苗。

4. 实验步骤

1)植物材料的培养

用 5 mg/g NaClO 消毒玉米种子 30 min,充分洗涤,置 25℃培养箱中暗培养 4~5 d 后选取中胚轴长 35 mm 以上的黄化苗,剪去胚芽鞘和根部,中胚轴用于细胞壁分离和蛋白质提取。

2)细胞壁破碎与杂蛋白的去除

称取 12 g(鲜重)玉米中胚轴,液氮研磨成粉装入 50 mL 离心管中,加入 36 mL 乙酸钠溶液(5 mmol/L CH COONa,25 mmol/L 二硫苏糖醇,1 mmol/L 苯甲基磺酰氟,pH 4.6),冰浴上悬浮提取 15 min,离心(4℃,3 000g,15 min),上清液转入离心管中,调节 pH 值至 7.8～8.3,用 Tris-饱和酚抽提可溶性蛋白质。沉淀物在研钵中再研磨,然后转入 50 mL 烧杯中,加入 40 mL 含有 1 mol/L 蔗糖的乙酸钠溶液,在超声波细胞破碎仪上按照振动/间歇时间为7/5 s进行破碎 10 min,离心(4℃,3 000g,15 min),弃上清液,沉淀物依次加入 40 mL 含有0.6 mol/L,0.4 mol/L 蔗糖的乙酸钠溶液冲洗、离心 (4℃,3 000g,15 min),弃上清液,沉淀物用乙酸钠溶液冲洗 6～7 次,蒸馏水冲洗 3～4 次,离心(4℃,4 000g,15 min),所得沉淀物即为细胞壁。

3)细胞壁蛋白质的提取

向提取的细胞壁中加入 $CaCl_2$ 溶液(5 mmol/L 醋酸缓冲液,pH 4.6,0.2 mol/L$CaCl_2$ 和 10 μL 蛋白酶抑制剂混合物)(*W*/*V* 比例为 1∶10),室温涡旋 5～10 min,离心(4℃,4 000g,15 min),收集上清液,重复上述步骤 1 次,收集上清液;再将沉淀用 LiCl 溶液(5 mmol/L 醋酸缓冲液,pH 4.6,2 mol/L $CaCl_2$ 和 10 μL 蛋白酶抑制剂混合物)(*W*/*V* 比例为 1∶10)提取 2 次,收集上清液。向 $CaCl_2$ 和 LiCl 提取的上清液中分别加入 1/3 体积的 Tris-饱和酚,混匀后吸取下层苯酚相,转入另一离心管中,与 5 倍体积的 0.1 mol/L 的乙酸铵/甲醇混匀后,于 −20℃沉淀 2 h。离心弃上清液,沉淀物用甲醇冲洗 1 次,丙酮冲洗 2 次,沉淀即是 CWPs.

4)细胞壁蛋白质含量测定

以已知浓度的牛血清白蛋白为标准,采用考马斯亮蓝 R250 染色液染色法,用分光光度计测定提取液中蛋白质的含量。

5. 思考题

提取细胞壁蛋白的方法还有哪些?各有什么优缺点?

参考文献

1. 朱畇昊,陈绍宁,胡秀丽,等.植物细胞壁蛋白质提取方法的改进.河南农业大学学报,2009,43(5):557-559.

2. Feiz L, Irshad M, Pont-Lezica R F, *et al*. Evaluation of cell wall preparations for proteomics: a new procedure for purifying cell walls from Arabidopsis hypocotyls. Plant Methods, 2006, 2: 10.

拓展实验

8.8 植物组织中非结构性碳水化合物含量的测定——UV 法

1. 实验目的

学会使用 UV 法测定植物组织中非结构性碳水化合物(total non-structrural carbohydrates, TNC 或 NSC)含量的原理和方法。

2. 实验原理

1)葡萄糖的测试原理

(1)D-Glucose + ATP $\xrightarrow[\text{pH 7.6}]{\text{HK}}$ G-6-P + ADP。

HK:hexokinase，己糖激酶。

(2)G-6-P＋$NADP^+$ $\xrightarrow{\text{G6P-DH}}$ D-Gluconate-6-P＋NADPH＋H^+。

G6P-DH:glucose-6-phosphate dehydrogenase,6-磷酸葡萄糖脱氢酶。

上述反应生成的 NADPH 的量相当于右旋葡萄糖的量，根据 340 nm 吸光值的增加来定量。

2)果糖的测试原理

(3)D-Frutose＋ATP $\xrightarrow{\text{HK}}$ F-6-P＋ADP。

(4)F-6-P $\xrightarrow{\text{PGI}}$ G-6-F。

PGI: phosphoglucose isomerase,磷酸葡萄糖异构酶。

G-6-P 与 NADP 再次发生反应，这时形成的 NADPH 的量用来计算果糖的含量。

3)蔗糖的测试原理

(5)Sucrose＋H_2O $\xrightarrow[\text{pH 4.6}]{\beta\text{-fructosidase}}$ D-Glucose＋D-Frutose。

β-fructosidase:果糖苷酶。

蔗糖水解生成葡萄糖的量可用式(1)和式(2)两步反应后生成 NADPH 的量来计算，从而可算出蔗糖的总量。

4)淀粉的测试原理

(6)Starch＋(n－1) H_2O $\xrightarrow[\text{pH 4.6}]{\text{AGS}}$ n D-Glucose。

AGS: amyloglucosidase，淀粉转葡萄糖苷酶。

淀粉水解产生的葡萄糖的量式(1)和式(2)两步反应后生成的 NADPH 的量来计算。

3. 实验器材、试剂和材料

实验器材：烘箱，粉碎机，pH 计，60 目筛，离心机，天平，50 mL 容量瓶，磁力搅拌器，100 mL烧杯，恒温振荡水浴锅，移液器，微量注射器，酶联仪。

实验试剂：

Carrez Ⅰ:$K_4[Fe(CN)_6]\cdot 3H_2O$;Carrez Ⅱ:$ZnSO_4\cdot 4H_2O$,0.1 mol/L NaOH

Test-Combianation Sucrose/D-Glucose/D-Frutose，其中含：

溶液Ⅰ:柠檬酸缓冲液 pH 4.6,β-果糖苷酶 720U,稳定剂；

溶液Ⅱ:三乙醇胺缓冲液 pH 7.6,110 mg NADP,260 mg ATP,$MgSO_4$ 及稳定剂；

溶液Ⅲ:己糖激酶(HK)320U,6-磷酸葡萄糖脱氢酶(G-6-P-DH)160U；

溶液Ⅳ:磷酸葡萄糖异构酶(PGI)420U。

Test-Combianation Starch 内含：

溶液Ⅴ:柠檬酸缓冲液 pH 4.6,淀粉转葡萄糖苷酶(AGS)84U;稳定剂；

溶液Ⅵ:同溶液Ⅱ；

溶液Ⅶ:同溶液Ⅲ。

8 mol/L HCl,5 mol/L NaOH,40%乙醇，二甲基亚砜。

实验材料：小麦(或玉米)的叶片。

4. 实验步骤

1)葡萄糖(Glu)、果糖(Fru)和蔗糖(Suc)提取液的制备

将植物材料置于80℃的烘箱中烘至恒重后,用粉碎器研磨,过1 mm筛。称取研磨后的植物样品0.15 g,放于入100 mL烧杯中,加入35 mL蒸馏水,搅拌1 h,再加入50 mL蒸馏水,充分混匀后过滤。取20 mL滤液至50 mL容量瓶中,加入2.5 mL Carrez Ⅰ和2.5 mL Carrez Ⅱ(以去除蛋白质),混匀后加5 mL 0.1 mol/L NaOH溶液,混匀。蒸馏水定容后,混匀,过滤。滤液置于50 mL三角瓶中即测,或4℃下保存待测。

2)淀粉(Sta)提取液的制备

取0.15 g植物干样(粉碎后)放入离心管中,加入5 mL 40%的乙醇,混匀,3 000g离心10 min,弃上清液,再次重复离心,弃上清。过滤后的残渣和沉淀物用总量为8 mL的二甲基亚砜分4次洗入50 mL容量瓶中,加入2 mL 8 mol/L HCl,60℃下温浴30 min,间断搅拌。石蜡膜封口后置于室温下约30 min,加入10 mL蒸馏水,边搅拌边加入5 mol/L NaOH,调pH值4~5,加入蒸馏水定容至50 mL。过滤液置50 mL三角瓶中即测,或4℃下保存待测。

3)标准曲线的制作

测定条件:

波长:340 nm;测定温度:20~25℃。

制定标准曲线:配置一系列已知浓度的Glu标准溶液,按表8-4配方表步骤加样,测定340 nm下的吸光值。

表8-4 制作葡萄糖标准曲线的配方表

试剂	管号				
	1	2	3	4	5
葡萄糖标液浓度/(g/L)	0	0.05	0.10	0.15	0.20
加入Glu标液体积/μL	0	30	30	30	30
溶液Ⅱ/μL	80	80	80	80	80
H_2O/μL	150	120	120	120	120
	混匀,3 min后用酶联仪测定340 nm下的吸光值(A_1)				
溶液Ⅲ/μL	2.0	2.0	2.0	2.0	2.0
	混匀,10~15 min后用酶联仪测定340 nm下的吸光值(A_2)				

以Glu浓度为横坐标,(A_2-A_1)为纵坐标作标准曲线。

4)葡萄糖、果糖和蔗糖的测定

按照表8-5顺序加入试剂来测定葡萄糖、果糖和蔗糖。

5)淀粉的测定

按照表8-6顺序加入试剂来测定淀粉。

5. 计算

$$\Delta A_{\text{Glu}}=(A_2-A_1)_{\text{Glu/Fru提取液}}-(A_2-A_1)_{\text{Glu/Fru空白}}$$

$$\Delta A_{\text{全Glu}}=(A_2-A_1)_{\text{Suc提取液}}-(A_2-A_1)_{\text{Suc空白}}$$

$$\Delta A_{\text{Suc}}=\Delta A_{\text{全Glu}}-\Delta A_{\text{Glu}}$$

$$\Delta A_{\text{Fru}}=(A_3-A_2)_{\text{Glu/Fru提取液}}-(A_3-A_2)_{\text{Glu/Fru空白}}$$

表 8-5　葡萄糖、果糖和蔗糖测定方法

加液量/μL	葡萄糖/果糖(Glu/Fru)		蔗糖(Suc)	
	空白	提取液	空白	提取液
溶液Ⅰ	—	—	15	15
提取液	—	30	30(H_2O)	30
	直接加入比色皿底，试液和溶液轻轻平遥混合			
溶液Ⅱ	80	80	80	80
蒸馏水	150	120	105	105
	混匀，3 min 后 340 nm 下测吸光值(A_1)			
溶液Ⅲ	2.0	2.0	2.0	2.0
	混匀，3 min 后 340 nm 下测吸光值(A_2)			
溶液Ⅳ	2.0	2.0	—	—
	混匀，3 min 后 340 nm 下测吸光值(A_3)			

表 8-6　淀粉测定方法

加液量/μL	空白	提取液	
溶液Ⅴ	20	20	混匀，55～60℃温浴 15 min，石蜡膜封口
提取液	—	20	
H_2O	20	—	
溶液Ⅵ	100	100	混匀，约 3 min 后测吸光值(A_5)
H_2O	90	90	
溶液Ⅶ	2.0	2.0	混匀，10～15 min 后测定吸光值(A_6)

然后，利用吸光值，根据标准曲线分别计算葡萄糖、果糖和蔗糖的浓度(g/L)。并进一步分别换算

$$\text{植物干物质中 Glu/Fru/Suc 含量(C,g/100 g)}=\frac{\text{Glu/Fru/Suc 浓度 (g/L)×体积 (L)×稀释倍数}}{\text{样品干物质量(g)}}$$

$\Delta A_{Sta}=(A_6-A_5)_{提取液}-(A_6-A_5)_{空白}$。

根据标准曲线推算出淀粉的浓度(g/L)。

$$\text{植物干物质中淀粉含量(C,g/100 g)}=\frac{\text{Sta 浓度 (g/L)×体积 (L)×稀释倍数}}{\text{样品干物质量(g)}}$$

植物组织中总非结构性碳水化合物含量(TNC)$=C_{Glu}+C_{Fru}+C_{Suc}$。

参考文献

1. Roche Cat No. 10716260035. UV method for the determination of sucrose, D-glucose and D-fructose in foodstuffs and other materials. Roche. Germany.

2. Roche Cat. No. 10207748035. UV method for the determination of native starch and of partially hydrolyzed starch in foodstuffs and other materials. Roche. Germany.
3. Andersen R, Sørensen A. An enzymatic method for the determination of fructans in foods and food products. Eur. Food Res. Technol., 1999, 210:148-152.
4. Sekin S. Enzymatic determination of glucose, fructose and sucrose in tobacco. Tobacco Sci, 1978, 23: 75-77.
5. Introduction of F-kit, a kit of enzymatic bio-analysis test-combination, Boehringer Mannheim Co. Ltd.. Germany.

8.9 植物中总黄酮含量的测定

1. 实验目的

熟悉植物中黄酮类化合物的提取及测定方法。

2. 实验原理

黄酮类化合物(flavonoids)是一类存在于自然界的、具有2-苯基色原酮(flavone,图8-2)结构的化合物,包括黄酮类(flavones)、黄酮醇类(flavonols)、黄烷酮类(flavanones)、黄烷类(flavanes)等及它们的衍生物。这类化合物在植物中大都以糖苷的形式存在,所以在提取的过程植物自身的酸性易引起糖苷水解,因此提取时可加入少许$CaCO_3$。黄酮类化合物一般都具有4位羰基,且呈现黄色。其3-羟基、4-羟基或5-羟基、4-羰基或邻二位酚羟基,能与铝盐进行络合反应,在碱性条件下生成红色的络合物,该络合物溶液在510 nm下有最大光吸收。以芦丁为标准品,可用比色法测定样品中总黄酮含量。

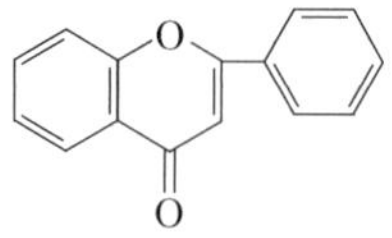

图8-2 2-苯基色原酮

3. 实验器材、试剂和材料

实验仪器:分光光度计,烘箱,电子天平,水浴锅,索氏抽提器,分液漏斗。

实验试剂:70%乙醇,乙醚,5%亚硝酸钠,10%硝酸铝,4%氢氧化钠,$CaCO_3$,100 μg/mL芦丁标准品(10 mg芦丁用70%乙醇定容至100 mL)。

实验材料:银杏(或其他植物)叶片。

4. 实验步骤

(1)将采集的银杏叶清洗晾干后置于烘箱中于80℃烘至恒重,粉碎后过60目筛,置干燥器中备用。

(2)称取2.0 g银杏叶粉末于索氏提取器(冷凝回流装置)中,加入70%乙醇100 mL及少许$CaCO_3$,于90℃条件下回流浸3 h,浸提结束后,立刻抽滤并收集滤液。将滤液转至烧瓶中,减压浓缩分离乙醇。

(3)浓缩液于分液漏斗中用相同体积的乙醚萃取3次(去除叶绿素及蜡质),至上清液无色。再将提取液转至100 mL容量瓶中,蒸馏水定容,即为黄酮提取液。取1 mL黄酮提取液用70%乙醇稀释至10 mL,即为黄酮稀释液,备用。

(4)制作标准曲线。

取7支干净的刻度试管,编号,按表8-7配方表顺序加入试剂,配成系列标准芦丁溶液:

摇匀后,放置15 min,用1号管溶液做空白,在510 nm处测定吸光值(OD_{510})。以吸光值

(OD_{510})为纵坐标,以反应液中芦丁含量(μg)为横坐标,绘制标准曲线。

表 8-7　制作芦丁标准曲线的配方表

试　剂	管　号						
	1	2	3	4	5	6	7
芦丁标准溶液/mL	0	0.3	0.6	1.2	1.8	2.4	3.0
70%乙醇/mL	4.0	3.7	3.4	2.8	2.2	1.6	1.0
5%亚硝酸钠/mL	0.2	0.2	0.2	0.2	0.2	0.2	0.2
	混匀后放置 6 min						
10%硝酸铝/mL	0.2	0.2	0.2	0.2	0.2	0.2	0.2
	混匀后放置 6 min						
4% NaOH/mL	0.6	0.6	0.6	0.6	0.6	0.6	0.6
每管含芦丁/μg	0	3	6	12	18	24	30

(5)吸取黄酮稀释液 3 mL 于 10 mL 刻度试管中,加入 1 mL 70%乙醇,按照表 8-7 中的步骤加入 5%亚硝酸钠、10% 硝酸铝和 4% NaOH,反应后测定 510 nm 处的吸光值。

(6)利用标准曲线计算出反应体系中总黄酮(以芦丁表示)的量(m,μg),然后根据下列公式计算出每克干重叶片中总黄酮的含量(μg):

$$\text{叶片中总黄酮的含量}(\mu g/g) = \frac{\frac{m}{V_0} \times N \times V}{W}$$

式中,m 为反应体系中总黄酮含量(μg);V_0 为反应体系中加入黄酮稀释液的体积(mL);N 为总黄酮提取液的稀释倍数;V 为总黄酮提取液的总体积(mL);W 为所取植物叶片的干重(g)。

5. 思考题

黄酮类化合物在植物生命活动中的作用是什么?

参 考 文 献

1. 贝盏临,张欣,曹君迈,等. 枸杞花总黄酮的测定. 湖北农业科学,2012,51,1240-1244.
2. 张志良,瞿伟菁,李小方. 植物生理学实验指导. 4 版. 北京:高等教育出版社,2009.
3. 张永红,李艳. 银杏叶黄酮类化合物提取方法探讨实用中医药杂志,2007,23(6):397-398.
4. Hsu C. Antioxidant activity of extract from *Polygonum aviculare* L. Biol. Res.,2006,39:281-288.

8.10　多酚含量的测定

1. 实验目的

熟悉植物中多酚类化合物的提取及测定方法。

2. 实验原理

植物多酚是植物体内的复杂酚类次生代谢物,具有多元酚结构,主要存在于植物的皮、根、叶、果食中。植物多酚是天然抗氧化物中的一大类重要物质，具有很强的抗氧化和清除自由基活性，水果和蔬菜是人体摄取多酚的主要来源。一些植物具有化感作用，表现在其浸提物中含有多酚类物质、抑制其他植物种子萌发和幼苗生长。

目前测定植物总多酚的方法主要有 Folin-Denis 法和 Folin-Ciocalteus 法，其中 Folin-Ciocalteus 法比 Folin-Denis 法更加稳定、灵敏和准确。

3. 实验器材、试剂和材料

实验仪器：电子天平，研钵，超声波清洗仪，水浴锅，分光光度计，容量瓶。

实验试剂：钨酸钠（$Na_2WO_4 \cdot 2H_2O$），钼酸钠（$Na_2MoO_4 \cdot 2H_2O$），浓磷酸（$H_3PO_4 \geqslant 85\%$），硫酸锂（Li_2SO_4），浓盐酸，溴水，7.5%碳酸钠（Na_2CO_3），50%丙酮，50 μg/mL 没食子酸标准溶液（25 mg 干燥的没食子酸用蒸馏水至 500 mL）。

实验材料：豇豆、黄豆芽、青菜等。

4. 实验步骤

（1）Folin-Ciocalteus 显色剂的制备。称取 10.0 g 钨酸钠和 2.5 g 钼酸钠，用 70 mL 蒸馏水溶于 200 mL 回流瓶中，加入 5 mL 磷酸和 10 mL 盐酸，混匀，微沸回流 2 h；然后称取 15.0 g 硫酸锂，少量多次加入回流瓶，滴入数滴溴水，开口沸腾约 15 min（至溴水挥尽为止），冷却，定容至 100 mL，过滤，置棕色瓶中保存备用。使用时加入 1 倍蒸馏水稀释。

（2）总多酚的提取。准确称取清洗后的豇豆（或其他蔬菜）鲜样 1.50 g，加少量水制成匀浆，用 50% 丙酮溶液定容至 25 mL，30℃ 超声提取 30 min，过滤，滤液备用。

（3）标准曲线的制作。

取 7 支干净的刻度试管，编号，按表 8-8 配方表顺序加入试剂，配成系列标准芦丁溶液。

表 8-8　制作没食子酸标准曲线的配方表

试　剂	管　号					
	1	2	3	4	5	6
没食子酸标准溶液/mL	0	0.2	0.4	0.6	0.8	1
蒸馏水/mL	6.0	5.8	5.6	5.4	5.2	5.0
FC 显色剂/mL	1.0	1.0	1.0	1.0	1.0	1.0
7.5%碳酸钠/mL	3.0	3.0	3.0	3.0	3.0	3.0
每管含没食子酸/μg	0	10	20	30	40	50

摇匀后，反应 2 h，用 1 号管溶液做空白，在 765 nm 处测定吸光值（OD_{765}）。以吸光值（OD_{765}）为纵坐标，以反应液中没食子酸含量（μg）为横坐标，绘制标准曲线。

（4）吸取 1 mL 总多酚提取液（若多酚含量过高，可适当稀释）于 10 mL 刻度试管中，按照表 8-8 中的步骤加入蒸馏水、FC 显色剂和 7.5%碳酸钠，反应后测定 765 nm 处的吸光值。

（5）利用标准曲线计算出反应体系中总多酚（以没食子酸表示）的量（m，μg），然后根据下列公式计算出每克鲜重样品中总多酚的含量（μg）：

$$\text{样品中总多酚的含量}(\mu g/g) = \frac{\frac{m}{V_0} \times N \times V}{W}$$

式中，m 为反应体系中总多酚含量（μg）；V_0 为反应体系中加入多酚提取液的体积（mL）；N 为总多酚提取液的稀释倍数；V 为总多酚提取液的总体积（mL）；W 为所取样品的鲜重（g）。

5. 思考题

植物中的总多酚还可以用哪种方法提取？

参 考 文 献

1. 李文仙，俞丹，林玲，等. Folin-Ciocalteu 比色法应用于蔬菜和水果总多酚含量测定的研究. 营养学报，2011，33(3)：302-307.
2. 李静，聂继云，李海飞，等. Folin-酚法测定水果及其制品中总多酚含量的条件. 果树学报，2008，25(1)：126-131.
3. George S，Brat P，Alter P，*et al*. Rapid determination of polyphenols and vitamin C in plant-derived products. J. Agric. Food Chem.，2005，53:1370-1373.

8.11　拟南芥种子萌发的光敏色素及激素调控

1. 实验目的

了解光敏色素如何调节需光种子的萌发。

2. 实验原理

光对植物的生长发育有着广泛的调节作用。光强、光质、光照时间和光的空间分布影响植物形态发生的现象或过程称作光形态建成（photomorphogenesis），亦即植物的光发育作用。光形态建成至少与 4 个不同类型的光受体相关：光敏色素、蓝光受体、UV-A 受体和 UV-B 受体，其中研究最深入的是光敏色素。

光敏色素（phytochrome，PHY）是一种色素与蛋白质的复合物，是调节植物光形态建成的主要色素，植物的整个发育过程都离不开光敏色素的调节作用。在正常生理条件下，它以红光吸收型光敏色素（Pr）和远红光吸收型光敏色素（Pfr）2 种形式存在。吸收红光（660 nm）时 Pr 转变为 Pfr，吸收远红光（730 nm）时 Pfr 转变为 Pr。至今在各种植物中描述过的受光敏色素调控的反应达 200 多个，包括控制孢子发芽，下胚轴钩状体形成，叶子的张开，节间的伸展，酶的诱导，离子流动，膜透性的变化，叶绿素、类黄酮的合成，开花、衰老、休眠的破除等。

光敏色素的反应可分为两种类型，一种类型是诱导反应，判断的实验标准是：检验红光闪光能否诱导一个反应，而紧随其后的远红光闪光能否把这个反应逆转到单独远红光效应的水平上。另一类型称为高辐照度反应（high irradiance response，HIR），主要包括持续远红光引起的各种反应。

由于拟南芥（*Arabidopsis thaliana* L.）植株矮小，生长期短，每株接籽量大，遗传习性优良，具有开花植物的全部特征，自交亲和，能远缘杂交和用土壤根癌农杆菌转化，基因组小而简单（包含 4～5 个具有不同生理功能的 *phy* 基因，分别称为 *phyA*、*phyB*、*phyC*、*phyD* 和 *phyE*），重复顺序少，分子遗传背景知识清楚，具有大量的突变体（现已分离出不同几种光形态突变体，如 *hy*1、*hy*2、*hy*3、*hy*6、*hy*8、*det*1 和 *det*2 等）等优点，它已成为植物生理学、植物发育生物学和植物分子遗传学研究的十分理想的模式植物，有“植物果蝇”之称。本实验以拟南芥为材料研究光敏色素介入的红光和远红光反应如何调节种子的萌发。

3. 实验器材、试剂和材料

实验器材：红光、远红光光源装置。红光以红色荧光灯作为光源，经红光滤膜而获得；远红光以远红光荧光灯作为光源，经远红光滤板而获得。

实验试剂：拟南芥的培养液。

(1)1 mol/L $MgSO_4$ 5.0 mL。

(2)20 mmol/L EDTA-Fe 2.5 mL。

(3)1 mol/L $Ca(NO_3)_2$ 2.0 mL。

(4)磷酸缓冲液(20 mL 1 mol/L K_2HPO_4，480 mL 1 mol/L KH_2PO_4，pH5.5)2.5 mL。

(5)微量元素(70 mmol/L H_3BO_3，14 mmol/L$MnCl_2$，0.5 mmol/L $CuSO_4$，1 mmol/L $ZnSO_4$，0.2 mmol/L $NaMoO_4$，10 mmol/L NaCl，0.01 mmol/L $CoCl_2$)1.0 mL。

(6)蒸馏水 985 mL。

实验材料：拟南芥(或莴苣、藜、独行菜、烟草、毛地黄等喜光种子)。

4. 实验步骤

(1)安装红光、远红光光源，调节材料与滤膜的距离以获得所需的光强：红光 5.0 W/m^2，远红光 2.5 W/m^2。

(2)准备 6 套培养皿，每皿中放 3 张滤纸，加培养液使其完全润湿。

(3)挑选新鲜、均匀、饱满的拟南芥种子 150 粒。

(4)在暗室中绿色安全灯下，把种子均匀地播在湿润的滤纸上，每皿 25 粒。

(5)黑暗中(25～27℃)吸涨 6 h 后，作如下各种处理(表 8-9)，并记录结果。

表 8-9 拟南芥种子不同处理方法的萌发率 %

处理	培养时间/h			
	24	48	72	96
连续黑暗				
红光 5 min→黑暗				
远红光 5 min→黑暗				
红光 5 min→远红光→黑暗				
红光 5 min→远红光→红光→黑暗				
红光 5 min→远红光→红光→远红光→黑暗				

(6)(22±2)℃ 培养 24、48、72 和 96 h 后(每天加入适量培养液，保持湿润)，统计种子萌发率。

5. 思考题

光敏色素的生理作用有哪些？如何证明大豆子叶张开与光敏色素有关？

参考文献

上海植物生理与生物化学研究所. 现代植物生理学实验指南. 北京：科学出版社，1999.

设计实验

8.12　不同温度对谷类种子萌发过程中生理生化的影响

1. 实验目的

了解淀粉类种子萌发时的生理生化变化，熟悉外界环境因子对种子萌发时体内生理生化过程的影响。

2. 实验原理

种子萌发是指有生活力并已解除休眠的种子在适宜的水分、氧气、温度和光照条件下进行的一系列有序的生理过程和形态发生过程。种子萌发过程大致可分为 3 个步骤：种子吸水萌动；内部物质与能量转化；胚根突破种皮形成幼苗。温度是影响种子萌发的重要因素之一。种子萌发过程中种子内部各种酶的活性和生理生化反应的速度均受到外界温度的影响。适宜的温度能够促进种子吸水，加快酶促反应和呼吸作用，使贮藏的养分很快转变为胚能够利用的可溶性状态。温度过高或过低均能影响种子的活力。

3. 实验器材、试剂和材料

实验器材：参考本教材相关实验。

试剂：参考本教材相关实验。

实验材料：小麦（或玉米等）的种子。

4. 实验步骤

(1)选取大小一致，饱满的小麦种子，分别置于 45 个培养皿中，每个培养皿 15 粒，将 45 个培养皿均分成 3 组，3 组培养皿分别置于不同温度（5℃、20℃和 35℃）与相同相对湿度下使其萌发。

(2)分别于 0、12、24、48、72 h 从每个处理中随机取出 3 个培养皿，测定各种生理生化指标。

测定的指标包括：呼吸速率、淀粉和可溶性糖含量、蛋白质、酰胺和游离氨基酸含量、植物激素（如生长素、赤霉素等）的含量、各种酶（如淀粉酶、蛋白酶等）（具体测定方法可参考本教材或相关文献）。

(3)以萌发时间为横坐标、各种指标为纵坐标，分别作图，比较、分析不同温度对种子萌发时各种生理生化过程的影响。

5. 思考题

大豆和小麦种子萌发时，贮藏物质的变化有何不同？

参 考 文 献

蔡庆生. 植物生理学. 北京：中国农业大学出版社，2011.

第 9 章 植物的生殖生理

基础实验

9.1 植物春化作用与光周期现象的观察

9.1.1 植物春化现象的观察

1. 实验目的

加深对植物春化(vernalization)现象与植物成花理论的理解。了解春化作用在生产和科研中的意义。

2. 实验原理

植物的花芽分化受到环境因素的影响,特别是温度与光周期的影响。低温诱导植物开花的过程,称为春化作用。一些两年生植物(萝卜、白菜等)和一些冬性一年生植物(冬小麦、拟南芥等)需要春化作用诱导开花。春化作用所需的低温为 0～10℃,最适为 1～7℃。冬性作物(如冬小麦)在其生长发育过程中,必须经过一段时间的低温,生长锥才能开始分化,幼苗才能正常发育。因此,可以用检查生长锥分化(以及对植物拔节,抽穗的观察)来确定是否已通过春化。这在生产和科研中有一定的应用价值。

3. 实验器材、试剂及材料

材料:冬小麦种子。

器材:冰箱,解剖镜,镊子,解剖针,载玻片,培养皿等。

4. 实验步骤

(1)选取吸水萌动的 300 粒冬小麦种子(最好用强冬性品种),置培养皿内,放在 0～5℃的冰箱中进行春化处理。可分为播种前处理 50、40、30、20、10 d 作为春化处理和对照不处理 6 组。

(2)于春季取各处理的种子(包括对照)同时播种于花盆或实验地。

(3)麦苗生长期间,进行一样的肥水管理。随时观察植株生长情况。当春化处理天数最多的麦苗出现拔节时,在各处理中分别去一株麦苗,用解剖针剥出生长锥,并将其切下,放在载玻片上,加一滴水,然后在解剖镜下观察中心生长点和周围的突起的发育情况,并绘制简图。比较不同处理的生长锥有何区别。

(4)继续观察植株的生长情况,直到处理天数最多的小麦植株开花时,将观察情况记录于表 9-1 中。

5. 实验结果与分析

将观察结果记录在表 9-1 中,并解释实验现象。

表 9-1　植物生长情况记载表

材料名称:________　品种:________　春化温度:________　播种时间:________

观察日期	春化时间/d					
	对照(未春化)	10	20	30	40	50
植株生长情况						

6. 注意事项

植物种子在春化处理过程中,注意适时给处理种子适当通气,以保证萌发的需要。

7. 思考题

1. 春化处理天数多与处理天数少的冬小麦抽穗时间有无差别?为什么?
2. 能否利用冬小麦的幼苗进行春化作用处理?

参 考 文 献

1. 陈建勋. 植物生理学实验指导. 广州:华南理工大学出版社,2002.
2. 李玲. 植物生理学模块实验指南. 北京:科学出版社,2009.

9.1.2　植物光周期现象的观察

1. 实验目的

加深对光周期现象的理解,了解光周期诱导的长短与花器官分化程度的关系。

2. 实验原理

许多植物需要经过一定的光周期(photoperiod)才能开花。并已知叶是感受光周期影响的器官。在一定的光周期条件下,叶内形成某些特殊的代谢产物,传递到生长点,导致生长点形成花芽。在自然光照条件下,人为地给予植物以短日照、间断白昼、间断黑夜等处理,以了解昼夜循环中光和黑暗的交替及其长度对苍耳、大豆、水稻等短日作物开花结实的影响。

3. 实验器材、试剂及材料

材料:大豆或苍耳幼苗。

器材:能定时控光的光照培养箱,外部可以用报纸或者铝箔纸遮光。

4. 实验步骤

当大豆幼苗长出第一片复叶,或苍耳幼苗长出 5~6 片叶(夜温在 18~20℃或以上)后,即按表 9-2 给以不同处理,一般情况下连续处理 10 d 即可完成。

5. 实验结果与分析

观察各个处理是否开花,填入表 9-2 中。

表 9-2　各种日照处理方式及记录

处理	光周期	开花/不开花
短日照	每天照光 8 h(8:00—16:00)	
间断白昼	在短日照处理基础上,11:30—14:30 移入暗处	
间断黑夜	在短日照处理基础上,00:00—01:00 照光 1 h	
对照	自然光照条件(不放在培养箱里)	

6. 思考题

(1)幼苗经不同处理后,花期有的较对照提前,有的与对照接近,应如何解释?

(2)根据植物对光周期的要求,可把植物分为哪几大类?

(3)根据植物光周期现象的原理,在引种工作中应注意哪些问题?

参 考 文 献

1. 张治安,等. 植物生理学实验技术. 长春:吉林大学出版社,2008.
2. 王学奎,等. 植物生理生化实验原理和技术. 北京:高等教育出版社,2006.
3. 陈建勋. 植物生理学实验指导. 广州:华南理工大学出版社,2002.

9.2 花粉活力的测定

9.2.1 碘-碘化钾(I_2-KI)染色测定法

1. 实验目的

通过花粉活力的测定,可以了解花粉的可育性,并掌握不育花粉的形态、生理特征;熟悉测定花粉活力的几种方法。

2. 实验原理

在淀粉型花粉中,淀粉的有无和多少可作为判断花粉发育程度的指标。例如,水稻、甘蔗、高粱等作物的花粉。发育不良的花粉常呈畸形,凡呈球形而遇 I_2 变蓝(富含淀粉)的为发育正常的花粉,凡呈三角形而遇 I_2 不变蓝(不含淀粉或含淀粉极低)的为发育异常的花粉。由此可鉴别花粉的生活力。

3. 实验材料、试剂与仪器设备

材料:小麦和水稻的花粉。

试剂:I_2-KI 溶液:称取 KI 2 g 溶于 10 mL 蒸馏水中,然后再加入 1 g I_2,待全部溶解后,再加入蒸馏水定容至 300 mL,避光保存在棕色瓶中备用。

器材:显微镜,恒温箱,镊子,载玻片,盖玻片等。

4. 实验步骤

(1)取少数花粉于载玻片上,加一滴蒸馏水,用镊子将花粉充分捣碎,使花粉粒释放,再加 1~2 滴 I_2-KI 溶液,盖上盖玻片。

(2)将制片置低倍显微镜下观察,凡被染成蓝色的为含有淀粉的活力较强的花粉粒,呈黄褐色的为发育不良的花粉粒。

(3)观察 2~3 个制片,每片取 5 个视野,统计 100 粒,然后计算花粉活力百分率。

9.2.2 氯化三苯基四氮唑法(TTC 法)

1. 实验原理

具有活力的花粉呼吸作用较强,其产生的 NADH 或 NADPH 可将无色的 TTC(2,3,5-氯化三苯基四氮唑)还原成红色的 TTF(三苯甲基赞)而使其本身着色,无活力的花粉呼吸作用较弱,TTC 的颜色变化不明显,故可根据花粉吸收 TTC 后的颜色变化判断花粉的生活力。

2. 实验材料、试剂与仪器设备

材料：小麦和水稻的花粉。

试剂：0.5%TTC 溶液。称取 TTC 0.5 g 用少量 95%乙醇溶解，用水定容至 100 mL。溶液避光保存，若溶液发红时，不能再用。

器材：显微镜，恒温箱，镊子，载玻片，盖玻片等。

3. 实验步骤

(1)取少数花粉于载玻片上，加 1～2 滴 TTC 溶液，盖上盖玻片。

(2)将制片于 35℃恒温箱中放置 15 min。然后置于显微镜低倍镜下观察。凡被染为红色的活力强，淡红的次之，无红色则为没有活力的花粉或不育。

(3)观察 2～3 个制片，每片取 5 个视野，统计 100 粒，然后计算花粉活力百分率。

4. 注意事项

(1)TTC 溶液最好现配现用，如要贮存必须放在棕色瓶中，并放在阴凉黑暗处。

(2)花粉采集时期要适宜，取充分成熟将要开花的花朵带回室内，取其内部的花粉。

9.2.3　过氧化物酶法

1. 实验原理

花粉中含有过氧化物酶，而且活力高的花粉过氧化物酶活性也高。该酶能利用过氧化物使多酚及芳香族胺发生氧化而产生紫红色的化合物。由此可判断花粉有无活力，如联苯胺＋2α-萘酚＋2[O]→对二萘氧基联苯胺(紫红色)。

2. 实验器材、试剂及材料

材料：小麦和水稻的花粉。

试剂：0.5%联苯胺溶液(称取联苯胺 0.5 g 溶于 100 mL 的 50%乙醇中)；

　　0.5%α-萘酚溶液(称取 α-萘酚 0.5 g 溶于 100 mL 的 50%乙醇中)；

　　0.25%碳酸钠溶液(称取碳酸钠 0.25 g 溶于 100 mL 蒸馏水中)。

　　试剂 A：将 0.5%联苯胺溶液、0.5%α-萘酚溶液和 0.25%碳酸钠各 10 mL 混合均匀。

　　试剂 B：0.3%H_2O_2。

器材：显微镜，恒温箱，镊子，载玻片，盖玻片。

3. 实验步骤

(1)取少数花粉于载玻片上，加试剂 A 与试剂 B 各一滴，搅匀后盖上盖玻片。

(2)将制片于 30℃温箱中保温 10 min 后，在显微镜下观察，凡呈紫红色的表明有过氧化酶活性存在，为具活力的花粉，如无色或呈黄色的表明无过氧化酶活性，则为失去活力的花粉。

(3)观察 2～3 个制片，每片取 5 个视野，统计 100 粒，然后计算花粉活力百分率。

4. 思考题

(1)用 3 种方法统计不同植物花粉的发芽率。

(2)试比较 3 种方法，同一花粉的发芽率是否相同，分析其原因。

参考文献

1. 孔祥生，等. 植物生理学实验技术. 北京：中国农业出版社，2008：240-242.
2. 徐晏亭，等. 花粉活力的速测法. 植物学杂志，1975(3)：11.

拓展实验

9.3 春化蛋白的诱导形成与检测

1. 实验目的

检测春化作用处理生成的特有蛋白。

2. 实验原理

春化作用是一种受遗传控制的生理过程，在此过程中会发生核酸和蛋白质的变化，应用SDS-PAGE电泳可分析冬小麦春化和脱春化或抑制剂处理后细胞内蛋白质组分的变化，寻找与春化作用相关的候选特异性蛋白。

3. 实验器材、试剂及材料

材料：冬小麦种子或者弱冬性白菜种子。

试剂：0.1%$HgCl_2$。

(1)1 mmol/L 代谢抑制剂(DNP 或 NaN_3 或 KCN)。

(2)冷丙酮与5%三氯乙酸混合液(1∶1)。

(3)蛋白质提取缓冲液，含50 mmol/L Tris-HCl，2%巯基乙醇，2%SDS，pH 8.6。

(4)丙烯酰胺(Acr)与甲叉双丙烯酰胺(Bis)的混合液(Acr/Bis)：称取29.2 g Acr与0.8 g Bis溶于100 mL蒸馏水中，过滤后备用。

(5)1.5 mmol/L Tris-HCl(pH 8.8)。18.15 g Tris溶于50 mL蒸馏水中，6N HCl调pH至8.8，加水定容至100 mL。

(6)0.5 mmol/L Tris-HCl(pH 6.8)。6.05 g Tris溶于50 mL蒸馏水中，6N HCl调pH至6.8，加水定容至100 mL。

(7)10%SDS，1 g SDS溶于10 mL蒸馏水中。

(8)10%过硫酸铵(AP)，20 mg AP溶于200 μL蒸馏水中，现配现用。

(9)标准蛋白质marker：14.4～97 kDa，商业购买。

(10)电极缓冲液。3 g Tris，14.4 g甘氨酸，1 g SDS溶于800 mL蒸馏水中，用HCl调pH 8.3，加水定容至1 000 mL。

(11)考马斯亮蓝染色液。0.5 g考马斯亮蓝R-250溶于90 mL甲醇中，再加入20 mL冰醋酸和90 mL水，混匀。

(12)脱色液。37.5 mL冰醋酸，25 mL甲醇，加水定容至500 mL。

(13)0.01%溴酚蓝溶液。溴酚蓝10 mg溶于100 mL蒸馏水中。

器材：恒温培养箱，冰箱，垂直平板电泳仪，烧杯，培养皿(直径9 cm和15 cm)，高速冷冻离心机，天平，研钵，微量注射器。

4. 实验步骤

(1)冬小麦种子在20℃下浸种8 h，置于培养皿中在25℃恒温培养箱中萌发24～48 h，当胚根突破种皮时进行如下处理：1/3萌发种子在含抑制剂DNP(或 NaN_3 或KCN)的溶液中浸泡5 h(12～14℃)后，用无菌水冲洗置于4℃冰箱中培养35 d，进行春化处理。另2/3萌发种子直接进行春化处理35 d。

(2)春化处理 35 d 后，将未经抑制剂处理的春化种子的一半立即置于 35℃培养箱中培养 5 d，进行脱春化处理。

(3)取以上 3 种处理的种子幼芽各 10 g，分别加入 25 mL 蛋白质提取缓冲液，在预冷的匀浆器中充分匀浆，4 000 r/min 冷冻离心 15 min，收集上清液。沉淀再用上述提取缓冲洗提 2 次，合并 3 次上清液。用冷丙酮与 5%三氯乙酸(1∶1)混合液沉淀蛋白质，于 4℃下沉淀过夜，4 000 r/min 冷冻离心 15 min，取沉淀，加入适量的蛋白质提取缓冲液溶解蛋白质，置于−20℃下保存备用。

(4)电泳。

①装电泳槽。装好垂直板电泳槽，用 1.5%热琼脂封好缝隙。

②制胶。分离胶和浓缩胶的组成如表 9-3 所示。按配方比例混合 12%分离胶中除过硫酸铵和 TEMED 以外的各种贮备液，加入催化剂过硫酸铵和 TEMED。混匀后立即将分离胶沿电泳槽的一块玻璃板内壁缓缓注入玻璃槽中，注胶过程中需防止气泡产生，胶液加到离玻璃板顶部约 3 cm 处，将电泳槽垂直放置，立即用注射器小心注入蒸馏水，使胶表面覆盖 3～4 mm 水层，静置 1 h 聚合。然后用剪好的滤纸条吸干水层。用同法配制 4%浓缩胶，在加入过硫酸铵和 TEMED 后立即将胶液注入上述配制好的分离胶上，胶液加至胶室的顶部，插入梳子，静放聚合。胶聚合后，小心取出梳子，向样品槽内加入电极缓冲液。

表 9-3　凝胶的组成

贮　液	12%分离胶	4%浓缩胶
Acr/Bis(29.2∶0.8)	4 mL	1.33 mL
1.5 mmol/L Tris-HCl(pH 8.8)	2.5 mL	0
0.5 mmol/L Tris-HCl(pH 6.8)	0	2.5 mL
蒸馏水	3.35 mL	6.2 mL
10%SDS	0.01 mL	0.01 mL
10%过硫酸铵	50 μL	50 μL
TEMED	5 μL	10 μL
总体积	10 mL	10 mL

③加样与电泳。用微量进样器分别抽取 3 种处理(未经抑制剂处理的春化种子蛋白样品、抑制剂处理后的春化种子蛋白样品、脱春化处理种子)蛋白样品，注入加样孔中，上样蛋白量一般为 50 μg 左右，边缘的加样孔中加标准蛋白 marker。加样后向两个电极槽内注入电极缓冲液，上槽缓冲液中加入 1 mL 0.01%溴酚蓝作为指示染料。接通电源后，电泳开始，恒电压 160 V电泳，当溴酚蓝带距胶底 1 cm 处停止电泳。

④染色。取下凝胶，放入直径 15 cm 的大培养皿中，加入考马斯亮蓝染色液，室温下染色过夜。

⑤脱色。倒去染色液，加入脱色液，放于 25℃恒温水浴振荡器上脱色，其间不断更换脱色液，直到背景处清晰为止。

5. 观察结果并分析

分析上述 3 种样品的 SDS-PAGE 结果，存在于春化种子中的特有蛋白质，称为春化蛋白。当春化作用进程被抑制或被逆转时，就不会产生这种蛋白质。根据自己的实验结果进行分析，找到春化相关蛋白并且根据标准蛋白质 marker 估算其分子量。

6. 思考题

(1)比较不同冬性作物春化蛋白的条带与分子量。

(2)结合实验结果与相应的理论知识分析春化作用机理。

参考文献

1. 张至良,等.植物生理学实验指导.北京:高等教育出版社,2004:242-245.
2. 李梅兰,等.春化对白菜甲基化、GA 含量及蛋白质的影响.园艺学报,2002,29(4):353-357.

9.4 植物的亲和性鉴定及不亲和性的克服

9.4.1 利用花粉柱头的相互作用鉴定油菜(十字花科油用植物)的自交亲和性

1. 实验目的

掌握植物亲和性鉴定的方法。

2. 实验原理

自交亲和性指自花的正常花粉落在自己的柱头上能正常萌发,花粉管穿透柱头并能顺利地完成正常的受精过程而获得自交种子的特性。而自交不亲和性是自花的正常花粉不能在自己的柱头上萌发,柱头被激发产生胼胝质物质,阻碍花粉发芽和花粉萌发,或者萌发后花粉管不能穿透柱头,或者穿透柱头后花粉管不能在花柱内继续延伸,或者花粉到达胚囊后精子和卵细胞不能结合成合子的特性。自交不亲和可分为两类:配子体自交不亲和与孢子体自交不亲和。胼胝质是 β-1,3 葡聚糖,通常分布高等植物的筛管、新形成的细胞壁、花粉粒以及花粉管中。将其用苯胺蓝染色后,在紫外光激发下可以放出黄或黄绿色的荧光。

自交亲和情况以自交亲和指数来表示,自交亲和指数=自交结实种子总数/套袋自交总花蕾数。自交亲和指数<1 为自交不亲和,自交亲和指数≥1 则为自交亲和。

3. 实验器材、试剂及材料

材料:自交不亲和类型(白菜型油菜)、自交亲和类型(甘蓝型油菜)。或者用异型花性自交不亲和类型的荞麦为材料。

试剂:卡诺液(酒精、醋酸比为 3∶1,V/V);70%酒精;8 mol/L NaOH 溶液;0.1%苯胺蓝,溶于 0.1 mol/L 的 K_3PO_4 中。

器材:荧光显微镜。

4. 实验步骤

(1)开花期将所选油菜套袋自交,分别在自交后 2,4,8,16,24,48 h 各取 3 个子房,用卡诺液固定 1 h,保存于 70%酒精中。

(2)用 8 mol/L NaOH 溶液软化 12 h,用蒸馏水反复冲洗。

(3)然后各个样品在 0.1%苯胺蓝溶液中染色 24 h,将染色后的子房压片,用荧光显微镜在紫外光源下观察每个柱头乳突细胞的胼胝质沉积状况及花粉萌发、花粉管生长情况。

5. 观察结果并分析

(1)观察花粉与柱头表面的乳突细胞是否发生水合作用从而黏合到柱头上,计数黏合到柱头上的花粉粒数。

(2)计数不同时间段萌发的花粉粒数和乳突细胞的胼胝质反应。

(3)观察和记录进入柱头的花粉管数量和花粉管伸长最终停止部位(表 9-4)。

在花柱中能观察到 0～10 条花粉管的定为不亲和，10～25 条为部分亲和，25 条以上并且未在花粉管中途停止的、进入珠孔的为亲和，从而判断自交亲和性。

表 9-4　花柱中花粉管的数量及花粉管伸长

植物材料	编号	开花自交授粉的时间/min						
		20	40	60	80	100	120	
							花粉管数量	最长花粉管伸长部位
	1							
	2							
	3							

参 考 文 献

武军艳，等. 利用花粉柱头的相互作用鉴定 5 个十字花科油用植物的自交亲和性。西北农业学报，2006，15(5)：61-64.

9.4.2 甘薯杂交不亲和性克服方法

1. 实验目的

利用激素处理来克服植物杂交的不亲和性。

2. 实验原理

在培育优良品种的过程中，由于种内杂交较易成功，育种家们历来主要利用栽培种内的基因资源。现在已感到栽培种内的基因资源贫乏，有些特征特性在栽培品种中已很难找到，而野生种在自然选择条件下保留和积累了这些特性，因此通过种间杂交发掘优良遗传资源、丰富栽培种的基因库成为植物育种的一个重要研究领域。被子植物中有一半的物种存在自交不亲和性，特别是十字花科植物中的自交不亲和最为普遍。克服杂交不亲和的方法有生物学方法、化学方法、物理方法和机械方法。生物学方法常用的为蕾期授粉，原因在于花蕾中未成熟的雌蕊不存在不亲和物质，不具备自我识别能力，此方法简易但是工作量大。化学方法中使用激素破坏自交不亲和性识别分子，处理范围可以很广，但是可能会产生药害。

甘薯是一种异花授粉性极强的植物，一般不仅自交不亲和，品种间杂交也表现出不亲和。植物生长调节剂 2,4-D 和 6-BA 处理能显著提高不同群杂交甘薯的结实率，还能显著延长花器官的寿命。

3. 实验材料、试剂和仪器设备

材料：甘薯 A 群品种(济南红)和 D 群品种(鲁薯 1 号)。

试剂：1%醋酸洋红，100 mL 45%醋酸加热沸腾，移走火源，缓慢加入 1 g 洋红，加热回流 2～24 h，过滤。

30 mg/L 2,4-D；50 mg/L 2,4-D；11.3 mg/L 6-BA。

器材：毛笔，5 mL 注射器，荧光显微镜。

4. 实验步骤

(1)以野牵牛为砧木，以甘薯为接穗进行嫁接，并辅以 8 h 短日照处理诱导开花。授粉前一天下午 4:00 将杂交组合的母本去雄套袋，父本只套袋，杂交于上午 8:00—11:00 按组合进行。

(2)授粉前用毛笔刷将植物激素涂于柱头表面，稍晾后进行授粉，然后用 5 mL 注射器分别将 3 种植物激素滴入花器子房周围，每朵花 1 滴，最后封闭花冠以防昆虫传粉，并挂牌注明杂交组合，授粉日期及激素配方。以不加激素的作为对照。

(3)取雌蕊用醋酸洋红染色后，显微镜下观察不同杂交组合的花粉萌发情况。

5. 观察结果并分析

记录各个杂交组合的花粉萌发情况，比较激素处理对于杂交组合花粉萌发率的影响。

参考文献

1. 张立明，等. 甘薯杂交不亲和性克服方法的研究. 莱阳农学院学报，1995，12(4)：242-246.
2. 王家旭，陆漱韵. 克服甘薯组种间杂交不亲和性研究初报. 作物学报，1993，19(2)：111-118.

设计实验

9.5 植物生长调节剂对拟南芥花期的调控

1. 实验目的

掌握用植物生长调节剂调控拟南芥花期的方法。

2. 实验原理

拟南芥(*Arabidopsis thaliana*)是在植物科学，包括遗传学和植物发育研究中的模式生物之一。拟南芥的基因组是目前已知植物基因组中最小的，也是第一个被测序分析的植物基因组。拟南芥培养的优点是植株小(1 个茶杯可种植好几棵)、每代时间短(从发芽到开花不超过 6 周)、结子多(每棵植物可产很多粒种子)、生活力强(用普通培养基就可作人工培养)。

植物生长调节剂在植物花期调控中起着非常重要的作用。了解赤霉素和烯效唑两种植物生长调节剂不同浓度及组合对拟南芥花期的影响，对于人为调控花期具有重要意义。

3. 实验器材、试剂及材料

材料：野生型拟南芥。

器材：超净台，光照培养箱，移液器。

试剂：0.5%NaClO；MS 培养基，商品购买；0.1%琼脂糖；100 μg/L 赤霉素溶液；100 μg/L 烯效唑溶液。

4. 实验步骤

(1)选取籽粒饱满、大小均一的拟南芥种子约 400 粒放入 1.5 mL 离心管中。在超净台上，加入 0.5%NaClO 溶液表面消毒 15 min 后，用无菌水冲洗 4～5 次，并用微量加样器取适量 0.1%的琼脂糖溶液于 1.5 mL 离心管中吹打混匀，播种于 MS 培养基中后置于 4℃下春化 7 d 后，将其放在 25℃下光照培养。

(2)当拟南芥长出 2 片真叶时移栽到蛭石和营养土中,并置于 25℃下继续培养。

(3)采用 3 种不同浓度的赤霉素(60、65、70 ng/株)和烯效唑(30、40、50 ng/株)分别喷施拟南芥。对照喷同样体积的清水。每隔 5 d 喷一次,连续喷 3 次。

5. 实验结果与分析

观察各个处理拟南芥的开花情况,以第一次喷施作为时间起点,记录所需的开花时间,比较各个处理对花期提前的影响,从中找到最合适的植物生长调节剂浓度。

6. 注意事项

实验需多设重复,对结果进行统计分析。

参 考 文 献

白宇杰,等.关于植物生长调节剂对拟南芥花期调控的研究.吉林农业,2009,18(18).

第 10 章　植物成熟、衰老和脱落生理

基础实验

10.1　谷物蛋白质组分的分析

1. 实验目的

蛋白质组分是种子蛋白质品质和营养价值的一个重要指标，种子蛋白质组分含量的不同直接影响着种子的营养价值和种子品质，了解种子蛋白质组分，可以正确评价种子的营养品质，并为种子加工利用提供理论依据。

2. 实验原理

植物种子蛋白中 85%～90%是贮藏蛋白，主要分布在胚乳或子叶中。植物种子中的蛋白质根据其溶解特性可划分为 4 种类型：溶于水和稀盐溶液的清蛋白；不溶于水，但溶于稀盐溶液的球蛋白（清蛋白、球蛋白统称为可溶性蛋白）；不溶于水，但溶于 70%～80%的乙醇中的醇溶蛋白；不溶于水、醇中，但溶于稀酸、稀碱中的谷蛋白（后两者成为不溶性蛋白）。根据蛋白质组分在不同溶剂中的溶解特性，采用蛋白质连续累进提取法，按顺序用蒸馏水、稀盐、乙醇、稀碱连续累进提取清蛋白、球蛋白、醇溶蛋白和谷蛋白，分别收集提取上清液，再用凯氏定氮法或其他方法测定出各蛋白组分的含量。

3. 实验材料、仪器和试剂

实验材料：小麦面粉、玉米面粉或其他植物种子粉碎的干粉末。

实验仪器：分析天平，高速离心机，振荡器，250 mL 具塞磨口三角瓶。

实验试剂：

(1)0.5 mol/L NaCl 溶液。

(2)0.1 mol/L KOH 溶液。

(3)70%乙醇溶液。

4. 实验步骤

1)清蛋白的提取

取 10 g 烘干的小麦面粉，放入 250 mL 具塞磨口三角瓶中，加入 100 mL 蒸馏水放入振荡器上提取 2 h，静置 0.5 h，4 000 r/min 离心 15 min，将上清液放入新的三角瓶中，残渣再分别用 50 mL 和 30 mL 蒸馏水重复振荡提取两次，离心，合并上清液。

2)球蛋白的提取

上述原三角瓶中的剩余残渣，加入 100 mL 0.5 mol/L NaCl 溶液，放于振荡器上振荡提取 2 h 后静置 0.5 h，4 000 r/min 离心 15 min，将上清液放入另一新的三角瓶中，残液渣再分别用 50 mL 和 30 mL 0.5 mol/L NaCl 重复振荡提取，离心，合并上清液。

3)醇蛋白的提取

原三角瓶中的剩余残渣,再加入 100 mL 70%乙醇溶液,放于振荡器上振荡提取 2 h 后静置 0.5 h,4 000 r/min 离心 15 min,将上清液放入第 3 个新的三角瓶中,残液渣再分别用 50 mL和 30 mL 70%乙醇溶液重复振荡提取,离心,合并上清液。

4)谷蛋白的提取

将剩余残渣再加入 100 mL 70%乙醇溶液,放于振荡器上振荡提取 2 h 后静置 0.5 h,4 000 r/min 离心 15 min,将上清液放入第 4 个新的三角瓶中,残液渣再分别用 50 mL 和 30 mL 0.1 mol/L KOH 重复振荡提取,离心,合并上清液。

5)蛋白组分含量的测定

将上述提取上清液分别定容至 100 mL,然后各取 2 mL 分别移入消化瓶中,按凯氏定氮法进行蒸馏、测定。

5. 结果计算

参照凯氏定氮法,测定的含氮量乘以 5.7 即为小麦面粉粗蛋白含量。

6. 注意事项

(1)如种子中含脂肪酸较多,需先用乙醚或石油醚浸泡 2～3 次,进行脱脂,并以分液漏斗分离之,多余的溶剂放于空气中挥发,或烘干后再提取蛋白质组分。

(2)70%乙醇与 95%甲醇、55%～60%异丙醇对醇溶蛋白提取效果相同。

7. 思考题

(1)分离蛋白质组分有何意义?

(2)蛋白质各组分分别有什么功能?

参 考 文 献

1. 王学奎. 植物生理生化实验原理和技术. 北京：高等教育出版社，2006.
2. 朱朝辉,赵宏伟,贾胜德. 玉米蛋白组分的研究进展. 黑龙江农业科学,2006,4(6):88-90.
3. 胡新中, 郑建梅, 魏益民, 等. 蛋白质组分分析方法比较研究. 中国粮油学报,2005,20(4):12-15.
4. 马辉. 谷物籽粒蛋白质组分连续累进提取分析法的改进. 青海农林科技,2001, 1:23-24.
5. Shewry P R, Halford N G. Cereal seed storage proteins:structures,properties and role in grain utilization. J. Exp. Bot., 2001, 53: 947-958.

10.2　植物中粗脂肪含量的测定

植物组织中均含有脂肪类化合物,特别是油料种子和果实的脂肪含量较高。测定脂肪含量,可以鉴定其品质的优劣,也是选育脂肪含量高的油料作物品种的重要手段之一。粗脂肪是指提取物中的脂肪及其之外的游离脂肪酸、石蜡、固醇和色素等脂溶性物质的总称。粗脂肪的测定通常采用索氏(Soxhlet)提取法,该方法又分油重法和残余法两种测量法。

10.2.1　油重法测定粗脂肪含量

1. 实验原理

脂肪是三酯酸的甘油酸(C_4 以上),即三酰甘油。自然界的植物中脂肪是各种甘油三酸酯的混合物，虽然各种脂肪酸的不饱和性、碳链长短以及结构等不相同，但其共同点是不溶于水而易溶于许多有机溶剂中。因此，油重法是用乙醚(沸点 34.5℃)或石油醚(沸程为 30～60℃)浸提样品，再将乙醚(或石油醚)蒸尽，剩下的提取物即为粗脂肪(除了脂肪外，还包括一些其他的类脂如脂肪酸、磷脂、糖脂以及脂溶性色素和维生素等)。

将样品置于索氏抽提器中，具有回流装置的索氏抽提器(图10-1)将溶剂(乙醚或石油醚)装入小烧瓶中，加热后，溶剂蒸汽经通气管至冷凝管，冷凝后溶剂滴入浸提管，浸提样品。浸提管内溶剂愈积愈多，当液面达到一定高度，溶剂及溶于溶剂中的粗脂肪即经虹吸管回流入小烧瓶，流入小烧瓶的溶剂由于受热而气化，气体至冷凝管又冷凝而滴入浸提管内，如此反复提取回流，将样品中的粗脂肪提尽并带入小烧瓶中。最后，将小烧瓶或装有样品的滤纸包中的溶剂蒸去或烘干，小烧瓶增加的重量或滤纸包减轻重量，即为样品中粗脂肪含量。

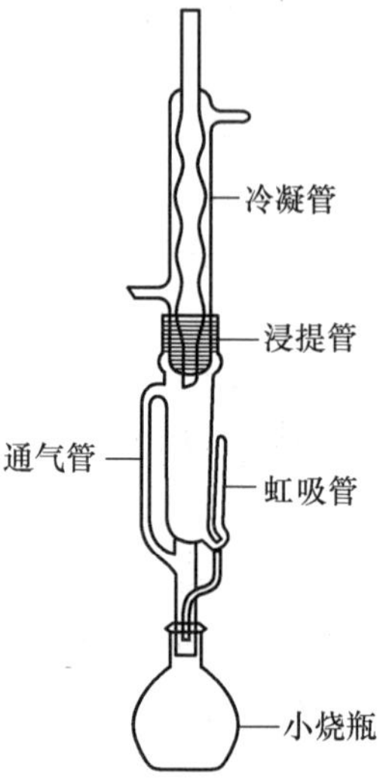

图 10-1 索氏脂肪提取器

该法适用于测定油料作物种子和木本植物油质果实的粗脂肪含量。

2. 器材、试剂和实验材料

器材：分析天平(感量 0.000 1 g)，粉碎机，研钵，切片机，水浴锅，烘箱，滤纸筒(直径 22 mm，长 100 mm)，索氏提取器，装有变色硅胶的干燥器。

试剂：无水乙醚或石油醚。

材料：大豆，花生仁，芝麻，油菜籽及含脂肪较高的木本植物种子如核桃、松树、榛子的种子。

3. 实验步骤

1)样品的选取和制备

选取有代表性的油料种子，剔除杂质，按四分法缩减取样。小粒种子，如芝麻、油菜等，取样量不得少于 25 g；大粒种子如大豆、花生仁等，取样量不得少于 30 g。带壳油料种子，如花生、蓖麻籽、向日葵籽、松子等，则需将壳与籽粒分开，分别称量，计算出仁率，然后测定籽粒的油分。制备完毕，立即混合均匀，装入磨口瓶中备用。

2)研磨与称样

称取备用样品 2～4 g 两份(含油 0.7～1.0 g，准确至 0.001 g)。置于(105±2)℃烘箱中干燥 1 h，取出放入干燥器内冷却至室温，称重测定试样的含水量。粉碎机粉碎后过 40 目筛，将烘干的试样放入研钵中将其研成粉末状(较硬的种子可加适量石英砂助研)，然后将其移入干燥的滤纸筒中，用脱脂棉蘸乙醚擦净研钵、研杆上的样品和油迹，一并投入滤纸筒内(大豆粉碎后可直接称样装筒)，在试样面层塞以脱脂棉，以防样品损失，将滤纸筒投入索氏提取管中进行抽提。

3)在装有 2～3 粒浮石并已烘至恒重的洁净平底烧瓶内(用前需干燥后称空瓶重 m_1)，加入瓶体积 1/2 的无水乙醚，把烧瓶、索氏提取管、冷凝管各部分连接起来，放入水浴锅中，连接好冷凝水流，调节水浴温度控制在 55℃以下，使冷凝下滴的乙醚速度 180 滴/分(一般条件下只用 45～50℃，120 滴/分比较安全）。谷物、大豆样品抽提 8 h，一般油料抽提 10 h 以上，而含油量很高的油料种子，则应延长抽提时间，以索氏提取管内的乙醚用滤纸擦拭无油迹为准。

4）抽提完毕后，从索氏提取管中取出滤纸筒，再连接好索氏提取器，在水浴上蒸馏回收抽取瓶中的乙醚。然后取出烧瓶，在沸水浴上蒸去残余的乙醚。

5）将盛有粗脂肪的烧瓶放入（105±2）℃烘箱中烘 1 h，放入干燥器中冷却至室温后称重，准确至 0.000 1 g，再烘 30 min，冷却后称重，直至恒重（m_2）。

4. 结果计算

粗脂肪的重量即烧瓶增加的重量(g)＝m_2-m_1。

粗脂肪（干基）＝粗脂肪重(g)/试样干重(g)×100%。

带壳的油料种子粗脂肪＝子仁粗脂肪×出仁率×100%。

5. 注意事项

（1）该法是国际标准推荐法，本法所得结果准确、稳定，其缺点是费时，一般需 10 h 以上，而且一套仪器只能测定一个样品，不适于大批量样品的分析。

（2）计算时平行测定结果的相对误差：大豆不得大于 2%，油料作物种子不得大于 1%。

（3）抽出的油应是清亮的，否则应重做。

（4）样品烘干温度不宜过高、过长，否则，时间过长会使低级脂肪酸挥发，不饱和脂肪氧化使抽提瓶质量增加，从而影响结果准确性。

6. 思考题

（1）索氏提取器提取的原理及应用范围是什么？

（2）使用乙醚作为粗脂肪提取溶剂时，应注意哪些事项？

（3）潮湿的样品能否用乙醚直接提取？为什么？

参 考 文 献

1. 张志良，瞿伟菁，李小方. 植物生理学实验指导. 4 版. 北京：高等教育出版社，2009.

10.2.2　残余法测定粗脂肪含量

1. 实验原理

残余法（间接法）是用乙醚（或石油醚）使样品中粗脂肪全部提取出来，将残渣中乙醚（或石油醚）挥发，烘干至恒重，根据测定前后两次重量之差值即为样品中粗脂肪含量。该法适于谷物、油料作物种子的粗脂肪含量测定。

2. 器材、试剂和实验材料

器材：索氏型脂肪抽提器；样品筛（20 目、40 目各一个），称样瓶（直径 3.5 cm，高 7 cm）；培养皿（直径 11～13 cm），滤纸（中速或慢速），乳胶手套，分析天平（感量 0.000 1 g），粉碎机，研钵，切片机，水浴锅，烘箱，滤纸筒（直径 22 mm，长 100 mm），装有变色硅胶的干燥器。

试剂：无水乙醚。

材料：大豆，花生仁，芝麻，油菜籽等。

3. 实验步骤

1)样品的选取和制备

选取具有代表性的植物种子，去杂，按四分法缩减取样。小粒种子如油菜、芝麻等取样量不得少于 10 g；大粒种子，如大豆、花生仁等取样量不得少于 15 g；谷物种子取样量不少于 5 g。将样品预先在 80℃烘箱中干燥 2 h。谷类、大豆、油沙豆经粉碎后，过 40 目筛；油菜籽、胡麻籽、红花种子经粉碎后，过 20 目筛；花生仁、蓖麻仁等用切片或小刀切成 0.5 mm 以下薄片。芝麻用碾磨机或研钵细心磨碎，注意不要留有整粒，向日葵种子经剥壳后，子仁粉碎至均匀粉状。样品处理完毕后混合均匀，装入瓶中备用。

2)抽提前准备

将滤纸裁成 7 cm×7 cm 大小(谷类可增大些)，并叠成一端不封口的纸包放入在培养皿中，然后将培养皿放入(105±2)℃烘箱中干燥 2 h，取出放入干燥器中冷却至室温，称重(a)。

3)去除样品水分

将已制备好的样品小心地装入上述已烘干的滤纸包中，谷物 3～5 g，油料 1 g 左右，将滤纸封口后再放入培养皿中，在(105±2)℃烘箱中烘 3 h，取出放入干燥器中冷却至室温，称重(b)，两次称重之差即为试样残渣重。

4)抽提

将样品包装入索氏抽提筒中，倒入无水乙醚，使其超过样品高度，连接好抽提器各部分，浸泡过夜。次日，将浸泡后的乙醚放入下面的抽提瓶中，瓶中放几粒玻璃或浮石，再加无水乙醚于抽提筒中，使其完全浸泡样品，连接好抽提器的各部分，接通冷凝水，在(45±1)℃恒温水浴中回流抽提，可通过调节水浴温度使其冷凝下滴至乙醚呈连珠状，(一般控制在 55℃以下)。不同油料种子抽提时间不一样，大多数种子抽提 6～12 h 即可，果制品需提取约 16 h 以上，抽提时的室温以 15～25℃为宜。可用毛玻璃板接取 1 滴提取液，如无油斑则表明提取完毕。放出抽提筒中的乙醚，取出样包，放在通风晾干，使乙醚挥发。

5)称重

将滤纸包(样品)再放入培养皿中，(105±2)℃烘箱中干燥 3 h，取出放入干燥器冷却至室温，称重(c)，这次称重与第二次称重之差即为粗脂肪重。

4. 结果计算

$$粗脂肪\%(干基)=[(b-a)-(c-a)](g)/试样重(g)\times100=(b-c)(g)/试样重(g)\times100$$

式中，a 为滤纸重(g)；b 为滤纸重＋烘干样重(g)；c 为滤纸重＋抽提后残渣重(g)。

5. 注意事项

(1)全部操作过程须戴手套，称量瓶要求洁净且需校正重量，使其重量误差限制在 0.001 g 之内。

(2)称量时，室内相对湿度应在 70%以下。

(3)乙醚在空气中易吸氧并形成过氧化物，很不稳定，受热震动易爆炸，故使用乙醚须十分小心注意。①乙醚沸点很低，34℃易起火，故不可明火加热，不得接近任何火源。②使用之前，应检查乙醚中过氧化物是否存在，若有应除去。③乙醚有刺激气味，对人体有麻醉作用(操作时须戴上口罩)，试验中可用石油醚(沸点 60～90℃)代替乙醚。

(4)平行测定结果的相对相差，谷物不得高于 5%，大豆不得高于 2%，油料不得高于 1.5%。

6. 思考题

(1)抽提器提取的原理及应用范围是什么?

(2)使用乙醚作为粗脂肪提取溶剂时,应注意哪些事项?

(3)怎样判断粗脂肪已完全抽提出来?

(4)潮湿的样品能否用乙醚直接提取?为什么?

参 考 文 献

1. 张江荣,杨军,董文明. 食品中粗脂肪测定方法的改进研究. 现代农业科技,2012,3:333-334.

2. 苗霖兴,苗佳. 大豆粗脂肪含量测定中影响因素的分析. 粮食科技与经济,2011,36(3):42-47.

3. 郑集,陈钧辉,等. 普通生物化学.4 版. 北京:高等教育出版社,2007.

4. 李合生. 植物生理生化实验原理和技术. 北京:高等教育出版社,2006.

5. GB/T 5512—2008. 粮油检验. 粮食中粗脂肪含量测定.

拓展实验

10.3　植物组织中 DNA 的提取与含量测定

10.3.1　SDS(sodium dodecyl sulfonate)提取法提取 DNA

1. 实验目的

DNA 提取、含量和纯度测定广泛用于基因克隆、Southern 杂交、PCR 扩增、多态性分析等,通过本实验,学习和掌握 DNA 提取和测定的基本方法。

2. 实验原理

脱氧核糖核酸(deoxyribonucleicacid,DNA)是一切生物细胞的重要组成成分,主要存在于细胞核中,盐溶法是提取 DNA 的常规技术之一。从细胞中分离得到的 DNA 是与蛋白质结合的 DNA,其中还含有大量 RNA,即核糖核蛋白。如何有效地将这两种核蛋白分开是技术的关键。DNA 不溶于 0.14 mol/L 的 NaCl 溶液中,而 RNA 则能溶于 0.14 mol/L 的 NaCl 溶液之中,利用这一性质就可以将二者从破碎细胞浆液中分开。制备过程中,细胞破碎的同时,有 DNAase 释放到提取液中,使 DNA 因被降解而影响,在提取缓冲液中加入适量的柠檬酸盐和 EDTA,既可抑制酶的活性又可使蛋白质变性而与核酸分离,再加入阴离子去垢剂 SDS,经过 2 h 反应,再用苯-氯仿-异戊醇除去蛋白,通过离心使蛋白质沉淀,得到含有核酸的上清液,再加入预冷的异丙醇,即可把 DNA 从除去蛋白质的提取液中沉析出来。

3. 器材、试剂和实验材料

材料:新鲜植物的幼嫩器官,如叶片、茎尖、培养的细胞等。如不能及时提取可先储存于 −70℃冰箱中保存或硅胶脱水干燥保存。

仪器设备及器材:UV-120 分光光度计,水浴锅,恒温水浴摇床,高速冷冻离心机,研钵,石英砂。

试管及试管架、离心管 50 mL、10 mL、1.5 mL 等。

移液枪：50 μL、200 μL、1 000 μL、2 mL、5 mL 等。

具塞刻度试管、量筒 50 mL、10 mL 若干。

试剂：

(1)细胞裂解液(内含 100 mmol/L Tris-HCl pH 8，20 mmol/L EDTA-Na_2，500 mmol/L NaCl，0.5%SDS，去除酚类物质可加 2.0%PVP，1.0%β-巯基乙醇)。

其中，Tris(三羟基氨基甲烷)：12.1 g(相对分子质量为 121.14)，先加 600 mL 蒸馏水溶解，用 2 mol/L 的 HCl 调至 pH 8.0；

20 mmol/L EDTA-Na_2：7.44 g(相对分子质量 372.24)溶解在 50 mL 蒸馏水中；

500 mmol/L NaCl：29.22 g(相对分子质量 58.44)溶解在 50 mL 蒸馏水中；

0.5%SDS：250 mg(相对分子质量 288.3)溶解在 50 mL 蒸馏水中。

待上述药品全部溶解后混合，再加蒸馏水定容至 1 000 mL。若在室温低于 20℃时配制药液，SDS 呈沉淀析出，此时需要加温，才能将 SDS 溶解，65℃水浴溶解，加入数滴 6 mol/L HCl，调 pH 7.2。如果提前配制的研磨液出现了沉淀，则应加温使沉淀溶解后再使用。SDS 可单独配制。

(2)氯仿-异戊(丙)醇混合液(24∶1，V/V)。按 24 mL 氯仿和 1 mL 异戊醇混合。

(3)TE 缓冲液(10 mmol/L Tris-HCl pH 8.0，1 mmol/L EDTA pH 8.0)。

其中，10 mmol/L Tris：1.21 g(相对分子质量为 121.14)，先加 500 mL 蒸馏水溶解，用 2 mol/L的 HCl 调至 pH 8.0，1 mmol/L EDTA：0.372 g(相对分子质量 372.24)加少量蒸馏水溶解，与 Tris 溶液混合定容至 1 000 mL。

(4)冰无水乙醇。

(5)10 mg/mL RNase。溶解 10 mg 的胰蛋白 RNA 酶于 1 mL 的 10 mmol/L 的醋酸钠水溶液中(pH 5.0)。溶解后于水浴中煮沸 15 min，使 DNA 酶失活。用 1 mol/L 的 Tris-HCl 调 pH 至 7.5，于−20℃贮存。

(6)3 mol/L 醋酸钠−0.001 mol/L EDTA-Na_2 溶液。称取醋酸钠 204 g、EDTA-Na_2 0.186 g 溶于蒸馏水，稀释至 500 mL。

(7)10 mmol/L 的醋酸钠溶液。

(8)70%乙醇，80%乙醇，95%乙醇，无水乙醇。

(9)灭菌蒸馏水(ddH_2O)、石英砂、液氮。

4. 操作步骤

1)DNA 的提取

(1)称取 1.5 g 左右植物的幼叶或其他幼嫩材料剪碎放入研钵中，加入适量液氮(若没液氮将研钵放在冰浴中研磨)，迅速磨成粉状后(越细越好)，立即加入 6 mL 提取缓冲液(含酚类物质较多的木本植物叶片裂解液中可含 2%可溶性 PVP，0.5%β-巯基乙醇)研成糊状，倒入 10 mL 离心管中，震荡轻轻摇匀，65℃水浴 30 min，期间轻轻摇动混匀 3～4 次，此时溶液变得黏稠并略透明，取出冷至室温。该步操作系将核蛋白从细胞核中释放出来。

(2)溶液冷却至室温后加入等体积的氯仿-异戊醇(24∶1，V/V)，缓慢颠倒混匀抽提，室温下静置 10 min，4℃下 10 000 r/min 离心 10 min，离心后溶液呈 3 层，用剪枪头小心地吸取上层清液至新的离心管中(弃去中间层的细胞碎片、变性蛋白质及下层的氯仿)，再加等体积的氯仿-异戊醇，轻轻颠倒混匀抽提 4～5 min，4℃下，10 000 r/min 离心 10 min。

(3)将上清液转至新的离心管中，加 2～3 倍体积冰冻无水乙醇，轻轻混匀，直至出现絮状，用 1 mL 剪枪头吸出或者用钩子挑出絮状沉淀于一洁净 1.5 mL 的离心管中，60℃稍稍烘干(不可太干，呈透明状无酒精味即可，需 30 min 左右)。

(4)加入含 0.5 mL TE 缓冲液溶解，得 DNA 粗提液。

2)DNA 的纯化

(1)在上述溶液中加入 RNaseA 酶(无 DNase)液至终浓度为 10 mg/mL，37℃水浴30 min(除去 RNA)。

(2)加 1/10 体积的 3 mol/L 的 NaAc(pH 5.2)及 2～3 倍体积－20℃预冷的无水乙醇，－20℃冰箱沉淀 30 min，4℃10 000 r/min 离心 10 min。

(3)去上清液，加入 1 mL 70％乙醇，漂洗沉淀 1～2 次，室温干燥。

(4)加 0.5～1.0 mL 的 TE 缓冲液溶解 DNA，放入－40℃超低温冰箱保存备用或立即检测。

3)DNA 的纯度鉴定(紫外吸收法)

核酸类物质含有嘌呤、嘧啶碱基，这些碱基中都有共轭双键(═C—C═)，在紫外区260 nm 处有最高吸收峰，蛋白质在 280 nm 有吸收峰，可通过测定 A_{260} 来定量微克级的相对纯的核酸制品，用 A_{260}、A_{280} 的比值来指示核酸的纯度，比值为 1.8～1.9 及 1.9～2.0 分别表示 DNA 和 RNA 制品的纯度较高。将备用的 DNA 定容至 5 mL，用 1 cm 光径的比色杯测定 A_{260} 和 A_{280}，根据公式：$C(\mu g/mL)=A_{260}/0.020$ 计算 DNA 浓度 C，以 A_{260}/A_{280} 确定所提取的 DNA 纯度。

5. 注意事项

(1)不同的植物 DNA 含量不同，取样时根据试材决定所需材料的称量。

(2)氯仿、巯基乙醇等有毒，实验时需戴手套操作。

(3)本实验所用药品和试剂很多，配置时注意各药品的性质，一般先单独配制溶解后再混合，切忌把药品混在一起溶解，以免发生反应或出现沉淀。

(4)提取过程中务必防止 DNA 酶导致的 DNA 降解以及污染。

(5)如果在 230 nm 处出现光吸收，则说明样品被酚或尿素污染；而 325 nm 的光吸收则提示有特殊物质污染或比色杯太脏。

6. 思考题

(1)试验中加入 EDTA、巯基乙醇、氯仿、异戊(丙)醇的作用是什么？

(2)怎样除去样品中的蛋白质、多糖和酚类物质？

(3)DNA 易溶解在多少浓度的 NaCl 中？

10.3.2 二苯胺定糖法测定 DNA 含量

1. 实验原理

脱氧核糖核酸中的 α-脱氧核糖在酸性环境中变成 ω-羟基-γ 酮基戊醛与二苯胺试剂一起加热产生蓝色化合物(图 10-2)，在 595 nm 处有最大的吸收，在每毫升含 DNa_2 0～400 μg 范围内，光密度与 DNA 的浓度成正比，在反应液中加入少量乙醛，可以提高反应的灵敏度。除 DNA 外，脱氧木糖、阿拉伯糖也有同样的反应。

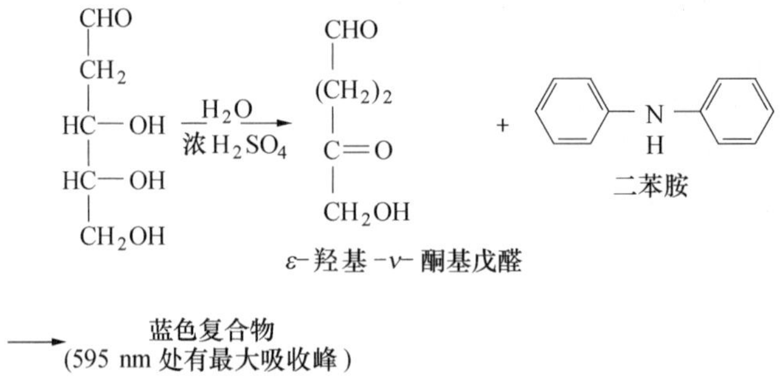

图 10-2 脱氧核糖核酸加热产生蓝色化合物反应图

2. 器材、试剂和实验材料

器材:试管及试管架;离心管(10 mL、1.5 mL);

移液枪(200 μL、1 000 μL、2 mL、5 mL);

恒温水浴;紫外-可见光分光光度计;高速冷冻离心机。

试剂:

(1)DNA 标准液。取标准 DNA 25 mg 溶于少量 0.05 mol/L NaOH 中,再用 0.05 mol/L NaOH 定容至 25 mL 后,用移液管吸取此液 5 mL 至 50 mL 容量瓶中,加 5.0 mL 1 mol/L $HClO_4$,混合冷却后用 0.5 mol/L $HClO_4$ 定容至刻度,则得 100 μg/mL 的标准溶液。

(2)二苯胺乙醛试剂。1.5 g 二苯胺溶于 100 mL 冰醋酸中,添加 1.5 mL 浓硫酸,装入棕色瓶中,并暗处贮存,使用时加 0.1 mL 乙醛液[浓乙醛、H_2O 之比为 1∶50(V/V)]。

(3)5 mol/L 高氯酸钠溶液。称取 $NaClO_4 \cdot H_2O_7$ 0.23 g,先加入少量蒸馏水溶解再容至 100 mL。

(4)1.0 mol/L 高氯酸溶液($HClO_4$)、0.1 mol/L 高氯酸溶液。

(5)0.2 mol/L NaOH、0.05 mol/L NaOH。

实验材料:已提取好的各种植物的 DNA 溶液或标准的 DNA 样品。

3. 操作步骤

1)DNA 标准曲线的制作

取 7 支试管,按表 10-1 编号,并依次加入相应试剂。

表 10-1 DNA 标准曲线的配方

试剂	管号						
	0	1	2	3	4	5	6
100 μg/mL DNA 标准液/mL	0	0.2	0.4	0.6	0.8	1.0	1.2
蒸馏水/mL	2	1.8	1.6	1.4	1.2	1.0	0.8
二苯胺试剂/mL	4	4	4	4	4	4	4
DNA 含量/μg	0	20	40	60	80	100	120

混匀后观察溶液颜色(不变蓝),于 60℃恒温水浴中保温 1 h,(或于沸水中煮沸 15 min),在加热过程中,随时注意试管中溶液颜色的变化(逐渐出现浅蓝色)。取出冷却后在 595 nm 处测光密度,以光密度为纵坐标,DNA 含量(μg/每管)为横坐标,绘制标准曲线。

2)样品 DNA 的测定

吸取 25 μL 上述方法中提取的 DNA 待测液(具体用量视材料而定,要求内含 DNA 应在标准曲线可测范围之内)用 TE 缓冲液稀释至 2 mL,以等体积 TE 溶液为空白对照。再加 4 mL二苯胺试剂,摇匀,其操作步骤与标准曲线的制作相同,测定出 DNA 的光密度值。

4. 结果计算

根据测得的光密度值,从标准曲线上查出相当于该光密度的 DNA 含量,按下式计算出样品中 DNA 的含量。

$$\text{DNA 含量}\ (\mu g/g) = \text{标准曲线查得的相应值} \times \text{稀释倍数}/W$$

稀释倍数 $=V_T/V_1$。

式中,V_T 为提取液总体积(mL);V_1 为测定时 DNA 的体积(mL);W 为样品的重量(g)。

5. 注意事项

(1)二苯胺法测定 DNA 含量灵敏度不高,待测样品中 DNA 含量低于 50 mg/L 即难以测定。乙醛可增加二苯胺法测定 DNA 的发色量,又可减少脱氧木糖和阿拉伯糖的干扰,能显著提高测定的灵敏度。

(2)样品中含有少量 RNA 并不影响测定,但因蛋白质、多种糖类及其衍生物、芳香醛、羟基醛等能与二苯胺反应形成有色化合物,故能干扰 DNA 的测定。乙醛溶液应保存于冰箱(1 周内可使用),所配得的溶液应为无色。

6. 实验报告

(1)根据数据绘制标准曲线图。

(2)计算 DNA 含量,比较不同植物、不同器官、不同环境条件下 DNA 的含量。

7. 思考题

本实验的关键步骤是什么?如何控制?

10.3.3　紫外吸收法测定 DNA 含量

1. 实验原理

核酸、核苷酸及其衍生物都具有共轭双键系统,能吸收紫外光。DNA 和 RNA 的紫外吸收峰在 260 nm 波长处,测定未知浓度的 DNA 溶液在 260 nm 波长的光吸收值可计算出 DNA 的含量。蛋白质的最大吸收波长值在 280 nm 处,不含蛋白质的纯净双链 DNA OD_{260}/OD_{280} 的值在 1.8~1.9;若 OD_{260}/OD_{280} 小于 1.70 以下,表明有苯酚、蛋白质、多糖多酚类等杂质存在;若 OD_{260}、OD_{280} 比值在 2.0 以上,表明 DNA 中含有 RNA 或 DNA 降解。

DNA 链中含磷量为 9.2%,因此每毫升溶液中含 1 μg DNA 钠盐的光密度值为 0.020,通常当 OD 值为 1.0 时相当于 50 μg 双链 DNA,可根据此比值计算出样品中 DNA 的含量。

2. 器材、试剂和实验材料

器材:试管及试管架 10 mL、5 mL;移液枪(200 μL、1 000 μL、2 mL、5 mL);紫外-可见光分光光度计。

试剂:TE 缓冲液(10 mmol/L Tris-HCl pH 8.0,1 mmol/L EDTA)。

实验材料:通过上述 DNA 的提取方法中获得的各种植物的 DNA 溶液。

3. 操作步骤

(1)吸取 50 μL 提取的 DNA 溶液,加入 2.8 mL TE 缓冲液(DNA 母液被稀释 57 倍)。以等体积 TE 溶液为空白对照。

(2)在紫外分光光度计上测定其在 260 nm 和 280 nm 处的光密度(*OD*)值,根据 OD_{260}/OD_{280} 比值的大小判断提取的 DNA 纯度。在波长为 260 nm、280 nm 处的紫外吸值分别反应的是 DNA 提取样品中核酸和蛋白质的含量。

4. 结果计算

DNA 浓度(μg/μL)=[OD_{260}×n(稀释倍数)×50(μg/mL)]/1 000;

DNA 含量(μg/g)=[DNA 浓度(μg/μL)×V×1 000]/W(g);

式中,V 为提取样品的体积(mL);W 为提取样品的重量(g)。

5. 注意事项

(1)纯 DNA 样品 OD_{260}/OD_{280} 应为 $1.7 \leqslant OD \leqslant 1.9$;$OD_{260}/OD_{280} \geqslant 2.0$ 时,表明有 RNA 污染;$OD_{260}/OD_{280} \leqslant 1.7$ 时,表明样品中存在蛋白质或酚类物质的污染,建议再用酚/氯仿抽提继以乙醇沉淀以除去杂质。

(2)如果想检测样品中是否残存酚等有机杂质,需要测定 230 nm 处 *OD* 值。

6. 思考题

(1)紫外吸收法测定 DNA 含量与二苯胺法比较有何优缺点?

(2)如 OD_{260}/OD_{280} 比值小于 1.7 以下,说明什么问题?应该怎样处理?

(3)DNA 制品可用哪几种方法测定其含量,试从原理、准确性等方面加以比较。

参 考 文 献

1. 刘伟全,高士争,王吉贵. 精编分子生物学指导. 北京:化学工业出版社,2010.
2. 李义良. 转基因杨树的分子检测和抗性评价. 博士研究生论文. 北京:北京林业大学,2008.
3. 李合生. 植物生理生化实验原理和技术. 北京:高等教育出版社,2006.
4. 易庆平. 柿属植物 DNA 提取纯化技术体系的建立. 博士研究生论文. 武汉:华中农业大学,2006.
5. 赵亚华. 生物化学实验技术教程. 广州:华南理工大学出版社,2004.
6. 邵雪玲,毛歆,郭一清. 生物化学与分子生物学指导. 武汉:武汉大学出版社,2003.
7. 项艳,朱苏文,程备久. 板栗基因组 DNA 几种提取方法比较研究. 安徽农业大学学报,2001,28(1):36-39.

10.4 植物组织中 ATP 酶活性的测定

ATP 酶(adenosine triphosphatase,ATPase)可催化 ATP 水解生成 ADP 及无机磷的反应,这一过程释放出大量能量,以供生物体进行各需能反应过程。ATP 酶存在于生物细胞的多个部位,如细胞质膜上,叶绿体类囊体膜上,线粒体膜、液泡膜上都有 ATP 酶的存在,对植物整个生命的维持有着重要的作用。ATP 酶可分为叶绿体或线粒体 H^+-ATP 酶(F 型 H^+-ATPase);质膜 H^+-ATP 酶(PM 型-H^+-ATPase),该酶被钒酸盐(VO^{3-})抑制,但对其他离子如 NO_3^- 不敏感;液泡 H^+-ATP 酶(V 型 H^+-ATPase)对钒酸盐(VO^{3-})不敏感,被 NO_3^- 抑制;另外植物体内还有运输钙离子的 Ca^{2+}-ATP 酶。在植物研究中,常通过测定酶促反应释放的无机磷量或 ATP 的减少量以及 pH 变化等来测定叶绿体偶联因子 ATP 酶和质膜 ATP 酶(PM-ATPase)的活力。

10.4.1　叶绿体偶联因子 ATPase 活性的测定

1. 实验原理

叶绿体偶联因子(CF1)是分布在叶绿体类囊体膜表面的一种复合蛋白，具有亲水性，它在光合作用能量转换反应中起重要作用。用适宜的抽提介质可使偶联因子 CF1 和膜分离开来，CF1 在正常情况下催化光合磷酸化反应(ATP 合成)的速率很高，而水解 ATP 的活力十分低。但用二硫苏糖醇(DTT)、胰蛋白酶或较高温度等激活后可表现出需镁-ATP 酶(Mg^{2+}-ATPase)和需钙 ATP 酶(Ca^{2+}-ATPase)活性，它们水解 ATP 的活力可大大增加。另外，CF1 在暗处可水解 ATP 为 ADP 和 H_3PO_4，也可以发生 ATP 与 H_3PO_4 的变换反应。其活力大小可用反应终止后生成的无机磷含量的多少来衡量，无机磷与硫酸钼铵溶液反应生成有色化合物，故可用比色法测定无机磷的含量而得出 ATP 酶的活性。

2. 器材、试剂和实验材料

器材：研钵，试管，离心管，移液枪若干，水浴锅，照光设备(光源 50 000 lx)，高速冷冻离心机，紫外-可见分光度计。

试剂：

①Tris-HCl 缓冲液 1 mol/L(pH 8.0)。称 60.57 g Tris 溶于 400 mL 蒸馏水中，用浓盐酸调至 pH 8.0，再加蒸馏水至 500 mL。

②STN 缓冲液，将 50 mmol/L Tris-HCl pH 7.8 缓冲液(内含 0.4 mol/L 蔗糖、10 mmol/L NaCl) 放入冰箱中预冷。

③Mg^{2+}-ATPase 酶激活液(内含 25 mmol/L Tris-HCl, pH 8.0, 50 mmol/L NaCl, 5 mmol/L $MgCl_2$, 5 mmol/L DTT, 50 μmol/L PMS)。称 2.43 g Tris 溶于 400 mL 蒸馏水中，用浓盐酸调至 pH 8.0，分别称取 1.46 g NaCl, 0.238 g $MgCl_2$ 0.386 g DTT(二硫苏糖醇)，7.66 mg PMS(吩嗪硫酸甲脂)分别溶于少量的 Tris-HCl 溶液中，合并上述溶液，最后用蒸馏水定溶到 500 mL。

④ Mg^{2+}-ATPase 酶反应液(100 mmol/L Tris-HCl, pH 8.0; 10 mmol/L $MgCl_2$, 10 mmol/L ATP)。100 mmol/L Tris-HCl, pH 8.0：称 6.057 g Tris 溶于 400 mL 蒸馏水中，用浓盐酸调至 pH 8.0。分别称取 0.169 g $MgCl_2$, 2.536 g ATP 分别于少量的 Tris-HCl 100 mmol/L 溶液中，合并上述溶液，最后用蒸馏水定溶到 500 mL。

⑤ Ca^{2+}-ATPase 酶激活液(25 mmol/L Tris-HCl, pH 8.0; 2 mmol/L EDTA-Na_2, 1 mmol/L ATP, 0.02%胰蛋白酶)。

⑥ Ca^{2+}-ATPase 酶反应液(100 mmol/L Tris-HCl, pH 8.0; 10 mmol/L $CaCl_2$; 10 mmol/L ATP)。

⑦5 mol/L 硫酸溶液。取 27.8 mL(比重 1.84)浓硫酸，慢慢加入到 70 mL 蒸馏水中，冷却后定容至 100 mL。

⑧10%硫酸-钼酸铵溶液。称 10 g 钼酸铵溶于 100 mL 5 mol/L 硫酸中。

⑨硫酸亚铁-钼酸铵试剂。称 5 g 硫酸亚铁，加入 10 mL 硫酸钼酸铵，再加蒸馏水稀释到 70 mL，直至溶解为止(使用前临时配制)。

⑩显色剂。6.47 mol/L NaOH。

实验材料：各种植物的新鲜叶片。

3. 实验步骤

1)叶绿体制备及叶绿素含量测定

(1)叶绿体的制备。称取 5 g 经预冷去脉的植物叶片，置于研钵中，加入 20 mL 0℃下预冷的 STN 缓冲液，快速研磨成匀浆，4 层纱布过滤去粗渣，滤液经 1 000 g，4℃冷冻离心约2 min，去除组织沉淀，上清液再于 2 000 g，4℃冷冻离心 4 min，弃上清液，用少量 STN 溶液(pH 7.8)悬浮沉淀得叶绿体悬浮液，使叶绿素含量在 0.5 mg/mL 左右。对于酚氧化酶活性强的叶片，则匀浆介质中还应加入 0.02 mol/L 抗坏血酸钠。

(2)悬浮液叶绿素含量的测定。取 0.1 mL 叶绿体悬浮液，加 0.9 mL 水和 4 mL 丙酮(分析纯)，离心，取上清液于 652 nm 测吸光度。

按 Arnon 公式计算：叶绿素含量(mg/mL)$=OD_{652}\times 1\ 000\times 5/(34.5\times 1\ 000\times 0.1)=OD_{652}\times 1.45$。

2)Mg^{2+}-ATPase 酶活性的测定

(1)Mg^{2+}-ATPase 酶的激活。取已制备好的叶绿体悬浮液 1 mL，取适量的叶绿体悬浮液(含有 0.1 mg/mL 叶绿素)，加入一定体积的 mg^{2+}-ATPase 酶激活液，至 0.5 mL，混匀，置于室温、白炽灯下[50 μmol/(m^2 · s)]光激活 6 min。取已制备好的叶绿体悬浮液 1 mL(叶绿素含量约为 0.1 mg/mL)，加入 1 mL mg^{2+}-ATPase 酶激活液，于室温在白炽光光照下[50 μmol/(m^2 · s)]光激活 6 min。

(2)Mg^{2+}-ATPase 酶的反应。取 3 只试管，分别取激活后的悬浮液 0.5 mL(剩下的叶绿体悬浮液供测定叶绿素含量用)，再加入 0.5 mL 的反应液，于 37℃水浴中保温激活 10 min(另一管置冰浴中作空白用)，然后加入 0.2 mL 的 20%TCA 停止反应，1 000 *g* 离心 5 min，各取上清液 0.3～0.5 mL(取样量按活力小大而改变)供测定 ATP 水解的无机磷用。

(3)无机磷标准曲线制作。取 6 只洁净试管，分别取 0、0.1、0.2、0.3、0.4、0.5、0.6 mL 的 10 μg/mL KH_2PO_4 标准液，分别加蒸馏水定容至 1.5 mL，混匀后加入 1.5 mL 的 10%硫酸亚铁-钼酸铵溶液，再次混匀，45℃恒温水浴保温 25 min 显色(显蓝色)，用蒸馏水作空白，测定其在 660 nm 处的光吸收值，制作标准曲线。

(4)无机磷含量的测定(Ames 钼蓝法)。取上述离心得到的上清液 0.3 mL，加入 1.2 mL 蒸馏水，混匀后加入 1.5 mL 的 10%硫酸亚铁-钼酸铵溶液混匀，45℃恒温水浴保温 25 min 显色，用去离子水作空白，测定其在 660 nm 处的光吸收值。根据标准 KH_2PO_4 溶液所作的无机磷标准曲线计算悬浮液中 mg^{2+}-ATPase 酶的活性。

3)Ca^{2+}-ATPase 酶活性的测定

(1)Ca^{2+}-ATPase 酶的激活。已制备好的叶绿体悬浮液 1 mL 取适量的叶绿体悬浮液(含有 0.1 mg/mL 叶绿素)，加入一定体积的 Ca^{2+}-ATPase 酶激活液至 0.5 mL，混匀，于 20℃水浴中保温激活 10 min，然后加入 0.1 mL 的 1%BSA 停止激活。

(2)Ca^{2+}-ATPase 酶的反应。取激活后的悬浮液 0.5 mL，再加入 0.5 mL 的反应液，于 37℃水浴中保温激活 10 min，然后加入 0.2 mL 的 20%TCA 停止反应，1 000 *g* 离心 5 min，各取上清液 0.3～0.5 mL(取样量按活力小大而改变)供测定 ATP 水解的无机磷用。

(3)无机磷含量的测定。同 Mg^{2+}-ATPase 酶的活性测定测定中磷的测定。

4. 酶活性计算

根据标准曲线所求得的无机磷含量，计算 CF1 参与酶-ATP ase 的活性。

以每分钟每毫克叶绿体中 CF1 参与酶促反应生成的无机磷的微克[μg/(mg・min)]作为 CF1 的 ATP 酶的一个活力单位。

5. 注意事项

(1)叶绿体偶联因子 CF1 是叶绿体上的酶，与光合作用有关，需要光激活。

(2)钼酸蓝定磷试剂通常为浅黄色，若变绿则不能使用。

(3)部分溶液需现配现用。

参 考 文 献

1. 李合生. 植物生理生化实验原理和技术. 北京：高等教育出版社，2006.
2. 刘伦沛. 几种植物叶绿体偶联因子 CF1 的 ATP 酶活性测定. 黔东南民族师范高等专科学校学报，2006，24(3)：25-26，34.
3. 张志良，瞿伟菁. 植物生理实验指导. 北京：高等教育出版社，2003，

10.4.2　质膜 ATP 酶活性的测定

1. 原理

质膜 ATP 酶(plasma membrane ATPase, PM-ATPase)在离子、溶质转运以及细胞离子稳态的建立和维持过程中起重要作用。它通过水解 ATP 产生的能量把细胞质内的 H^+ 泵出膜外，在植物质膜两侧形成跨膜质子驱动力，促进离子及分子的运输和吸收，植物质膜 ATPase 活性的强弱可以反映植物环境适应性及抗逆性。

2. 器材、试剂和实验材料

器材：研钵，试管，离心管，移液枪若干，水浴锅，超速冷冻离心机，紫外-可见分光度计。

试剂：

①研磨提取液。BTP-MES(1,3-二(三(羟甲基)甲氨基)丙烷)-MES(2-吗啉乙磺酸)缓冲液(含 50 mmol/L BTP(1,3-二(三(羟甲基)甲氨基)丙烷)-MES(2-吗啉乙磺酸)、2 mmol/L EGTA((乙二醇(2-氨基乙基)四乙酸))、0.5%(*W/V*)BSA(牛血清蛋白)、0.25 mmol/L KI、250 mmol/L 蔗糖、0.6%(*W/V*)PVP K-30(聚乙烯吡咯烷酮)、10%(*V/V*)甘油、5 mmol/L 2-巯基乙醇、2 mmol/L DTT(二硫苏糖醇)、1 mmol/L PMSF(苯甲基磺酰氟)，pH 7.8)。

②磷酸缓冲液(含 5 mmol/L KH_2PO_4(pH 7.8)、100 mmol/L KCl、250 mmol/L 蔗糖)。

③两相分离液。6.1%Dextran T-500(右旋糖苷)和 6.1%PEG(聚乙二醇，相对分子质量 3 350)，5 mmol/LKH_2PO_4(pH 7.8)、100 mmol/L KCl、250 mmol/L 蔗糖)。

④BTP/MES 缓冲液(含 5 mmol/L BTP/MES(pH 7.8)、250 mmol/L 蔗糖、3 mmol/L KCl)。

⑤细胞膜 H^+-ATPase 的反应液。含有 30 mmol/L BTP/MES 缓冲液、5 mmol/L $MgSO_4$、50 mmol/L KCl、50 mmol/L KNO_3、1 mmol/L Na_2MoO_4、1 mmol/L NaN_3(叠氮化钠)、0.02%(*W/V*)Brij 58($HO(CH_2CH_2O)_{20}C_{16}H_{33}$，聚氧乙烯醚，相对分子质量 1 124)、5 mmol/L Na_2-ATP。

实验材料：各种植物的新鲜叶片或其他器官。

3. 实验步骤

1)细胞质膜蛋白的制备(两相分离方法)

(1)质膜的提取。称取植物叶片 5 g 放入研钵中,加入 4 倍体积(W/V)预冷的研磨缓冲液,在冰浴中研磨,匀浆用 4 层纱布过滤,上清液过滤至 50 mL 离心管中,11 500 g 下离心 10 min,弃沉淀;上清液转入新的离心管中于 87 000 g 下离心 35 min,弃去上清液。

(2)质膜蛋白的分离与纯化。用 6 mL 磷酸缓冲液悬浮沉淀后,加入由右旋糖苷(Dextran)T-500 和聚乙二醇(PEG)3 350 水溶液组成的两相分离系统,来回摇动 30 次以混匀。720 g离心 25 min,吸取 90%的上相加至盛有新鲜下相的离心管中, 在原离心管中加入新鲜上相, 充分混匀后两管再以 720 g 离心 15 min, 如此重复 3 次, 最后将上相中收集到的膜蛋白用磷酸缓冲液稀释 6 倍,151 200 g 下离心 40 min。沉淀用 BTP/MES 缓冲液溶解后再次在 151 200 g 下离心 60 min,收集纯化的膜蛋白用 1~2 mL BTP/MES 缓冲液溶解后分装,液氮速冻,置于−80℃中保存。以上所有操作过程均在 0~4℃。

2)细胞膜 H^+-ATPase 的反应

反应体系体积为 0.5 mL,含有 30 mmol/L BTP/MES 缓冲液,5 mmol/L $mgSO_4$,50 mmol/L KCl,50 mmol/L KNO_3,1 mmol/L Na_3MoO_4,1 mmol/L NaN_3,0.02%(W/V)Brij 58,5 mmol/L Na_2-ATP。加入 50 μL 膜蛋白(蛋白含量 100~200 μg)启动反应,37℃下保温 30 min;然后加入 20%TCA 2.5 mL 中止液停止反应。1 000 g 离心 5 min,各取上清液 0.3~0.5 mL(取样量按活力小大而改变)供测定 ATP 水解的无机磷用。

3)无机磷含量的测定

同 mg^{2+}-ATPase 酶的活性测定中磷的测定。

4. 结果计算

在相同的条件下,以测定煮沸 30 min 后失去活性的膜蛋白作为空白,质膜 ATPase 水解活性根据单位时间内每毫克膜蛋白释放的磷含量减去空白值计算所得。ATPase 活性酶活力单位用 μmol(Pi)/(mg · min) 表示。

5. 注意事项

(1)本实验对仪器设备要求较高,所用离心机为 Beckman coulter Optimum TM L-80 XP,转头为 SW32 Ti。

(2)为了避免线粒体膜、液泡膜上 H^+-ATPase 以及酸性磷酸酶可能带来的影响,在测定细胞膜 H^+-ATPase 水解活性的其他指标中均加入 1 mmol/L NaN_3、50 mmol/L KNO_3 和 1 mmol/L Na_2MoO_4。

(3)需要对细胞质膜纯度检验。用 50 mmol/L KNO_3、NaN_3 检测细胞膜微囊体对 H^+-ATPase 活性,若活性很微弱则可排除液泡膜、线粒体膜的污染;用 1 mmol/L Na_2MoO_4 检测细胞膜微囊体对 H^+-ATPase 活性,若活性很微弱,则可排除酸性磷酸酶的污染。用 0.1 mmol/L Na_3VO_4 细胞膜微囊体对 H^+-ATPase 的影响,若活性非常强的则可证明是质膜蛋白。

(4)该实验很多药品和试剂都有毒,如 NaN_3 有毒,操作时要注意戴乳胶手套和口罩。

6. 思考题

(1)植物细胞质膜的提取应该注意哪些问题?

(2)怎样检测提取分离的细胞微囊体是质膜蛋白还是线粒体、液泡膜蛋白?

参考文献

1. 潘瑞炽. 植物生理学. 6 版. 北京:高等教育出版社, 2008.
2. 陈海燕, 崔香菊, 陈熙,等. 盐胁迫及 La^{3+} 对不同耐盐性水稻根中抗氧化酶及质膜 H^+ ATPase 的影响. 作物学报, 2007, 33(7): 1086-1093.
3. 张志良, 瞿伟菁. 植物生理实验指导. 北京:高等教育出版社,2003.
4. Małgorzata J R, Katarzyna K, Anna W, *et al*. Response of plasma membrane H^+-ATPase to low temperature in cucumber roots. J Plant Res, 2012, 125:291-300.
5. Stefania A, Sabrina Z, Alessio C, *et al*. In vivo and in vitro effects of cadmium on H^+-ATPase activity of plasma membrane vesicles from oat (*Avena sativa* L.) roots. J. Plant Physiol, 2003, 160: 387-393.
6. Yan F, Zhu Y Y, Müller C, *et al*., Adaptation of H^+-pumpingand plasma membrane H^+-ATPase activity in proteoid roots of white lupin under phosphate deficiency. Plant Physiol., 2002, 129: 50-63.
7. Gallahger S R, Leonard R T. Effect of vanadate, molybdate and azide on membrane associated ATPase and soluble phosphatase activities of corn roots. Plant Physiol, 1982, 70: 1335-1340.
8. Ames B N. Assay of inorganic phosphate tot al phosphate and phosphatases. Methods Enzymol., 1966, 8: 115-118.

10.5　花色素含量的测定

1. 原理

花色素又称花菁素,属于类黄酮类物质,广泛存在于植物界,是构成花冠及成熟果实颜色的重要色素之一,因此也作为水果果实品质鉴定的重要指标之一。此外,春天玉米苗期缺磷的叶片以及晚秋枫树与银杏的红叶中,花色素的含量均较高。

本实验的目的是学习花色素含量测定的原理及操作。

2. 实验原理

在不同的 pH 下,花色素呈现不同的颜色,在酸性条件下呈红色(530 nm 有一吸收峰),其颜色深浅与花色素含量呈正比,因此可用比色法测定。此法简便易行,宜于随时测定。

3. 仪器、试剂及实验材料

实验材料:具有颜色的果实,牵牛花,红叶,缺磷下培养的玉米幼苗。

仪器:分光光度计,天平,温箱,剪刀,移液管,具塞三角瓶,离心机。

试剂:0.1 mol/L HCl 溶液。

4. 实验步骤

先用 0.4 cm 的打孔器称取圆孔切丝,称取材料 0.5～1.0 g,置具塞试管中,加 0.1 mol/L HCl 溶液 10～20 mL(视样品中花色素含量而定),使样品完全浸于溶液中(必要时可抽气),加塞,置 32℃温箱中浸提 4～8 h(可摇动数次),或室温下避光浸提 24 h (离心),取上清液装入光径为 1 cm 的比色杯中,于 530 nm 下比色,记录 *OD* 值。

5. 结果计算

以 *OD* 值为 0.100 时的花色素浓度为 1 个单位。

$$C=\frac{OD_{530}}{0.1\times W}$$

式中，C 为花色素含量(单位/g)；OD_{530} 为样液在 530 nm 下的吸光值；W 为样品重量(g)。

参考文献

1. 潘增光，王国宾，李套明，等. 新红星苹果果实着色期几种色素含量变化及其相关性. 植物生理学通讯，1996，32(5)：347-349.
2. 潘增光，范晖，束怀瑞. 苹果果实花青素形成与乙烯释放的关系. 植物生理学通讯，1995，31(5)：338-340.

10.6 果实中有机酸含量的测定

1. 原理

果实中含有丰富的有机酸，如苹果酸、柠檬酸、琥珀酸、酒石酸、草酸等。利用酸碱滴定法测定果实或蔬菜中的可滴定酸含量，可以从风味及营养的角度衡量果实的品质。

2. 实验原理

果实中大多数有机酸是弱酸，如果某有机酸易溶于水，解离常数 $Ka>10^{-7}$，用标准碱溶液可直接测其含量，反应产物为强碱弱酸盐。滴定突跃范围在弱碱性内，可选用酚酞指示剂，滴定溶液由无色变为微红色即为终点。根据 NaOH 标准溶液的浓度 c 和消耗的体积 V 计算该有机酸的含量：

$$\omega(H_nA)=\frac{cVM(H_nA)}{m_5\times 1\ 000}\times 100\%$$

NaOH 标准溶液是采用间接配制法配制的，因此必须用基准物质标定其准确浓度。邻苯二甲酸氢钾($KHC_8H_4O_4$)，它易制得纯品，在空气中不吸水，容易保存，摩尔质量较大，是一种较好的基准物质，标定反应如下：

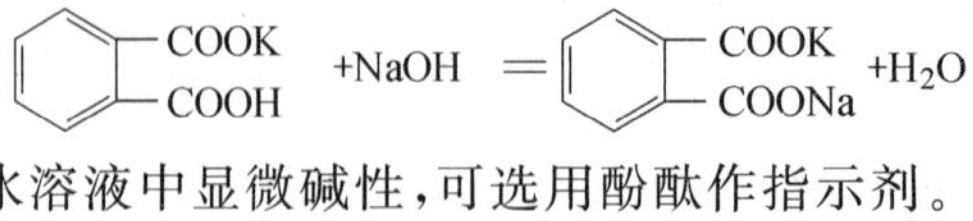

反应产物为二元弱碱，在水溶液中显微碱性，可选用酚酞作指示剂。

邻苯二甲酸氢钾通常在 105～110℃下干燥 2 h 后备用。避免干燥温度过高，否则脱水成为邻苯二甲酸酐。

在一定温度下，用蒸馏水或乙醇将植物材料中的有机酸浸提出来，用碱溶液滴定浸出液，即可计算出样品的可滴定酸含量。果实中的有机酸含量如柑橘类可换算成柠檬酸，葡萄可换算成酒石酸，苹果类可换算成苹果酸表示。

3. 仪器、试剂及实验材料

器材：电子天平，三角瓶(250 mL)，匀浆机(或研钵)，恒温水浴锅，低速离心机(或漏斗)，50 mL 离心管(或定性滤纸)，碱式滴定管，容量瓶(100 mL)，移液管(25 mL)，试剂瓶，量筒。

试剂：0.05 mol/L NaOH 标准溶液；邻苯二甲酸氢钾(分析纯)；1%酚酞指示剂。

①0.05 mol/L NaOH 溶液的配制。在天平上取约 0.5 g 固体 NaOH(可用干燥小烧杯称取)，另用大量筒量取 250 mL 去离子水(无 CO_2)，倒入少量水到装有 NaOH 固体的小烧杯中，搅拌使 NaOH 溶解后将其倒入试剂瓶中；再将大量筒中剩余的水倒入试剂瓶中，混匀。

②0.05 mol/L NaOH 溶液的标定液配制。用万分之一的天平称取干燥过的邻苯二甲酸氢钾 0.125 0～0.150 0 g 3 份，分别置 250 mL 三角瓶中，用 80 mL 无 CO_2 水溶解，加酚酞指示剂 2～3 滴，用所配 NaOH 标准溶液滴定至微红色(15 mL 左右)即为终点。平行滴定 3 次，求 3 份样品的平均值，根据下式计算 NaOH 的准确浓度，结果保留至小数点后 4 位。

$$M = \frac{W}{V \times 0.204\,3}$$

式中，M 为 NaOH 标准溶液的浓度(mol/L)；W 为邻苯二甲酸氢钾的重量(g)；V 为滴定时所消耗 NaOH 溶液的体积(mL)；0.204 3 为每毫摩尔邻苯二甲酸氢钾的重量(g)。

③1%酚酞指示剂。称取 1 g 酚酞，溶解于 100 mL 70%～90%乙醇中。

材料：新鲜待测果实或其他植物组织。

4. 实验步骤

(1)将新鲜组织用匀浆机匀浆，称取匀浆 5 g 于 50 mL 离心管中，将 35 mL 左右蒸馏水加入 50 mL 离心管，于 80℃恒温水浴中浸提 30 min，其间不断摇匀。

或称取新鲜组织 5 g，至于研钵中迅速研成糊状，用 50 mL 蒸馏水洗入 250 mL 三角瓶中，加适量蒸馏水，于 80℃恒温水浴中浸提 30 min，其间不断搅拌。

(2)冷却后 6 000 r/min 离心 10～15 min，上清液用蒸馏水定容到 100 mL(如材料为匀浆处理，且溶液色泽不影响滴定终点判断，亦可不离心冷却后直接过滤，残渣用 10～15 mL 蒸馏水冲洗 2～3 次，合并滤液，定容至 100 mL)。

(3)取试液 3 份，每份 25 mL ，分别置 250 mL 三角瓶中，各滴入酚酞指示剂 2～3 滴。用 NaOH 标准溶液滴定至溶液呈微红色，30 s 不褪色，即为终点。记录 NaOH 的用量(保留 2 位小数)于表 10-2 中。平行测定 3 份，计算有机酸试样的含量。

表 10-2　有机酸含量测定数据记录

实验内容	消耗 NaOH 标准溶液体积/mL			结果计算			
	1	2	3	1	2	3	平均值
NaOH 标准溶液标定							
样品总酸度测定							

5. 结果计算

$$总酸度 = \frac{V_1 \times V \times N \times K \times a}{V_2 \times W} \times 100\%$$

式中，V_1 为样品提取液总体积(mL)；V_2 为滴定时所取滤液体积(mL)；V 为滴定时所消耗 NaOH 标准溶液的体积(mL)；N 为 NaOH 标准溶液的浓度(mol/L)；K 为将总酸换算为特定有机酸的系数：苹果酸 0.067、柠檬酸 0.064、酒石酸 0.075、乳酸 0.090、草酸 0.045；a 为样品滴定前的稀释倍数；W 为样品鲜重(g)。

6. 注意事项

(1)如样品中有机酸含量过高，应在滴定前适当稀释，计算时将稀释倍数代入公式。

(2)如果试液颜色较深，影响滴定终点的观察，应采用电位滴定法。

(3)一般果蔬中含酸量较少，如用 0.1 mol/L NaOH 溶液进行滴定时，NaOH 所消耗的体积较少，容易引起误差。实际操作中，多用 0.05 mol/L 甚至 0.01 mol/L 的 NaOH 溶液进行滴定。

7. 思考题

(1)园艺产品中的主要有机酸有哪些？计算时如何选择折算系数？

(2)对于颜色较深的样品，测定有机酸时终点不易观察，应如何处理？

(3)如果邻苯二甲酸氢钾未烘干，将使标准溶液浓度的标定结果偏高还是偏低？溶解邻苯二甲酸氢钾时加入 80 mL 水，是用量筒量取，还是用移液管移取？为什么？

参考文献

1. 王学奎. 植物生理生化实验原理和技术. 北京：高等教育出版社，2006.
2. 张志良，瞿伟菁. 植物生理学实验指导. 北京：高等教育出版社，2003.
3. 李合生. 植物生理生化实验原理和技术. 北京：高等教育出版社，2000.

10.7 果实中维生素 C 含量的测定

维生素 C(Vitamin C)又称抗坏血酸(ascorbic acid)，是人类营养中最重要的维生素之一，缺乏时会产生坏血病。水果、蔬菜是供给人类维生素 C 的主要来源。不同栽培条件，不同成熟度都可以影响水果、蔬菜中维生素 C 的含量。维生素 C 含量是评价果蔬品质的重要指标之一。

本实验的目的在于学习简单便利的果实和蔬菜中维生素 C 含量的测定方法及原理。

10.7.1 滴定法

1. 实验原理

维生素 C 具有很强的还原性，染料 2,6-二氯酚靛酚(2,6-dichlorophenol indophenol)具有较强的氧化性，且在酸性溶液中呈红色，在中性或碱性溶液中呈蓝色。因此，当用蓝色的碱性 2,6-二氯酚靛酚溶液滴定含有抗坏血酸的草酸溶液时，其中的抗坏血酸可以将 2,6-二氯酚靛酚还原成无色的还原型。但当溶液中的抗坏血酸完全被氧化之后，则再滴 2,-二氯酚靛酚就会使溶液呈红色，此时即为滴定终点。根据滴定用去的 2,6-二氯酚靛酚溶液的量，即可计算出被测样品中抗坏血酸的含量。

2. 仪器、试剂及实验材料

实验材料：新鲜水果或蔬菜。

仪器：蒸发皿，研钵，移液管，漏斗，滤纸，容量瓶，微量滴定管等。

试剂：

①2%草酸。称取 10.0 g 草酸溶于少量蒸馏水中，定容至 500 mL。

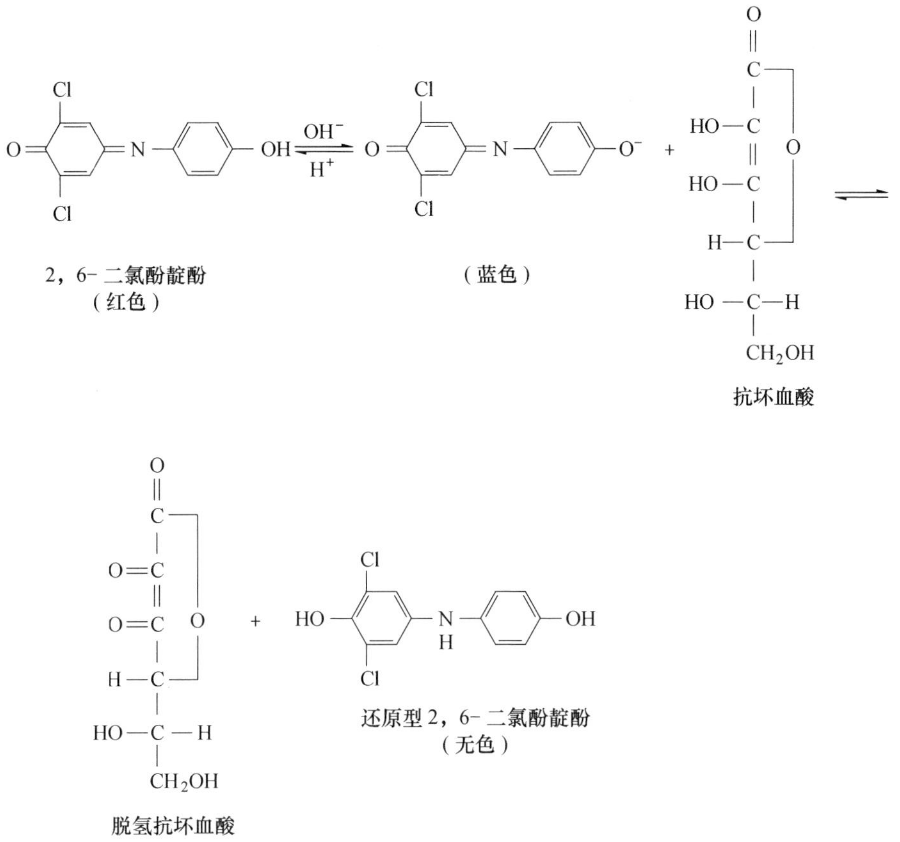

②2，6-二氯酚靛酚（$NaOC_6H_4NC_6H_2OCl_2$，相对分子质量为290.09）。将50 mg 2,6-二氯酚靛酚染料溶解于200 mL含有52 mg $NaHCO_3$的热水中，冷却后，定容至250 mL，装入棕色瓶内，放在冰箱里保存（因该染料性质不稳定，配制后超过1周必须重新配制）。

③标准抗坏血酸溶液。将50 mg纯抗坏血酸溶于少量2%草酸溶液中，然后用2%草酸溶液定容至500 mL（使用前临时配制）。

3. 实验步骤

（1）提取。称取水果或蔬菜样品10 g，放在研钵中加入2%草酸溶液约5 mL研碎。通过漏斗将研碎的样品倒入1只100 mL的容量瓶中，研钵用2%草酸冲洗，并将洗液一并倒入该容量瓶中，最后用2%草酸定容到刻度。过滤，滤液备用。

（2）标定。取10 mL标准抗坏血酸溶液至蒸发皿中，以2,6-二氯酚靛酚溶液滴定至粉红色，并在30 s内不褪色为终点。计算1 mL染料相当于抗坏血酸的毫克数（重复3次，取平均值）。

（3）滴定。取滤液10 mL于蒸发皿中，用已标定过的2,6-二氯酚靛酚溶液滴定至粉红色，并且在30 s内不褪色为止，记下染料的用量（重复3次，取平均值）。

4. 结果计算

$$W = \frac{(Y_0 - Y_1) \times A}{B} \times \frac{Z}{X} \times 100 \qquad A = \frac{C \times V_1}{V_2}$$

式中，W 为样品中抗坏血酸含量(mg/100 g)；Y_1 为空白滴定所用染料量(mL)；Y_0 为样品滴定所用染料量(mL)；B 为样品重(g)；X 为样品滴定吸取溶液体积(mL)；Z 为样品溶液定容后的总体积(mL)；A 为与 1 mL 染料溶液相当于抗坏血酸的毫克数；C 为抗坏血酸的浓度(mg/mL)；V_1 为标定用抗坏血酸的体积(mL)；V_2 为标定消耗染料的体积(mL)。

附注：

样品中含有的其他还原性杂质也能还原 2,6-二氯酚靛酚，但一般杂质还原 2,6-二氯酚靛酚的速度均较维生素 C 慢，因此，将粉红色能存在 15 s 以上定为滴定终点。

10.7.2 二甲苯萃取比色法

常规测定维生素 C 的方法是采用 2,6-二氯酚靛酚滴定法，但因某些叶片中花青素含量较高，当用酸提取时呈红色而无法滴定。采用二甲苯萃取比色法则不受花青素的干扰。

1. 实验原理

向一定量提取液中加入过量的 2,6-二氯酚靛酚染料溶液与抗坏血酸作用后，多余的 2,6-二氯酚靛酚用二甲苯萃取比色。待测液中抗坏血酸的含量与二甲苯萃取的颜色呈线性负相关，即待测液中抗坏血酸含量越多，未被还原的染料就越少，二甲苯萃取的颜色也就越浅。由于水溶性的花青素不溶于二甲苯，因而不影响测定结果。

2. 仪器、试剂及实验材料

实验材料：新鲜甘蓝叶片，白萝卜等。

仪器：分光光度计，容量瓶，研钵，不锈钢刀，具塞刻度试管等。

试剂：

①染料溶液。称取 100 mg 2,6-二氯酚靛酚和 82 mg 碳酸氢钠溶于约 60 mL 热水中，过滤定容至 100 mL 容量瓶中，倒入棕色试剂瓶存放于冰箱内。使用时稀释 4 倍，此溶液每毫升约相当于 0.1 mg 的抗坏血酸。

②抗坏血酸标准溶液。精确称取 100 mg 分析纯抗坏血酸，溶于 1%草酸，定容至100 mL，再从中吸取 5 mL，用 1%草酸再定容至 100 mL，其浓度为 0.05 mg/mL(使用前临时配制)。

③二甲苯。分析纯(本法使用过的二甲苯可用 20%NaOH 中和后，蒸馏回收)。

④其他试剂。1%草酸，2%草酸，30%硫酸锌，15%亚铁氰化钾。

3. 实验步骤

(1)标准曲线制作。取具塞试管 6 个，按表 10-3 加试剂，迅速摇动约 0.5 min，静置后二甲苯与水层分离，将上层二甲苯萃取液轻轻倒入 1 cm 比色杯，在 500 nm 波长下测定吸光度。以二甲苯作空白调零，消光值为纵坐标，含抗坏血酸毫克数为横坐标，绘制标准曲线。

(2)样品提取。取新鲜蔬菜洗净擦干，在玻板上用不锈钢刀切碎混匀。称取 2 g 样品放至研钵中，加入 2%草酸 3 mL 研磨至匀浆，然后将匀浆倒至 100 mL 容量瓶中，残渣用 1%草酸冲洗，将洗液一并倒至容量瓶中，加入 30%硫酸锌 1 mL，摇动容量瓶，再加入 15%亚铁氰化钾 1 mL，以除去脂溶性色素，再用 1%草酸定容至刻度，摇匀后过滤到干净小烧杯中。

(3)测定。取上述提取液 4 mL(若抗坏血酸含量高，可适当减少取量，不足 4 mL 的可用 1%草酸补足至 4 mL)至具塞刻度试管中，依次加入染料 2 mL、二甲苯 5 mL，按照标准曲线的方法测定吸光度。

表 10-3　维生素 C 标准曲线的配方表

试管编号	1	2	3	4	5	6
抗坏血酸标准溶液/mL	0	1.0	2.0	2.5	3.0	4.0
1%草酸/mL	4.0	3.0	2.0	1.5	1.0	0
抗坏血酸含量/mg	0	0.05	0.10	0.125	0.15	0.20
染料溶液/mL	2	2	2	2	2	2
二甲苯/mL	5	5	5	5	5	5
吸光值(OD_{500})						

4. 结果计算

$$C = \frac{X \times V_t}{W \times V_m} \times 100$$

式中，C 为抗坏血酸含量(mg/100 g)；X 为从标准曲线上查得的抗坏血酸的毫克数；V_t 为提取液总体积(mL)；W 为样品鲜重(g)；V_m 为测定用体积(mL)。

10.7.3　2,4-二硝基苯肼比色法

1. 实验原理

在酸性条件下，2,4-二硝基苯肼能与大多数的醛或酮反应生成黄色至红色的 2,4-二硝基苯腙，这一过程往往需要加温。其反应如下：

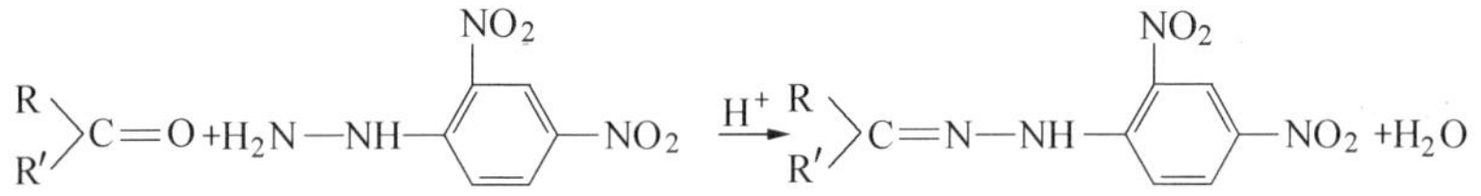

醛或酮　　2，4-二硝基苯肼　　2，4-二硝基苯腙

由于抗坏血酸分子中也含有酮基，故也有上述反应，生成棕红色的 2,4-二硝基苯腙(540 nm处有一最大吸收峰)，其颜色深浅与抗坏血酸含量成正比，所以可进行比色测定。

2. 仪器、试剂及实验材料

实验材料：植物的新鲜与干燥样品。

仪器：分光光度计，天平，恒温水浴，研钵，三角瓶，具塞试管，酸式滴定管等。

试剂：

①抗坏血酸标准溶液。准确称取分析纯抗坏血酸 0.0200 g 溶于 1%草酸，并定容至 100 mL；吸取此溶液 50 mL，加入用酸处理过的活性炭 0.1 g，摇动 1 min，过滤；再吸此溶液 5 mL用 1%草酸定容至 100 mL，即为抗坏血酸标准溶液，其浓度为 10 μg/mL(如样品不脱色，则此液可不用活性炭处理)。

②盐酸处理的活性炭。称取活性炭 200 g，加入 10%HCl 溶液 1 000 mL，煮沸后抽气过滤；再用沸水 1 000 mL 煮沸，反复用水洗至滤液中无高价铁离子(Fe^{3+})为止(可用硫氰酸钾溶液试验不呈红色)，于 100℃下烘干。

③2%2,4-二硝基苯肼溶液。称取 2,4-二硝基苯肼 2 g，溶于 4.5 mol/L H_2SO_4 100 mL，用前过滤。

④1%草酸溶液。

⑤10%硫脲。称取硫脲 5 g，溶于 50%酒精 50 mL。

⑥85%H_2SO_4 溶液。量取 10 mL 蒸馏水，慢慢加入比重 1.84 浓 H_2SO_4 90 mL。

⑦4.5mol/L H_2SO_4 溶液。量取 75 mL 蒸馏水，慢慢加入比重 1.84 浓 H_2SO_4 25 mL。

3. 实验步骤

(1)标准曲线的制作。取干净 50 mL 容量瓶 5 只(1～5 号)，依次装入抗坏血酸标准液(10 μg/mL)10、20、30、40、50 mL，分别用 1%草酸定容至 50 mL，则此系列溶液含抗坏血酸的浓度依次为 2、4、6、8、10 μg/mL。取干洁具塞刻度试管 6 支(0～5 号)，0 号加 1%草酸 2 mL，1～5 号对应加入上述系列抗坏血酸溶液 2 mL，加硫脲溶液 1 滴，2,4-二硝基苯肼溶液 0.5 mL，加盖。于 37℃水浴中保温 3 h。取出放在冰浴中，用酸式滴定管向各管逐滴加入 85%H_2SO_4 2.5 mL，边滴边摇，以免发生炭化，然后于室温下放置 30 min，用光径为 1 cm 的比色杯于 540 nm 下比色，记录 *OD* 值，绘制标准曲线。

(2)样品中抗坏血酸的提取。

①鲜样。称取 1～5 g 剪碎，用 1%草酸研磨成匀浆，定容至 100 mL，摇匀过滤(如样品中含有色素，过滤前可用盐酸处理过的活性炭脱色)，滤液用于测定。

②干样。现以枸杞子为例。准确称取枸杞子 15 g，置于磨口三角瓶中，加入等量的 2%草酸溶液，塞紧塞子浸泡 4 h，用研钵研成匀浆。称取此匀浆 15 g，移入 100 mL 容量瓶中，用 1%草酸溶液定容至刻度，摇匀静置 4～6 h 后过滤。取滤液 10 mL，加 1%草酸溶液 10 mL，加用盐酸处理过的活性炭 1 小勺，摇动 1 min，静置过滤，滤液备用。

(3)样品测定。取具塞刻度试管 2 支，分别加入样品滤液 2 mL、硫脲 1 滴、2,4-二硝基苯肼 0.5 mL，以下操作与标准曲线相同，记录 OD 值。

4. 结果计算

$$A=\frac{C\times V}{W}$$

式中，A 为样品抗坏血酸含量(μg/g)；V 为样品溶液总体积(mL)；C 为从标准曲线查得的样品抗坏血酸浓度(μg/mL)；W 为样品重量(g)。

5. 注意事项

(1)样品液中丙酮酸等杂质也能与邻苯二胺生成荧光物质而产生干扰，可加入硼酸以去除干扰背景。硼酸能与脱氢抗坏血酸结合而不能与丙酮酸结合，形成的螯合物与邻苯二胺不再生成荧光物质，而丙酮酸仍与邻苯二胺生成荧光物质，测定其荧光强度即可作为背景扣除。

(2)维生素 C 的含量随样品个体或部位的不同差别很大，因此，取样应注意代表性。

(3)脱氢抗坏血酸与邻苯二胺生成的衍生物对光很不稳定，应注意避光。若完全避光，在室温下可放置 2 h 左右而荧光强度基本不变，应注意在这段时间内测定。

(4)维生素 C 对光敏感，提取时注意避光，以防加速维生素 C 的氧化。

(5)维生素 C 在空气中易氧化，样品切碎称量等过程应尽量动作迅速。

(6)样品含水量高时，5%的偏磷酸浓度较低，不能完全防止维生素 C 的氧化，可适当提高偏磷酸的浓度。

(7)实验用水均应使用重蒸水，所用试剂不能有紫外吸收，而且应有足够的纯度。所用器皿应冲洗干净，再用浓硝酸煮沸后漂洗，再在蒸馏水中煮沸。同时避免器皿接触油、橡皮塞、软木塞、重铬酸钾洗液等。另外，溶液的浓度、环境的温度、溶液的 pH 对荧光强度都有一定的影响，在实际操作中均应引起足够的重视和注意。

设计实验

10.8　生长调节剂对果实发育的影响

1. 实验目的

无论是在理论研究还是实际生产中，利用植物生长调节物质、调节植物生长与发育，尤其是调节果实发育已经非常普遍。本实验以乙烯为例，通过用不同浓度乙烯利对未成熟果实进行处理，或不同浓度 1-MCP(1-甲基环丙烯)或其他保鲜剂处理成熟的果实，了解乙烯利对果实催熟和保鲜剂延长果实保存期的原理和方法。

2. 实验原理

1)乙烯的催熟作用

乙烯是植物正常的代谢产物，是植物体内的一种内源激素，具有多种生理作用，能促进果实的成熟。

乙烯利(2-氯乙基膦酸)是一种人工合成的植物生长调节剂。它在 pH 高于 4.1 的条件下，进行分解产生乙烯。植物细胞液的 pH 值一般接近于 6～7，有利于乙烯利缓慢释放乙烯，具有与内源乙烯相同的生理效应。

2)1-MCP 对果实保鲜的作用

1-甲基环丙烯(1-methylcyclopropene，1-MCP)是一种乙烯作用抑制剂，通过阻断与乙烯与受体的结合，进而抑制乙烯对水果等园艺产品的催熟作用，达到延缓后熟、延长贮藏期和提高贮藏品质的目的。

商品 1-MCP 粉末，可溶于蒸馏水中会发出 1-MCP 气体，熏蒸水果后达到保鲜的目的。

3. 器材、试剂和材料

器材：手持折光仪，烘箱，天平，果实硬度计，容量瓶，量筒，移液管，烧杯，水桶，塑料袋，秒表，大型保鲜盒(戴盖)。

试剂：乙烯利配制成 250、500 mg/L；商品 1-MCP 粉末：称取粉末一定量的 1-MCP 溶于 10 mL 无离子水中，配制成 0.5 μL/L、1.0 μL/L；吐温-80。

材料：

①未成熟(绿转白)的香蕉(苹果、梨、猕猴桃等水果)。

②成熟的香蕉(苹果、梨、猕猴桃等水果)。

4. 实验步骤

1)果实的处理

乙烯利的催熟作用：

(1)挑选大小均匀、果皮由绿转白的香蕉或苹果 30 个，10 个一组分为 3 组。第一、二组分别在不同浓度的(500、250 mg/L)乙烯利溶液中浸 1～2 min，溶液中加入 0.01%吐温-80 作润湿剂；第三组为对照组，浸于蒸馏水 (内含 0.01%吐温-80) 中，浸泡时间与上述处理时间一致。

(2)将处理过的香蕉或苹果室温晾干后，分别置于3只塑料袋中，稍微缚紧袋口(留通气孔)，置于25～30℃阴暗处。香蕉处理1 d，苹果处理5 d，逐日观察香蕉或苹果变色和成熟的过程，记下成熟的个数，直至全部成熟为止。

1-MCP的保鲜处理：

(1)挑选大小均匀、成熟度一致的香蕉或苹果30个，10个一组分为3组。取3个大密闭容器，将配制好的0.5 μL/L、1.0 μL/L 1-MCP放入小烧杯中，与待处理果同置于两容器中为第一组和第二组，第三组用蒸馏水代替1-MCP处理液，各容器密闭后室温(20℃)放置12 h，然后通风。

(2)将处理过的香蕉或苹果室温晾干后，分别置于3只塑料袋中，稍微缚紧袋口(留通气孔)，置于20℃阴暗处。香蕉处理1 d，香蕉共处理5 d，逐日观察和记录香蕉或苹果变色情况和成熟度。

2)指标测定(根据实际情况可选择测定的指标)

在处理的结束时，分别用刀片切取各处理的果实20 g (3个重复)，称其鲜重后，切成片后放入烘箱中(先105℃烘5 min，再在80℃)烘干恒重，计算含水量。

果实硬度测定：用GY-1型果实硬度计测定对称两颊部的果肉硬度，计算平均值。

酸度测定(苹果)：用打浆机把水果打成浆，量取果汁20 mL，加入50 mL蒸馏水，0.1 mol/L NaOH滴定至pH 8.1，计算果汁中苹果酸的含量，作为可滴定酸的含量。

可溶性固形物含量(SSC)测定：用手持折光仪测定，或利用烘干后的果实切片做淀粉和可溶性糖含量测定(具体参照本书相应的指标测定步骤)。

维生素C含量测定：再分别用刀片切取各处理的果实1 g(3个重复)，具体参照本书(10.8)。

5. 结果计算

$$含水量=(鲜重-烘干重)/鲜重\times 100\%$$

6. 实验要求

(1)自行设计实验方案，分组进行果实处理，记录实验结果，计算含水量、含糖量、维生素C的含量，比较各处理对果实成熟、果品质量的影响。

(2)撰写实验小论文。

7. 注意事项

(1)在做催熟处理时选择未成熟的水果；在保鲜处理中选取的果实成熟度要一致。

(2)该实验适用于具有要呼吸跃变的果实，对于非跃变性果实(如橙子、柠檬等)不适用。

8. 思考题

(1)根据实验测定结果，解释乙烯的催熟和1-MCP的保鲜的原理。

(2)影响乙烯利催熟和1-MCP的保鲜结果准确性的因素有哪些？

参考文献

1. 张四奇，陈发河. 1-MCP在果蔬采后保鲜上应用的研究进展. 食品科学，2006，27(8)：263-266.
2. 王文辉，孙希生，李志强，等. 1-MCP对梨采后某些生理生化指标的影响. 植物生理学通讯，2004，40(2)：175-177.

3. 韩冬芳，马书尚，王鹰. 1-MCP 对新红星苹果乙烯代谢和贮藏品质的影响. 园艺学报，2003，30 (1) ：11-14.
4. 樊秀彩，张继澍. 1-甲基环丙烯对采后猕猴桃果实生理效应的影响. 园艺学报，2001,28(5):399-402.
5. JiangY，Joyce D C，Macnish A J. Responses of banana fruit to treatment with 1-methylcyclopropene. Plant Growth Regul.，1999,28 (2):77-82.

附:1-MCP 产品介绍

常温下,1-MCP 是气体,是一种小环烯烃,性质十分活泼,相对分子质量为 54.09。分子式:C_4H_8;水溶性(20℃):1 g 可以完全溶于 30 g 水中。在 20℃下密度为 2.24 g/L。

毒性:毒性低,$LD_{50}>5\ 000$ mg/kg,根据毒性分类,属于实际无毒的物质。

用途:用于自身产生乙烯或乙烯敏感型果蔬、花卉的保鲜。可很好地延缓成熟、衰老,很好地保持产品的硬度、脆度,保持颜色、风味、香味和营养成分,能有效地保持植物的抗病性,减轻微生物害,并可减少水分蒸发、防止萎蔫。下列果蔬、花卉使用本产品处理,保鲜期大大延长。以下为 1-甲基环丙烯在苹果、猕猴桃上起到的作用。

第11章 植物逆境生理

基础实验

11.1 植物抗逆性的鉴定(电导法)

各种植物在生长发育的过程中常常会遭遇各种不良环境因子即逆境(如干旱、低温、高温、盐渍等)的影响,也会有不同程度的伤害表现或抵抗能力。即便对不同植物或同一植物的不同品种在相同的逆境胁迫下,其抗逆性也会有很大差异。

本实验旨在通过比较不同作物或同一作物的不同品种,在某一相同胁迫强度下(如高温)植物细胞膜透性增大的程度来鉴定或比较作物间或品种间的抗逆性强弱,从而掌握植物抗逆性鉴定的一般方法。

1. 实验原理

植物细胞的细胞质由一层质膜包围着,在正常情况下,细胞质膜对物质具有选择透性的独特功能,植物细胞与外界环境之间发生的一切物质交换和信息转导都必须通过质膜进行。因此,植物细胞质膜对维持细胞的微环境和正常的生理代谢起着重要的作用。当植物受到逆境影响时,如高温或低温、干旱、盐渍、病菌侵染后,细胞质膜首先遭到损伤或破坏,膜的选择透性功能减弱或丧失,透性增大,从而使细胞内的电解质外渗加剧,以至植物细胞浸提液的电导率(electrical conductivity,EC)增大。这种变化可用电导仪测定出来。植物细胞浸提液的电导率越大,表示细胞膜透性越大,植物细胞受害也越重,植物的抗逆性就越弱,反之则植物抗逆性越强。膜透性增大的程度与逆境胁迫强度有关,也与植物抗逆性的强弱有关。目前,电导法已成为植物生理、栽培和育种研究工作中鉴定植物抗逆性强弱的主要常用方法。

2. 材料和仪器设备

材料:不同品种大豆或其他植物的幼苗。

仪器设备:电导仪,电子天平,水浴锅,打孔器,剪刀,镊子,试管,吸水纸等。

3. 实验步骤

(1)取田间生长或实验室培养的不同品种大豆叶片或根,用自来水洗净后用吸水纸吸干备用。

(2)用打孔器每材料打80~100个叶圆片(对细长叶片或根不便打孔,可用剪刀剪成约1 cm长小段,每份重1 g),用去离子水或蒸馏水冲洗3次,吸干、混匀后备用。

(3)取15 mL试管若干(据供试品种或材料数量而定),每3支1组(设重复),分别编号,每支试管各放入20个叶圆片(或1 g植物小段),并用干净玻棒或尼龙网压住,然后各管准确加入去离子水或蒸馏水10 mL。

(4)放入干燥器,用真空泵抽气10~15 min,以抽出细胞间隙的空气,至放气后植物材料下沉于试管底部。

(5)取出各试管室温静置 20 min(期间轻摇试管,以利于电解质外渗)后,用电导仪测定叶圆片(或植物小段)浸提液的电导率。同时测定去离子水或蒸馏水(空白)的电导率,可以用电导仪校正为 0(注意:每测定完 1 个样液后应用去离子水或蒸馏水漂洗电极,再用滤纸将电极拭干,然后再进行下 1 个样液的测定)。

(6)上述测过电导率的试管全部放入 100℃的沸水浴中 15 min,以杀死植物组织或细胞,取出再放入自来水中冷却约 10 min 后,测定其煮沸后的电导率。

4. 结果计算及分析

按下面的公式计算各品种幼苗叶片(或根)的相对电解质外渗率(relative electrolytic leakage)。

$$相对电解质外渗率=\frac{样品电导率-空白电导率}{煮沸电导率-空白电导率}\times 100\%$$

若上式中空白(去离子水或蒸馏水)电导率用电导仪校正为 0,因此上式实际即为:

$$相对电解质外渗率=\frac{样品电导率}{煮沸电导率}\times 100\%$$

对不同材料的相对电解质外渗率大小进行比较,即可对其伤害率或抗逆性强弱进行鉴定。

5. 注意事项

(1)植物取材后供试材料及叶圆片或小段在进行下一步实验之前都要用水洗、拭干并混匀。

(2)实验中植物材料所接触的玻璃器皿等用具要保证洁净。

(3)各试管中加入去离子水或蒸馏水的体积要准确一致。

(4)测定后电极要清洗干净方可进行下一个样品测定。

(5)温度对溶液的电导率值影响较大,所以所有样品的测定需在相同温度上进行。

6. 思考题

(1)逆境条件下植物细胞质液的外渗成分中主要有无机离子和有机物两大类,本实验中所用电导法测定的主要是哪类?对另外一类可应用何方法进行植物抗逆性的鉴定?

(2)本实验中植物取材后供试材料及叶圆片或小段在进行下一步实验之前为什么都要用水洗、拭干并混匀?

(3)测定电解质外渗率时,为何要对材料进行真空渗入(即抽气处理)?

参 考 文 献

中国科学院上海植物生理研究所和上海市植物生理学会. 现代植物生理学实验指南. 北京:科学出版社,1999.

11.2　脯氨酸含量的测定

植物在正常生长条件下,体内游离脯氨酸含量很低,但一旦遇到逆境条件(如干旱、盐碱、热害、冷害、冻害等),植物体内游离脯氨酸(proline,简写为 Pro)的含量会显著增加,并且积累的程度与植物的抗逆性有关。植物体内游离脯氨酸的含量在一定程度上反映了植物的抗逆性,抗逆性强的品种往往积累较多的脯氨酸。脯氨酸在植物抗逆性中的作用主要是作为渗透调节和保护物质。它和其他渗透调节物质一样，具有如下特点和优点：①pI 为 6.3，是个近中性化合物，因此，它在细胞质大量积累，不会引起胞质 pH 的明显改变；②相对分子质量小，溶解度高，降低细胞质渗透势的潜力大；③毒性较低；④对细胞内许多酶有保护效应，保持膜结构的完整性；⑤合成酶系统对胁迫反应敏感，胁迫时可快速积累以降低细胞渗透势。因此，它被认为是一种很有效和重要的有机渗透调节物质。

因此测定植物体内游离脯氨酸含量可以作为植物环境生理、抗逆性栽培和育种研究的一项生理生化指标。本实验目的在于了解植物体内游离脯氨酸含量与植物抗逆性的一般关系，掌握植物体内游离脯氨酸含量的一般测定方法。

1. 实验原理

用磺基水杨酸提取植物样品（干或鲜样）中的游离脯氨酸，然后在酸性和加热条件下，用茚三酮与之反应，生成稳定的红色化合物，再用甲苯萃取处理后，此红色化合物在 520 nm 波长处有一最大吸收峰。脯氨酸浓度的高低在一定范围内与其吸光度成正比，从标准曲线上可查出（或用回归方程计算）脯氨酸的含量。

2. 材料、仪器设备及试剂

材料：受干旱、高温、低温等逆境胁迫的植物（水稻、小麦、玉米、高粱、大豆等）叶片或其他器官。

仪器设备：分光光度计，研钵，烧杯，容量瓶，大试管，普通试管，移液管，加样器，水浴锅，漏斗，漏斗架，滤纸，剪刀。

试剂：

①2.5%（*W*/*V*）酸性茚三酮溶液。将冰醋酸和 6 mol/L 磷酸以 3∶2（*V*/*V*）混合，作为溶剂进行配制，需搅拌加热（70℃）溶解，此溶液可贮于 4℃冰箱中 2～3 d 有效。

②3%（*W*/*V*）磺基水杨酸溶液。3 g 磺基水杨酸加蒸馏水溶解后定容至 100 mL。

③10 μg/mL 脯氨酸标准母液配制。在分析天平上精确称取 25 mg 脯氨酸，倒入小烧杯内，用少量蒸馏水溶解，然后倒入 250 mL 容量瓶中，加蒸馏水定容至刻度混匀，此为 100 μg/mL 脯氨酸溶液。再吸取该溶液 10 mL，加蒸馏水稀释定容至 100 mL，即为 10 μg/mL 脯氨酸标准母液。

④冰醋酸。

⑤甲苯。

3. 实验步骤

1）脯氨酸标准曲线的绘制

（1）取 7 支具塞刻度试管编号并按表 11-1 加入各试剂，配制含量为 0～20 μg 的脯氨酸标准溶液，每浓度设 3 个重复。混匀后加玻璃球塞，在沸水中加热 30 min。

表 11-1 各试管中试剂加入量

试剂	管号						
	0	1	2	3	4	5	6
脯氨酸标准母液/mL	0	0.2	0.4	0.8	1.2	1.6	2.0
H_2O/mL	2	1.8	1.6	1.2	0.8	0.4	0
冰乙酸/mL	2	2	2	2	2	2	2
茚三酮显色液/mL	3	3	3	3	3	3	3
脯氨酸含量/μg	0	2	4	8	12	16	20

（2）取出冷却后各试管准确加入 4 mL 甲苯，充分振荡（约 30 s），以萃取红色物质。静置待分层后吸取由甲苯层（上层）以 0 号管为对照（或参比）在波长 520 nm 下比色。

（3）以吸光度值（Y）为纵坐标，以脯氨酸含量（X）为横坐标，绘制标准曲线，并求出线性回归方程。

2）样品的测定

（1）脯氨酸的提取。准确称取不同处理的待测植物叶片各 0.5 g（干样根据水分含量酌减），分别置于大管中，然后向各管分别加入 5 mL 3%的磺基水杨酸溶液，管中加盖玻璃球塞，在沸水浴中提取 10 min（提取过程中要经常摇动）。取出试管，冷却置室温后过滤于干净的试管中，滤液即为脯氨酸的提取液。

（2）吸取 2 mL 提取液于另一干净的带玻塞试管中（另管中加 2 mL H_2O，余下同，以作比色参比液），加入 2 mL 冰醋酸及 2 mL 酸性茚三酮试剂，在沸水浴中加热 30 min，溶液即呈红色。

（3）冷却后加入 4 mL 甲苯，充分摇荡 30 s，静置分层后取上层液至 10 mL 离心管中，在 4 000 g下离心 5 min。

（4）用吸管轻轻吸取上层脯氨酸红色甲苯溶液于比色杯中，以参比液（或直接用甲苯）为空白对照，在分光光度计上 520 nm 波长处比色，求得吸光度值。

4. 结果计算

根据回归方程计算出（或从标准曲线上查出）测定液（体积为 2 mL）中脯氨酸的含量（X μg/2 mL），然后按下面的公式计算样品中脯氨酸的含量：

$$\text{脯氨酸含量}(\mu g/g\ FW\ 或\ DW) = [X \times V/a]/W$$

式中，X 为提取液中脯氨酸含量或浓度（μg），由标准曲线求得；V 为提取液总体积（mL）；a 为测定时所吸取的体积（mL）；W 为样品鲜或重（g）。

5. 注意事项

（1）配置的酸性茚三酮溶液不太稳定，宜现用现配，或贮于 4℃冰箱中 2～3 d 可用。

（2）反应液中各试剂须按顺序加入。

（3）煮沸过程中需防止试管中的液体外溢或水浴锅中的水浸入其中。

6. 思考题

（1）测定植物体内游离脯氨酸的含量有何意义？

（2）如果某一植物材料在某一逆境因子胁迫下，其体内脯氨酸含量升得越高，其抗逆性是否一定也越强？

参 考 文 献

1. 邹琦. 植物生理学实验指导. 北京：中国农业出版社，2000.
2. 张殿忠，汪沛洪，等. 测定小麦叶片游离脯氨酸含量的方法. 植物生理学通讯，1990（4）：62-65.
3. 朱广廉，等. 植物体内游离脯氨酸的测定. 植物生理学通讯，1983（1）：35.
4. Troll W, Lindsley J. A photometric method for the determination of proline. J. Biol. Chem.，1955，215：655-660.

11.3 丙二醛含量的测定

植物器官衰老或在逆境下遭受伤害，往往发生膜脂过氧化作用，丙二醛(malondialdehyde，MDA)是膜脂过氧化的主要分解产物，其含量可以在一定程度上反映植物遭受逆境伤害的程度。MDA从膜上产生的位置释放出后，可以与蛋白质、核酸反应，改变这些大分子的构型，或使之产生交联反应，从而丧失功能，还可使纤维素分子间的桥键松弛，或抑制蛋白质的合成。因此，植物体内MDA含量的测定是比较常用的衡量植物遭受逆境伤害时膜脂过氧化程度大小或植物抗逆性强弱的主要指标之一。

本实验旨在了解植物体内MDA含量测定的意义和原理，并掌握其测定的一般方法。

1. 实验原理

在酸性和高温条件下，MDA可以与硫代巴比妥酸(TBA)反应生成红棕色的三甲川(3,5,5-三甲基噁唑-2,4-二酮)，其最大吸收波长在532 nm，它的消光系数为155 mmol(L·cm)，并且在600 nm处有最小光吸收。可按公式：

$$C(\mu\text{mol/L}) = (A_{532} - A_{600})/(155\ 000 \times L) \quad (1)$$

算出MDA浓度$C(\mu$mol/L$)$，以此进一步计算出单位重量植物组织中的MDA含量(μmol/g FW)。式中A_{532}和A_{600}分别表示532和600 nm的吸光度值，L为比色杯厚度(cm)。

但是需要指出的是，测定植物组织中MDA时受多种物质的干扰，其中最主要的是可溶性糖类(如蔗糖)，它与TBA显色反应产物的最大吸收波长在450 nm，但532 nm处也有吸收。植物遭受干旱、高温、低温等逆境胁迫时可溶性糖增加，因此测定植物组织中MDA-TBA反应物质含量时一定要排除可溶性糖的干扰。为消除由糖类物质引起的这种干扰或误差，可采用下列经验公式：

$$C(\mu\text{mol/L}) = 6.45(A_{532} - A_{600}) - 0.56A_{450} \quad (2)$$

上式中A_{450}代表450 nm的吸光度值。用公式(2)可直接求出植物样品提取液中MDA的浓度，进一步计算出植物组中的MDA含量。

$$\text{样品提取液中 MDA 的浓度}(C_{\text{样品MDA.}}\ \mu\text{mol/mL}) = \frac{C \times \text{反应液体积(mL)} \times 10^{-3}\ \text{L/mL}}{\text{测定时提取液用量(mL)}} \quad (3)$$

$$\text{样品 MDA 含量}(\mu\text{mol/g FW}) = \frac{C_{\text{样品MDA}}(\mu\text{mol/mL}) \times V_{\text{样品提取液}}(\text{mL})}{W_{\text{样品}}(\text{g})} \quad (4)$$

2. 材料、仪器设备及试剂

材料：受干旱、高温、低温等逆境胁迫的植物叶片或衰老的植物器官。

仪器设备：分光光度计，电子天平，离心机，研钵，烧杯，试管，移液管，加样器，水浴锅，洗耳球，剪刀，离心管等。

试剂：10%(使用5%亦可)三氯乙酸(TCA)，0.6%硫代巴比妥酸(TBA)溶液(使用10%或5% TCA溶液配制)，石英砂。

3. 实验步骤

1)MDA 的提取

称取剪碎的试材 0.5 或 1 g,加入 2 mL 10%TCA 和少量石英砂,研磨至匀浆,再加 8 mL 10%TCA 进一步研磨,匀浆在 2 000 g 离心 10 min,上清液为样品提取液,量体积。

2)显色反应和测定

吸取离心的上清液 2 mL(对照加 2 mL 蒸馏水),加入 2 mL 0.6%TBA 溶液,混匀物于沸水浴上反应 15 min,迅速冷却后再离心 1 次。取上清液测定 532、600 和 450 nm 波长下的吸光度。

3)计算含量

按式(3)和式(4)进行。

4. 注意事项

(1)低浓度的铁离子能显著增加 TBA 与蔗糖或 MDA 显色反应物在 450 nm 处的吸光度值,所以在植物组织中的铁离子含量过低时应补充 Fe^{3+}(最终浓度为 0.5 nmol/L)。

(2)煮沸过程中需防止试管中的液体外溢或水浴锅中的水浸入其中。

(3)如待测液浑浊,可适当增加离心力及时间。

5. 思考题

(1)实验过程中第 2 次离心主要起何作用?

(2)哪些因素会对 MDA 含量的测定产生不利影响?

参 考 文 献

1. 孙群,胡景江. 植物生理学研究技术. 杨凌:西北农林科技大学出版社,2005.

2. 赵世杰,许长成,邹琦,等. 植物组织中丙二醛测定方法的改进. 植物生理学通讯,1994,30(3):207-210.

3. Heath R L, Packer L. Effect of light on lipid peroxidation in chloroplast. Biochem. Biophys. Res. Commun., 1965, 19: 716-720.

11.4 原生质体的分离效率、体积和失去渗透反应能力的测定

原生质体的研究是近年来在生物学中比较活跃的领域之一。原生质体(protoplast)一词的使用始自 Hanstein (1880),是指"用质壁分离能够和细胞壁分开的那部分物质组成了一个原生质体"或"除去了全部细胞壁的细胞","一个为质膜所包围的裸露细胞"。原生质体的分离和提纯是植物生理学、细胞生物学中的一项基本技术。利用制备的原生质体可进行离体培养、全能性表达、细胞壁再生、质膜特性,以及各种细胞操作(如原生体融合)、遗传操作(如外源基因的导入)等,广泛应用于抗生理、病性生理和细胞融合等领域。

就质膜特性而言,植物细胞膜是冰冻伤害的主要部位,细胞脱水是自然界中植物冰冻伤害的主要原因。冰冻过程中原生体收缩膨胀引起质膜的破裂是未经抗寒锻炼的植物细胞伤害死亡的主要原因。冰冻过程中原生体失去渗透反应能力是抗寒锻炼的植物细胞伤害死亡的主要原因。为了便于对细胞脱水进行定量的研究,如原生质体体积和表面积的改变,质膜透性和细胞内溶液的过冷等,离体原生质体是理想的研究材料。

本实验目的在于掌握原生质的分离、提纯技术；分离效率和活力测定（目视法和荧光双醋酸酯法）；原生质体积和表面积的测定；失去渗透反应能力的测定。

1. 实验原理

早期分离制备原生质体采用机械法。其缺点是：手续繁多，得率少；材料局限于具有较大液泡的细胞或长形细胞的组织，如叶片、球茎的鳞片、果实表皮等。直到 1960 年，Cocking 试用酶解法制备番茄原生质体首次获得成功。其原理是细胞壁的组成物质主要有纤维素、半纤维素和果胶等，利用纤维素酶和果胶酶等在一定的条件下可将细胞壁的组成物质分解掉，使得原生质体游离出来。

原生质体在冰冻过程中呈现特有的渗透反应，体积收缩，但在转暖时，失去渗透膨胀的能力。在冰冻过程中，虽然伤害表现为温度的函数，但实质上是脱水和提高溶质浓度的结果，而不是低温本身。所以这种伤害形式可通过置原生质体于高渗溶液中而诱发。悬浮于高渗溶液中的原生质体严重失水，难在显微镜下用目视法或一般的细胞染色法来鉴别原生质体的死活。荧光双醋酸酯为非极性分子，进入细胞后，在脂酶作用下分解出醋酸盐，荧光素就积累在细胞中而发出荧光。在荧光显微镜下观察，有荧光者为活的原生质体。

2. 材料、仪器与药品

实验材料：未经抗寒锻炼的与经抗寒锻炼的小麦幼苗。

仪器：光学显微镜，荧光显微镜，培养箱，血球计数板，计数器，物镜和目镜测微尺，小摇床，离心机，酸度计。

药品：纤维素酶、果胶酶、山梨醇、KCl、$CaCl_2$、蔗糖、金刚砂、荧光双醋酸酯丙酮溶液（2～4℃低温保存）。

3. 实验步骤

1）酶液配制

根据酶液用量，用冰冷的含 5 mmol/L KCl、5 mmol/L $CaCl_2$、0.6 mol/L 山梨醇等渗溶液配制含 1.5%（*W*/*V*）纤维素酶、0.5%（*W*/*V*）果胶酶的溶液（用于分离未经锻炼的植物组织，经锻炼的植物组织用 0.9 mol/L 山梨醇等渗溶液配制），搅拌溶解，用 1 mol/L HCl 调 pH 至 5.5，1 500 g 离心 10 min，上清液冷贮备用。

2）原生体的分离

取小麦叶片，去除尖端和基部后称取 0.8 g，置于培养皿中加入少量金刚砂，用毛刷刷去表皮角质层，经自来水冲洗后用滤纸吸干，叶面呈均匀水渍状即可。用刀片或剪刀将其制成 2 mm长的小段，放入 100 mL 烧杯中加入 15 mL 酶液，置于 33～35℃的培养箱内的小摇床上（30～40 r/min）培养 3 h，或静置培养 5 h 左右。混合物经双层纱布过滤，以去除组织的残余物，用 500 r/min 离心 3～5 min，果断弃去上清液，小心悬浮沉淀物，用相应等渗溶液稀释至一定体积。再离心一次，去上清液，用等渗溶液定容至一定体积，视原生质体数量而定。

3）提纯

可采用离心洗涤法和漂浮法两种方法。离心洗涤法就是重复（二）中离心、弃上清液、悬浮沉淀、加等渗液再离心、再弃上清液和悬浮沉淀的过程，镜检直至满意为止。其优点是省事，但缺点是比原生质体重的杂质（如金刚砂）去不掉。

漂浮法：加 4 mL 左右 17%（*W*/*V*）蔗糖溶液[用于未经锻炼的植物材料，锻炼材料用 23%（*W*/*V*）的蔗糖溶液]于离心管中，再用弯头吸管缓慢加入 3～4 mL 0.6 mol/L 山梨醇溶液（用于未经锻炼的植物材料，锻炼材料用 0.9 mol/L 山梨醇溶液)，使两溶液间建立界面层，用弯头吸管把 1/3 总体积的原生质体悬浮液缓慢加至界面层上，经离心(500 r/min)3～5 min 后，取出界面层部分，即为纯化的原生质体。用相应等渗山梨醇溶液洗两次，并镜检之。该方法的优点是得到的原生质纯度较高，但缺点是损失较多。

4)计数和测定分离效率

熟悉血球计数板的使用和计数方法，按下列要求进行计数：

(1)洗净、晾干计数板。

(2)上板均匀。

(3)以圆形的原生质体为有活力的。

(4)同区域计数要设重复。

血球计数板的体积为 0.3×0.3×0.01＝0.000 9 (cm^3)，因而可计算出每克鲜重叶片所分离出的原生质体数。

5)原生质体表面积(*SA*)和体积(*V*)的测定

离体原生质体在等渗溶液中呈圆球形，悬浮于等渗溶液中的原生质体的表面积和体积，可通过在高倍光学显微镜下用目镜和物镜测微尺测量其直径(D)而求得。

$$SA = 4\pi\ (D/2)^2$$
$$V = [4\pi(D/2)^3]/3$$

6)失去渗透反应能力的测定

在剩余的原生质体等渗悬浮液中，加 0.04 mL(约 1 滴)5 mg/mL 荧光双醋酸酯的丙酮溶液，静置 10 min 后 500 r/min 离心 5 min，弃上清液，加 1 mL 等渗溶液，轻轻转动试管，使原生质体悬浮，取 2 份各 0.2 mL 置于洁净试管中，分别加入 0.6 mL 的等渗溶液和 3 mol/L 山梨醇溶液，轻轻混匀，15 min 后，在荧光显微镜下计算每视野中具荧光的原生质体的数量，以等渗溶液的原生质体数量为对照，计算高渗或冰冻处理后原生体的存活率。

4. 思考题

(1)简述酶解法分离原生质体的主要工作原理。本实验中所用的金刚砂和毛刷等物品在相关操作主要起何作用？

(2)原生质体在生物科学研究中主要有哪些应用？

参 考 文 献

1. 王丽莉，贾敬芬．小麦原生质体分离过程中生理状态的变化．植物生理学报，1994，20(4)：393-398.
2. 陈季楚，王六发，陈利萍，等．影响大麦叶肉原生质体分离和培养的一些因子．植物生理学通讯，1993，29(6)：433-435.
3. 夏镇澳．高等植物体原生质体形态和生理研究的进展．植物生理学通讯，1985(6)：59-62.
4. Mettler I J，Leonard R T. Ion transport in isolated protoplasts from tobacco suspension cells. I. General characteristics. Plant Physiol.，1979，63：183-190.
5. Cocking E C. A method for the isolation of plant protoplasts and vacuoles. Nature，1960，187：927-929.

11.5 SOD、POD、CAT 等抗氧化酶活性的测定

11.5.1 SOD 酶活性的测定(氮蓝四唑法)

超氧化物歧化酶(superoxide dismutase,简称 SOD)是普遍存在于需氧生物体内的一种含金属酶,其主要功能是清除超氧阴离子自由基($O_2^{\cdot -}$)。它与过氧化物酶(peroxidase,简称 POD)、过氧化氢酶(catalase,简称 CAT)等酶协同作用防御活性氧或其他过氧化物自由基对细胞膜系统的伤害。SOD 可以催化 $O_2^{\cdot -}$ 的歧化反应,生成过氧化氢(H_2O_2),H_2O_2 又可以被 CAT 转化成无害的 O_2 和 H_2O 或被 POD 利用。

$$2O_2^{\cdot -}+2H^+ \xrightarrow{SOD} H_2O_2 + O_2$$

$$2H_2O_2 \xrightarrow{CAT} 2H_2O+O_2$$

现已知上述酶与植物抗逆性及衰老有关系,故成为植物逆境生物学研究中的重要研究对象。本实验旨在了解植物体内 SOD 酶存在的生理意义及其活性测定的工作原理,并掌握其测定的一般方法。

1. 实验原理

本实验依据超氧化物歧化酶抑制氮蓝四唑(NBT)在光下的还原作用来确定酶活性大小。在有氧化物质存在下,核黄素可被光还原,被还原的核黄素在有氧条件下极易再氧化而产生 $O_2^{\cdot -}$,$O_2^{\cdot -}$ 可将氮蓝四唑还原为蓝色的甲腙(blueformazan),后者在 560 nm 处有最大光吸收。而 SOD 作为 $O_2^{\cdot -}$ 的专一性清除酶可以清除 $O_2^{\cdot -}$,从而抑制了甲腙的形成。于是光还原反应后,反应液蓝色愈深,说明酶活性愈低,反之酶活性愈高,且 SOD 酶量与光化还原抑制百分率在一定范围内呈线性关系,据此可以计算出酶活性大小。一般把对 NBT 的光化还原抑制到对照一半(或 50%)时所需要的酶量定义为 1 个酶活力单位。

2. 材料、仪器设备及试剂

材料:水稻或小麦幼苗根或叶片。

仪器设备:高速台式离心机,分光光度计,微量进样器,荧光灯(反应试管处照度为 4 000 lx),均一试管或指形管数支,黑色布或纸或塑料套等。

试剂:

①50 mmol/L 磷酸缓冲液(pH 7.8)(简称 PBS 溶液)。

②酶提取液:50 mmol/L 磷酸缓冲液(pH 7.8),1 mmol/L 二硫苏糖醇(DTT),1%(W/V)聚乙烯吡咯烷酮(PVP)。

③195 mmol/L 甲硫氨酸(Met)溶液,用 PBS 液配制。

④1.125 mmol/L NBT 溶液,用 PBS 液配制,避光保存。

⑤3 μmol/L EDTA-Na_2 溶液,用 PBS 液配制。

⑥60 μmol/L 核黄素溶液,用 PBS 液配制,避光保存。

3. 实验步骤

1)酶液提取

取一定部位的植物根或叶片(视需要定,叶片需去叶脉)0.5 g($W_{样品}$)于预冷的研钵中,加

2 mL 预冷的 PBS 液在冰浴上研磨成浆，加缓冲液使终体积为 5 mL。于 4℃下 10 000 *g* 离心 15 min，小心吸取上清液，量其体积(V_T)后作为 SOD 粗提液备用。

2)显色反应

取 5 mL 指形管或试管(要求透明度好、质地相同)7 支，3 支为测定管，4 支对照管(其中 3 支为最大光还原管，另 1 支为参比管)，按表 11-2 加入各溶液。

表 11-2　各试管中试剂加入次序和加入量

加样次序	试剂名称	体积/mL
1	PBS 液	2.2
2	核黄素溶液	0.2
3	甲硫氨酸溶液	0.2
4	EDTA-Na_2 溶液	0.1
5	SOD 粗提液	0.1(4 支对照管用缓冲液替代)
6	NBT 溶液	0.2

反应体系总体积 3.0 mL 混匀后将 1 支对照管置于暗处，其他各管(另 3 支对照管作为最大光还原管)于 4 000 lx 日光下反应 20 min(要求各管受光情况一致，反应温度控制在 25～35℃，视酶活性高低可适当调整反应时间)。

3)SOD 活性测定

至反应结束后，用黑色布或纸或塑料套盖上试管，以终止反应。以不照光的对照管做参比，分别在 560 nm 波长下测定其他各管的吸光度值。

4)结果计算

已知 SOD 活性单位以抑制 NBT 光化还原的 50%为一个酶活性单位表示，按下式计算 SOD 活性。

$$\text{SOD 总活性(Unit/g FW)}=\frac{(A_{最大光还原管}-A_{样品管})\times V_T}{(A_{最大光还原管}\times 0.5\times W_{样品}\times V_1)}$$

$$\text{SOD 比活性(Unit/mg protein)}=\frac{\text{SOD 总活性}}{\text{酶液中蛋白质含量}}$$

注：V_1 为测定时样品用量(mL)。

4. 注意事项

(1)当测定样品数量较大时，可在临用前根据用量将表 11-2 中各试剂(除核黄素、NBT 溶液和酶液外)按比例混合后 1 次加入 2.5 mL，然后再依次加入核黄素、酶液和 NBT 溶液，并使其终浓度不变，其余各步与上相同。

(2)酶提取液加入聚乙烯吡咯烷酮(PVP)的目的是为了消除植物组织中的酚类物质的干扰。

(3)显色反应过程中要随时观察光下对照管(即最大光还原管)的颜色变化，当 $A_{最大光还原管}$ 达到 0.6～0.8 时宜终止反应。

(4)测定酶活性时，当光下对照管颜色达到要求的程度时，测定管(加酶液)未显色或颜色过淡，说明酶液对 NBT 的光还原抑制作用过强，应对酶液适当稀释后再显色，以加入的酶量以能抑制显色反应的 50%为最佳。

(5)本实验对所用的试管和照光的均一性要求极高，应尽量严格控制，以提高结果的准确性和可靠性。

5. 思考题

(1)在 SOD 活性测定过程中为什么要设光和暗两个对照管?

(2)哪些因素会对 SOD 活性的测定产生不利影响? 如何克服?

参考文献

1. 孙群,胡景江.植物生理学研究技术.杨凌:西北农林科技大学出版社,2005.
2. 邹琦.植物生理学实验指导.北京:中国农业出版社,2000.
3. 汤章城.现代植物生理学实验指南.北京:科学出版社,1999.

11.5.2 POD 酶活力的测定

过氧化物酶(peroxidase,简称 POD)是植物体内普遍存在的、活性较高的一种酶,它与呼吸作用、光合作用及生长素的氧化等生理代谢过程都有密切关系。在植物生长发育的过程中,它的活性不断地发生变化,因此测量这种酶的活性,可以反映某一时期植物体内代谢的变化。本实验旨在了解过氧化物酶的作用方式,并掌握常用的测定其活性的方法——愈创木酚法。

1. 实验原理

在 POD 的催化下,H_2O_2 将愈创木酚氧化,生成茶褐色的产物——4-邻甲氧基苯酚。此产物在 470 nm 处有最大光吸收,故可通过测定 470 nm 下的吸光度变化测定过氧化物酶的活性。

2. 材料、仪器设备及试剂

材料:水稻或小麦幼苗根或叶片、马铃薯块茎等。

仪器设备:高速台式离心机,分光光度计,恒温水浴锅,微量进样器,研钵,试管,离心管,吸管等。

试剂:

①0.05 mol/L、pH 5.5 的磷酸缓冲液。

②0.05 mol/L 愈创木酚溶液。

③2% H_2O_2 溶液。

④20% 三氯乙酸溶液。

3. 实验步骤

1)酶液的制备

取 1 g 左右的供试植物材料,剪碎或切碎置于已冷冻过的研钵中,加入少量石英砂和适量的磷酸缓冲液(共 10 mL,可分 2~3 次加入)研磨成匀浆后,倒入离心管中,于 10 000 g 离心 10 min,取上清液量体积后置 4℃保存备用。

2)酶活性测定

酶活性测定的反应体系如下:

(1)磷酸缓冲液。2.9 mL。

(2)2% H_2O_2 溶液。1.0 mL。

(3)愈创木酚溶液。1.0 mL。

(4)酶液。0.1 mL。

用加热煮沸 5 min 的酶液为对照,反应体系加入酶液后,立即于 37℃恒温水浴中保温

15 min，然后迅速转入冰浴中，并加入 2.0 mL 20% 三氯乙酸终止反应。然后过滤（或 2 000 g 离心 15 min），滤液或离心上清液（可经适当稀释后）。在 470 nm 下测定吸光度值（A_{470}）。

3）结果计算

以每分钟内 A_{470} 值变化 0.01 为 1 个 POD 活性单位（U）。

$$\text{POD 活性}[\text{U}/(\text{g}\cdot\text{min})]=\frac{\Delta A_{470}\times V_T}{W\times V_S\times 0.01\times t}$$

式中，ΔA_{470} 为反应时间内吸光度的变化；V_T 为提取酶液总量（mL）；V_S 为反应时所用酶液量（mL）；W 为样品鲜重（g）；t 为反应时间（min）。

4. 注意事项

（1）2% H_2O_2 溶液需现配现用。

（2）愈创木酚（邻甲氧基苯酚，Guaiacol），又称 2-甲氧基苯酚（2-methoxyphenol）。

（3）过氧化物酶活力单位还可用 μmol/（min · mg）蛋白或 μmol/（min · gFW）来表示，将每分钟酶促产生 1 μmol 产物的酶量定为 1 个酶活力单位，消光系数为 26.6 mmol/cm。

5. 思考题

（1）简述测定 POD 活性的生理意义。

（2）在 POD 活性测定过程中，如何提高其结果的准确性和可靠性？

参 考 文 献

1. 王学奎. 植物生理生化实验原理和技术. 北京：高等教育出版社，2006.
2. 徐朗莱，叶茂炳. 过氧化物酶活力连续记录测定法. 南京农业大学学报，1989，12(3)：82-83.
3. Jan F, Yamashita K, Matsumoto H, *et al*. Protein and peroxidase changes in various root-cell fractions of two upland rice cultivars differing in Al tolerance. Environ. Exp. Bot., 2001, 46(2): 141-146.
4. Chance B, Maehly A C. Assays of catalase and peroxidase. Meth. Enzymol., 1955, 2: 764-775.

11.5.3　CAT 酶活力测定

11.5.3.1　紫外吸收法

1. 实验原理

H_2O_2 在 240 nm 下有强吸收，CAT 能分解 H_2O_2，使反应溶液吸光度（A_{240}）随反应时间而降低。根据测量吸光度的变化速度即可测出 CAT 的活性。

2. 材料、仪器设备与试剂

材料：小麦等植物叶片或其他器官。

仪器设备：离心机，紫外分光光度计，研钵，试管，移液管，恒温水浴，25 mL 容量瓶，微量加样器等。

试剂：

①0.2 mol/L。pH 7.8 磷酸缓冲液（内含 1%聚乙烯吡咯烷酮）。

②0.1 mol/L H_2O_2。市售 30% H_2O_2 大约等于 17.6 mol/L，取 30% H_2O_2 溶液 5.68 mL，稀释至 1 000 mL。

3. 实验步骤

(1)酶液提取。称取小麦新鲜叶片 2.5 g 置研钵中,加入 2~3 mL 4℃预冷的 pH 7.8 的磷酸缓冲溶液和少量石英砂,研磨成匀浆后,转移至 25 mL 容量瓶中,用该缓冲液冲洗研钵 2~3 次,合并冲洗液至容量瓶中并定容。混合均匀,将容量瓶置 4℃冰箱中静置 10 min,取上部澄清液在 10 000 g 离心 15 min,上清液即为过氧化氢酶的粗提液。4℃冰箱中保存备用。

(2)酶活性测定。取 10 mL 试管 3 支,其中 1 支为对照管(S_0),3 支为样品测定管(S_1,S_2,S_3),按表 11-3 顺序加入各试剂:

表 11-3 各试管中试剂加入次序和加入量 mL

试剂名称	管号			
	S_0	S_1	S_2	S_3
粗酶液	0.2	0.2	0.2	0.2
pH 7.8 磷酸缓冲液	1.5	1.5	1.5	1.5
蒸馏水	1.0	1.0	1.0	1.0

将 S_0 管在沸水浴中煮 1 min 以杀死酶液,冷却。然后将所有试管在 25℃下预热后,逐管加入 0.1 mol/L H_2O_2 0.3 mL,每加完 1 管立即计时,并迅速倒入石英比色杯中,在 240 nm 下测定吸光度(可用蒸馏水调零),每间隔 30 s 读 1 次,共测 3 min,待 3 支管全部测定完后,按下式计算酶活性。

(3)结果计算:

以每分钟内 A_{240} 减少 0.1 的酶量为 1 个酶活性单位(U)。

$$过氧化氢酶活性[U/(g \cdot min)]=\frac{\Delta A_{240}\times V_T}{0.1\times V_S\times W\times t}$$

$$\Delta A_{240}=A_{S_0}-(A_{S_1}+A_{S_2}+A_{S_3})/3$$

式中,A_{S_0} 为加入经过失活处理的酶液的对照管吸光值;A_{S_1},A_{S_2},A_{S_3} 为样品管吸光值;V_T 为提取酶液总量(mL);V_S 为反应时所用酶液量(mL);W 为样品鲜重(g);t 为从加 H_2O_2 开始到最后 1 次读数的时间(min);0.1 为 A_{240} 下降 0.1 时的 1 个酶活力单位。

4. 注意事项

(1)凡在 240 nm 下有强烈吸收的物质对本实验有干扰。

(2)0.1 mol/L H_2O_2 宜现用现配。

(3)过氧化氢酶活力单位还可用 μmol/(min · mg)蛋白来表示,将每分钟酶促分解 1 μmol 过氧化氢的酶量定为 1 个酶活力单位,消光系数为 39.4/(mmol/cm)。

5. 思考题

(1)影响 CAT 活性测定的因素有哪些?

(2)CAT 与植物体的哪些生理生化过程有关?

参考文献

1. 王学奎.植物生理生化实验原理和技术.北京:高等教育出版社,2006.
2. 邹琦.植物生理学实验指导.北京:中国农业出版社,2000.

3. Jiang M Y, Zhang J H. Effect of abscisic acid on active oxygen species, antioxidative defence system and oxidative damage in leaves of maize seedlings. Plant Cell Physiol., 2001, 42(11): 1265-1273.

4. Chance B, Maehly A C. Assays of catalase and peroxidase. Meth. Enzymol., 1955, 2: 764-775.

11.5.3.2　高锰酸钾滴定法

过氧化氢酶(catalase,简称 CAT)普遍存在于植物的所有组织中,其活性与植物的代谢强度及抗寒、抗病能力有一定关系,故常加以测定。

1. 实验原理

过氧化氢酶属于血红蛋白酶,含有铁,它能催化过氧化氢(H_2O_2)分解为水和分子氧,在此过程中起传递电子的作用,H_2O_2 则既是氧化剂又是还原剂。

$$2R(\overset{2e}{Fe^{2+}}) + H_2O_2 \longrightarrow 2R(Fe^{3+}OH^-)$$

$$2R(Fe^{3+}\overset{2e}{OH^-}) + H_2O_2 \longrightarrow 2R(Fe^{2+}) + 2H_2O + O_2$$

据此,可根据 H_2O_2 的消耗量或 O_2 的生成量测定该酶活力大小。

在反应系统中加入一定量(反应过量)的过氧化氢溶液,经酶促反应后,用标准高锰酸钾溶液(在酸性条件下)滴定多余的 H_2O_2,即可求出消耗的 H_2O_2 的量。

$$5H_2O_2 + 2KMnO_4 + 4H_2SO_4 \longrightarrow 5O_2 + 2KHSO_4 + 8H_2O + 2MnSO_4$$

2. 材料、仪器设备及试剂

材料:小麦等植物叶片。

仪器设备:研钵,三角瓶,酸式滴定管,恒温水浴,容量瓶。

试剂:

①10% H_2SO_4。

②0.2 mol/L pH 7.8 磷酸缓冲液。

③0.02 mol/L 高锰酸钾标准液。称取 $KMnO_4$(AR)3.160 5 g,用新煮沸冷却蒸馏水配制成 1 000 mL,再用 0.1 mol/L 草酸溶液标定。

④0.1 mol/L H_2O_2。市售 30% H_2O_2 大约等于 17.6 mol/L,取 30% H_2O_2 溶液 5.68 mL,稀释至 1 000 mL,用标准 0.02 mol/L $KMnO_4$ 溶液(在酸性条件下)进行标定。

⑤0.1 mol/L 草酸。称取优级纯 $H_2C_2O_4 \cdot 2H_2O$ 12.607 g,用蒸馏水溶解后,定容至 1 000 mL。

3. 实验步骤

1)酶液提取

取小麦叶片 2.5 g 加入 pH 7.8 的磷酸缓冲溶液少量,研磨成匀浆,转移至 25 mL 容量瓶中,用该缓冲液冲洗研钵,并将冲洗液转至容量瓶中,用同一缓冲液定容,10 000 g 离心 15 min,上清液即为过氧化氢酶的粗提液。

2)活性测定

取 50 mL 三角瓶 6 个(测定瓶和对照瓶各 3 个),测定瓶中加入酶液 2.5 mL,对照瓶中加入经过失活处理的酶液 2.5 mL，再加入 0.1 mol/L H_2O_2 2.5 mL，同时计时，于 30℃恒温水浴中保温 10 min，立即加入 2.5 mL 10% H_2SO_4。用 0.02 mol/L $KMnO_4$ 标准溶液滴定，至出现粉红色（在 30 s 内不消失）为终点。

3)结果计算

酶活性用每克鲜重样品 1 min 内分解 H_2O_2 的 mg 数表示：

$$过氧化氢酶活性(H_2O_2\ mg/(g\cdot min))=\frac{(A-B)\times V_T\times 1.7}{W\times V_S\times t}$$

式中，A 为对照 $KMnO_4$ 滴定 mL 数；B 为酶反应后 $KMnO_4$ 滴定 mL 数；V_T 为提取酶液总量(mL)；V_S 为反应时所用酶液量(mL)；W 为样品鲜重(g)；t 为反应时间(min)；1.7 为 1 mL 0.02 mol/L $KMnO_4$ 相当于 1.7 mg H_2O_2。

4. 注意事项

所用 $KMnO_4$ 溶液及 H_2O_2 溶液临用前要经过重新标定。

拓展实验

11.6　植物体内超氧阴离子自由基($O_2^{\cdot-}$)产生速率的测定

通过呼吸作用进入生物体内的氧分子，参与酶促或非酶促反应时，只接受一个电子后转变为超氧阴离子自由基（$O_2^{\cdot-}$），$O_2^{\cdot-}$ 既能与体内的蛋白质和核酸等活性物质直接作用，又能衍生为过氧化氢(H_2O_2)，羟自由基（·OH）和单线态氧（$^1O_2$）等。·OH 可以引发不饱和脂肪酸脂质（RH）过氧化反应，产生一系列自由基，比如：脂质自由基（·R）、脂氧自由基（RO·）、脂过氧自由基（ROO·）和脂过氧化物（ROOH）。这些含有氧而又比 O_2 活泼很多的化合物，称为活性氧，也有人将它们统归为氧自由基类。一切需氧生物均能产生活性氧，植物在正常条件下，体内的氧自由基水平较低，但在逆境胁迫（盐、干旱、病虫害等）下其含量会明显增加。植物体内具有一套完整的活性氧清除系统，具体包括酶系统（含各种抗氧化酶）和非酶系统（含各种抗氧化剂），能将活性氧转变为活性较低的物质，从而起到维持植物体内活性氧稳态的作用。

本实验旨在掌握采用羟胺氧化法测定 $O_2^{\cdot-}$ 含量的原理和方法，为使学生加深对植物体内 $O_2^{\cdot-}$ 所致氧化损伤的理论认识奠定基础。

1. 实验原理

应用羟胺反应来检测植物 $O_2^{\cdot-}$ 是一种较灵敏的方法，这主要归因于羟胺反应产物的比色测定具有较高的灵敏度（其检测限度可达 1 μg/L）。显色反应分两步：第一步是在酸性条件下，对氨基苯磺酸与 NO_2^- 一起发生重氮化反应形成重氮盐；第二步是重氮盐进一步与 α-萘胺偶联形成粉红色偶氮化合物，此化合物在 530 nm 处有显著的光吸收，根据 OD_{530} 可以算出样品中 $O_2^{\cdot-}$ 的含量。

2. 材料和仪器设备

材料：大豆，绿豆或花生 3 d 龄黄化幼苗的下胚轴，或在逆境（如盐、干旱等）条件下培养的其他植物材料。

仪器设备：冷冻高速离心机，恒温水浴锅，分光光度计。

3. 实验步骤

(1)试剂配制。以 12 mol/L 乙酸为溶剂分别配制 58 mmol/L 对氨基苯磺酸和 7 mmol/L α-萘胺溶液（后者配好后用铝箔纸包好置于暗处）备用。

(2)亚硝酸根[NO_2^-]标准曲线制作。0.5 mL 系列浓度的 $NaNO_2$(0，5，10，15，20，30，40 和 50 μmol/L)分别加入 0.1 mL 10 mmol/L 盐酸羟胺和 1 mL 58 mmol/L 对氨基苯磺酸，摇匀后再加入 1 mL 7 mmol/L α-萘胺，于 25℃ 中水浴保温 20 min，然后测定 OD_{530} 值，以[NO_2^-]和测得的 OD_{530} 值互为函数作图，制得[NO_2^-]标准曲线。

(3)植物 $O_2^{\cdot -}$ 提取液的制备。称植物材料 1 g，加入 3 mL 65 mmol/L 磷酸钾缓冲液（pH 7.8）及少许石英砂，充分研磨，转入离心管中并于 5 000 g 离心 15 min，取上清液并定容至 3 mL，此液即为植物 $O_2^{\cdot -}$ 提取液。

(4)$O_2^{\cdot -}$ 含量测定。测定过程中分为试验组、对照组和空白调零组，取 65 mmol/L 磷酸钾缓冲液 0.5 mL 分别加入试验组、对照组和空白调零组，试验组和空白调零组分别加入 10 mmol/L盐酸羟胺 0.1 mL（对照组用 0.1 mL 蒸馏水取代），摇匀，25℃水浴加热 10 min，试验组和对照组分别加入上清液 0.5 mL（空白调零组用 0.5 mL 65 mmol/L 磷酸钾缓冲液取代），摇匀，25℃水浴 20 min，分别加入 58 mmol/L 对氨基苯磺酸 1 mL，摇匀，再加入 7 mmol/L α-萘胺 1 mL，摇匀，25℃水浴 20 min，加入等体积(3 mL)色素萃取液三氯甲烷，并于 3 000 g 离心 3 min，取粉红色水相（上层）测定 OD_{530} 值。

4. 结果计算及分析

根据测得的 OD_{530}，查[NO_2^-]标准曲线，将 OD_{530} 换算成[NO_2^-]，然后依照羟胺与 $O_2^{\cdot -}$ 的反应式：

$$NH_2OH + 2O_2^{\cdot -} + H^+ \longrightarrow NO_2^- + H_2O_2 + H_2O$$

从[NO_2^-]对[$O_2^{\cdot -}$]进行计算，即将[NO_2^-]乘以 2，可得到[$O_2^{\cdot -}$]的量(μmol)，并根据记录样品与羟胺反应的时间和样品中的蛋白质含量，可求得 $O_2^{\cdot -}$ 产生速率（nmol/min/mg 蛋白）。

或按照下式计算 $O_2^{\cdot -}$ 的产生速率：

$$O_2^{\cdot -}\text{的产生速率}[\mu mol/(g \cdot h)] = 2n \times V_1 / m \times t \times V_2$$

式中，n 为羟胺氧化反应产生的 NO_2^-(μmol)；V_1 酶提取液总体积(mL)；V_2 为羟胺氧化反应加入的粗酶液体积(mL)；m 为样品鲜重(g)；t 为反应时间。

5. 注意事项

样品中若含有大量叶绿素会干扰测定结果，可在样品与羟胺温浴后加入等体积正丁醇、乙醚等比水轻的有机溶剂作为萃取试剂抽提色素，去掉上层正丁醇或乙醚后再加入对氨基苯磺酸和 α-萘胺进行显色反应。由于正丁醇或乙醚可能有时会与反应介质分层不明显，或因反应介质位于下层，而给比色带来不便。本文中采用的是比重比水大的三氯甲烷作为萃取试剂，它对消除植物材料（如叶片）中的叶绿素等色素的干扰效果比正丁醇和乙醚更好。

6. 思考题

(1)本实验中植物 $O_2^{\cdot -}$ 提取液中的蛋白质含量如何测定？

(2)如何解决植物组织内源亚硝酸根对测定的干扰？

(3)超氧阴离子含量的测定还有哪些方法？比本方法更准确可靠的方法是什么？

参 考 文 献

1. 陆巍，许晓明，张荣铣，等. 冰醋酸对于测定植物材料中超氧阴离子含量的灵敏度的影响. 南京师范大学学报，2004，27(1)：82-84.
2. 李忠光，龚明. 植物中超氧阴离子自由基测定方法的改进. 云南植物研究，2005，27(2)：211-216.
3. 王爱国，罗广华. 植物的超氧物自由基与羟胺反应的定量关系. 植物生理学通讯，1990(6)：55-57.
4. Elstner E F, Heupel A. Inhibition of nitrite formation from hydroxyaminonium chloride：a simple assay for superoxide dismutase. Anal Biochem，1976，70：616-620.

11.7 植物总抗氧化能力的测定(FRAP 法)

人们在日常生活中食用的水果中除了提供人体必需的一些维生素、矿物质和纤维素外，还含有许多人体所需的抗氧化物质，除了众所周知的维生素 C、维生素 E、类胡萝卜素以外，一些水果还含有丰富的多酚类等物质，如类黄酮、花色素等，这些物质在体外具有较强的抗氧化活性，从而表现出很好的保健和养生功效。我们可对一些日常水果的皮、肉、籽或仁的的抗氧化活性进行测定和比较，以便于为人们选用不同的水果提供参考依据。除此之外，我们也可对一些中药材或其他植物材料的抗氧化能力进行分析和评价，为更好地开发和应用我国丰富的植物资源提供实验依据。本实验中，我们采用铁离子还原/抗氧化力测定法(ferric reducing/antioxidant power assay，FRAP 法)对一些水果不同部位的抗氧化活性进行了测定和分析比较。

1. 实验原理

在酸性条件下，Fe^{3+}-三吡啶三吖嗪(2，4，6-tripyridyl-s-triazine，TPTZ，Sigma)可被样品中还原性物质还原为 Fe^{2+}-TPTZ 形式，呈现出明显的蓝色，并于 593 nm 处具有最大光吸收。在 Fe^{3+}-TPTZ 过量的情况下，检测蓝色物质的生成量可以反映待测样品的还原能力，即样品的总抗氧化能力。

2. 材料和仪器设备

材料：包括香蕉、苹果、山楂、鲜枣、水晶梨、芦柑等，可购自本地市场。

仪器设备：恒温水浴锅，分光光度计，离心机。

3. 实验步骤

(1) FRAP 工作液配制。由 0.3 mol/L 醋酸盐缓冲液，10 mmol/L TPTZ 溶液，20 mmol/L $FeCl_3$ 溶液以 10∶1∶1 的比例组成(现配现用)。

(2)用自来水、蒸馏水把上述水果反复冲洗干净后，分离果肉、果皮、果籽或仁，称取 1～5 g，在研钵内按 1∶9 比例加入蒸馏水，研磨成匀浆液，12 000 *g* 离心 10 min，取上清液。

(3)在反应管中加人 200 μL 样品上清液(必要时适当稀释)，再准确加入 6 mL FRAP 工作液，600 μL 蒸馏水，混匀，37℃条件下反应 10 min，于 593 nm 处测定吸光值。每个实验重复 3 次。

(4)按照上述方法，以 0.1～1.6 mmol/L 的 $FeSO_4$ 的标准溶液代替样品绘制标准曲线。

4. 结果计算及分析

以 1.0 mmol/L $FeSO_4$ 为标准，样品抗氧化活性以达到同样吸光度(OD_{593} 值)所需的

$FeSO_4$的毫摩尔数定义为 FRAP 值。FRAP 值越大,抗氧化活性越强。

5. 思考题

对于植物材料中一些不溶于水或水溶性不好的色素类抗氧化物质,在成分提取操作上如何改进以提高实验的准确性?

参 考 文 献

1. 陈玉霞, 刘建华, 林峰, 等. DPPH 和 FRAP 法测定 41 种中草药抗氧化活性. 实验室研究与探索,2011,30(6):11-14.
2. 赵文恩,李茜倩. FRAP 法测定大枣枣皮红色素的总抗氧化能力. 郑州大学学报 (工学版),2011,32(3):28-35.
3. 郭长江,杨继军,李云峰,等. FRAP 法测定水果不同部分抗氧化活性. 中国公共卫生,2003,19(7):841-843.
4. Benzie I F F, Strain J J. The ferric reducing ability of plasma as a measure of antioxidant power: the FRAP assay. Anal. Biochem. , 1996, 239: 70-76.

11.8　植物体内 GSH 和 GSSG 含量的测定

谷胱甘肽 (GSH) 是植物体内一种重要的抗氧化物质,在维持活性氧的稳态平衡中起着重要作用,各种逆境(干旱、盐渍、低温、病原菌侵染等)下常引起植物体内 GSH 等抗氧化物质含量的增加。植物体内的谷胱甘肽有还原型 (GSH) 和氧化型 (GSSG) 两种形式。还原型谷胱甘肽 (GSH) 是植物胞内代谢过程和遭受氧化胁迫时产生的过氧化物的有效清除剂之一,机体内的 GSSG 也可以再转化为 GSH,从而增强植物对环境胁迫的抵抗能力。在植物体内,谷胱甘肽还原酶(GR)通过使胞内谷胱甘肽库保持在还原状态而在氧化胁迫响应中具有重要作用。同时它参与的抗坏血酸-谷胱甘肽循环使植物体内两种重要的非酶抗氧化剂-抗坏血酸和谷胱甘肽得以再生。因此,通过检测某种环境条件下植物体内 GSH 和 GSSG 的含量,可在一定程度上反映植株体内的抗氧化能力。

1. 实验原理

GSH 可与 DTNB (二硫硝基苯甲酸) 反应后被氧化并形成一种黄色产物——硫硝基苯甲酸,此物质在 412 nm 处有最大光吸收峰。因此,在没有 GSSG 干扰的情况下,可根据硫硝基苯甲酸生成的量来计算 GSH 的量。如果在反应体系中加入氢供体 NADPH 和谷胱甘肽还原酶(GR),被氧化的谷胱甘肽 (GSSG) 又重新被还原为 GSH,GSH 再次与 DTNB 反应,从而形成 DTNB—GR 循环,此循环也可以通过 GR 底物 GSSG 来启动。因此,利用 DTNB—GR 循环不仅可以测定 GSH 含量,而且还可以测定 GSSG 含量。在 GSSG 含量的测定过程中,预先在反应体系中加入过量的乙烯吡啶,它可以分解 GSH,从而消除 GSH 的干扰,而乙烯吡啶对测定结果没有影响。如果预先不在反应体系中加入过量的乙烯吡啶,则可测定出 GSH 和 GSSG 含量之和,即总的谷胱甘肽含量 (GSH+GSSG)。

2. 材料和仪器设备

材料:供试栽培大豆品种(如 N23674)种子适量, 用 1 g/L $HgCl_2$ 消毒 5 min,用去离子水漂洗干净后,在恒温箱(25℃)内浸种 8 h,然后置于发芽床上避光催芽,选取发芽一致者播于盛有石英砂的具孔塑料杯中。覆盖石英砂后，置于盛有 1/2 Hoagland 营养液的周转箱中，自然光照，昼夜温度分别为(25±2)℃和(18±2)℃。待第 1 对真叶长出时，移苗至具孔的泡沫板上，在盛有 1/2 Hoagland 营养液的周转箱中进行水培。当幼苗长至第 1 复叶展开时，用 1/2 Hoagland 营养液配制的 100 mmol/L NaCl 溶液处理，以不加 NaCl 的 1/2 Hoagland 营养液培养的植株为对照。5 d 后分别取其根尖进行如下实验测定。

仪器设备：恒温水浴锅、紫外/可见分光光度计、冷冻离心机。

3. 实验步骤

(1)GSH/GSSG 上清液的制备。取经过上述处理的大豆幼苗根系（长约 0.5 cm）0.5 g，加入预冷的 5% 磺基水杨酸 2.5 mL 和少许石英砂，充分冰浴研磨，转入离心管中，于 4℃下 12 000 *g* 离心 20 min，将上清液分装，液氮冷冻后于－20℃保存或直接进行下面分析。

(2)GSH/GSSG 测定。

①取 50 μL 上清液，加入 5% 磺基水杨酸 50 μL，再加入 1.84 mol/L 三乙醇胺 24 μL 以中和样液，然后加入 10%乙烯吡啶（用 70%乙醇配制）50 μL，25℃水浴 1 h，以除去 GSH，到时加入 706 mL 50 mmol/L 磷酸缓冲液(pH 7.5，内含 2.5 mmol/L EDTA)，20 μL 10 mmol/L NADPH 和 80 μL 12.5 mmol/L DTNB(二硫硝基苯甲酸)，混匀，25℃保温 10 min，到时加入 20 μL 50 U/mL GR，总体积为 1 mL，立即混匀，以不加 DTNB 试剂的提取液和磷酸缓冲液的混合液作参比，读出 3 min 时在 412 nm 下吸光值(OD_{412})。以 5%磺基水杨酸为溶剂，用相同程序制作 GSSG 标准曲线，计算植物组织中的 GSSG 含量，以 μg GSSG/g FW 表示。

②总的谷胱甘肽(GSH+GSSG）含量的测定，只要把上述的乙烯吡啶用等体积的蒸馏水替代即可。以 5%磺基水杨酸为溶剂，用一系列已知浓度的 GSH (Sigma) 溶液用同样的方法制作 GSH 标准曲线。GSH 含量由总的谷胱甘肽库（GSH+GSSG）和 GSSG 含量相减得出。

4. 注意事项

在用 DTNB—GR 循环测定 GSH/GSSG 的过程中，反应的时间参数以 3 min 较为妥当。

5. 思考题

植物体内的抗氧化物质除了本实验中的 GSH 以外，你还能列出一些其他的吗？有无相应的定量分析方法？

参 考 文 献

1. 李忠光，杜朝昆，龚明. 在单一提取系统中同时测定植物 ASA/DHA 和 GSH/GSSG. 云南师范大学学报，2003，23(3)：67-70.
2. Nagalakshmi N, Prasad M N V. Responses of glutathione cycle enzymes and glutathione metabolism to copper stress in *Scenedesmus bijugatus*. Plant Sci.，2001，160：291-299.

11.9 植物盐胁迫蛋白的测定

植物的生长、发育和衰老涉及许多生理代谢过程，其中蛋白质代谢作为其重要方面，会受到其生长环境条件的影响。已有较多的研究表明：植物及其愈伤组织或悬浮培养细胞在遭受盐逆境时，往往出现新合成的或合成得到增强的蛋白质，这类蛋白被称为盐胁迫蛋白(salt-stressed proteins)。它是多种逆境(如干旱、盐渍、低温、病原菌侵染等)条件下植物体内产生的逆境蛋白(Stress proteins)家族中的一类，并在烟草、大麦、番茄和玉米等许多植物中都有报道。推测这些盐胁迫蛋白的出现可能与植物适应盐逆境或增强耐盐性有关。

1. 实验原理

这类盐胁迫蛋白可用蛋白质双向电泳(IEF 和 SDS-PAGE)、图像扫描等技术手段进行分析和测定。

2. 材料和仪器设备

材料：供试大麦品种(如鉴 4)种子适量，用 1 g/L $HgCl_2$ 消毒 5 min，用去离子水漂洗干净后，在恒温箱(25℃)内浸种 8 h，然后置于发芽床上避光催芽，选取发芽一致者播于盛有石英砂的具孔塑料杯中。覆盖石英砂后，置于盛有 1/2 Hoagland 营养液的周转箱中，自然光照，昼夜温度分别为(25±2)℃和(18 ±2)℃。待第 1 片真叶长出时，移苗至具孔的泡沫板上，在盛有 1/2 Hoagland 营养液的周转箱中进行水培。2 d 后改用 1/2 Hoagland 营养液配制的 100 mmol/L NaCl 溶液处理，以不加 NaCl 的 1/2 Hoagland 营养液培养的植株为对照。继续培养 5 d 后进行如下实验。

试剂盒：2-D Quant Kit，pH 梯度 IPG 胶条及 Buffer（均为 Amersham Biosciences 公司产品）。

仪器设备：高速冷冻离心机，分光光度计，双向电泳仪，扫描仪，脱色摇床，恒温水浴锅等。

3. 实验步骤

(1)蛋白质的提取。取上述培养的大麦植株根系 5 g，用剪刀适当剪碎后，放在冰浴预冷的研钵中，加入 10 mL 蛋白质提取液(75 mmol/L，pH 7.8 的磷酸缓冲液)研磨成匀浆后，用 15 000 *g*离心 20 min，得上清液用 4 倍体积的冷丙酮沉淀，以 10 000 g 离心 10 min，所得蛋白质沉淀用蛋白质溶解液(含 60 mmol/L Tris-HCl，pH 7.8，1 mmol/L DTT)溶解后供电泳用。样品中的蛋白质含量按 Bradford (1976)方法测定，以牛血清白蛋白制作标准曲线。

(2)双向电泳及图像分析。等电聚焦采用 24 cm pH 4～7 的固相线性 pH 梯度 IPG 胶条(Amersham Biosciences)。约 400 μg 蛋白用于 IPG 胶条上样(上样前加入少量溴酚蓝)，室温下吸胀过夜。等电聚焦使用 Ettan TM IPGphor Ⅱ TM 等电聚焦仪 (Amersham Biosciences)进行 (运行参考模式为：500 V×1 h，1 000 V×1 h，8 000 V×9 h，500 V×1.5 h)。聚焦结束后，胶条在 10 mL 平衡液(1% DTT，10%甘油，2%SDS，50 mmol/L Tris-HCl，pH 6.8)中室温平衡 15 min 后进行第二向 SDS-PAGE(分离胶聚合度为 12%)，并用 1%琼脂糖封胶。先以每块胶 2 W 恒功率电泳 30 min，再以每块胶 17 W 恒功率继续电泳 5 h。停止电泳后取下凝胶用考马斯亮蓝 R-250 染色过夜，脱色至背景透明。

4. 结果分析

脱色至背景透明后的凝胶使用凝胶扫描仪扫描，并使用 Image Master TM Ⅱ(Amersham Biosciences)对凝胶上的差异蛋白质点(盐胁迫处理和对照样品)进行匹配和半定量分析。对所发现的差异蛋白质点可考虑进一步采用挖胶、酶切和质谱鉴定。

参 考 文 献

1. Berkelman T, Stenstedt T, *et al*. 2-D Electrophoresis: Principles and Methods. Amersham Biosciences, U K Ltd, 2008.
2. Bradford M M. A rapid and sensitive method for the quantitation of microgram quantities

of protein utilizing the principle of protein-dye binding. Anal. Biochem. ,1976,72:248-254.
3. Laemmli U K. Cleavage of structural proteins during the assembly of the head of bacteriophage T4. Nature, 1970, 227: 680-685.

11.10 植物膜类脂的分析

类脂是植物细胞各种膜结构,如质膜、叶绿体膜、线粒体膜、液泡膜、核膜和内质网膜的主要组成成分,可分为磷脂和糖脂两大类。在叶绿体膜中,类脂占膜总干重的50%左右,其中以糖脂含量最多,约为总类脂量的60%以上。在线粒体膜中,类脂占膜总干重的20%~30%,其中磷脂含量较高,占总类脂量的60%左右。磷脂或糖脂是由不同的磷酸盐或糖与酯化脂肪酸组成,脂肪酸的种类甚多,不同脂肪酸在类脂中的含量很不相同。在高等植物的类脂中,主要以几种偶数(如16、18)碳原子和不同饱和度的脂肪酸(如棕榈酸、硬脂酸、油酸、亚麻酸等)为主。磷脂与糖脂直接参与生物膜的构成并影响着其功能(如膜结合酶的活性、膜的流动性、植物抗逆性等)。以膜的流动性来说,膜脂脂肪酸成分及含量明显地影响膜的功能。

1. 实验原理

类脂的双向薄板层析(two dimensional thin-layer chromatography, 2D-TLC)是利用极性不同的极性溶剂将不同极性的类脂区分开来,并利用显色剂进行定位和定量分析。

2. 材料和仪器设备

材料:供试的植物组织样品。

仪器设备:层析槽,层析玻璃板,研钵或捣碎器,带滤板玻璃漏斗,分流漏斗,吸滤瓶,具塞试管,硅胶板(G型),真空干燥器,紫外光灯,真空泵,烘箱,恒温水浴锅,氮气等。

3. 实验步骤

1)总类脂的提取

按下图进行。

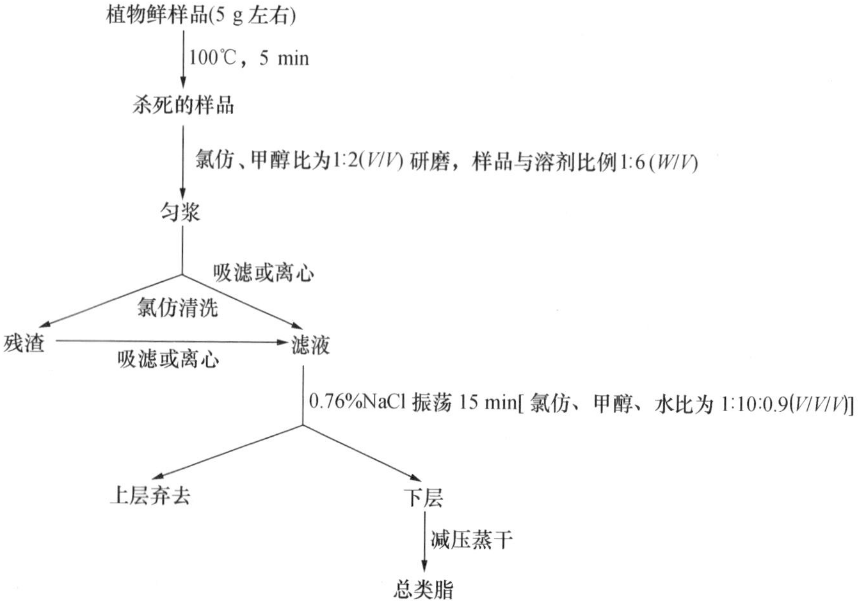

2)极性脂的提取

通常将类脂区分为中性脂与极性脂,前者以三酸甘油酯、二酸甘油酯、单酸甘油酯和甾醇脂为主,后者一般就是指磷脂与糖脂。去除中性脂的方法较多,本实验采用液-液分离方法,其中的两个相分别为石油醚(沸程为 90～120℃)和 95%的含水甲醇。中性脂存在于石油醚相中,磷脂和糖脂则在甲醇相中。因而前者也称作基相,后者为回收相。具体操作如下:先制备相互饱和的上述基相与回收相。将上述获得的总类脂溶于 3 mL 基相溶液中,再加入 3 mL 回收相溶液,充分振荡后静置,等清晰分层后吸出回收相(下层),再用同样量的回收相重复 2 次,3 次所得到的回收相混合后,再用基相溶液清洗 1～2 次,留下的下层回收相经减压蒸干,氮气吹干或旋转蒸发浓缩就能得到不含中性脂的极性脂。

3)主要极性脂的分离

采用 2D-TLC 法分离各极性脂。使用 10 cm×10 cm 的硅胶板(G 型),使用前于 120℃活化 1 h。点样量依据极性脂的浓度而定,一般每板点 2～3 mg。一向展开剂氯仿、甲醇、7 mol/L 氨水比例为 65∶30∶4($V/V/V$);二向展开剂氯仿、甲醇、乙酸、水比例为 170∶25∶25∶6($V/V/V/V$)。展层结束后,将干燥的展板置于钼酸铵显色剂内显色(见下注意事项 4)后,与标样磷脂和糖脂的相对迁移率(R_f值)比较,并参照文献图谱(Ongun 等,1968)的 R_f 值确定各磷脂和糖脂组分。

4)定量分析

(1)磷脂的定量分析。硅胶板层析结束后,用 2′,7′-二氯荧光素(用 0.2% 2′,7′-二氯荧光素的乙醇溶液与 2 mol/L KOH 水溶液等体积混合而成,保存于棕色瓶中)均匀喷雾处理后,在紫外灯(λ=254 nm)下观察并刮下各极性脂荧光斑点,并进行定位。将各磷脂斑点用刀片小心刮下,放入试管中,加 0.5 mL 5 mol/L H_2SO_4 于 250℃烘箱中加热 30 min,冷却后再加入数滴 H_2O_2,再在 250℃烘箱中加热 30 min,冷却后用钼酸铵比色法测定磷含量。以磷的毫摩尔数作为磷脂的毫摩尔数。也可用归一法换算各磷脂的相对百分含量。

(2)糖脂的定量分析。将荧光素显示的各糖脂斑点用刀片小心刮下,按以下顺序分别用氯仿、甲醇(比例为 1∶1;1∶2,均为 V/V)和甲醇各 4 mL 依次提取,都经 5 000 g 离心 10 min,合并所得离心上清液,于 70℃水浴的蒸发皿中蒸干。得到的糖脂用 3 mL 甲醇洗入试管中,再加 3 mL 2 mol/L HCl 混合均匀,在开口条件下煮沸 45 min,使糖脂酸解成半乳糖和甘油脂肪酸。冷却后加入 3 mL 乙醚振荡约 5 min,然后静置 10 min,用滴管将下层溶液吸出定容至 3 mL,半乳糖含量用蒽酮比色法测定。将测得的半乳糖毫摩尔数换算为糖脂毫摩尔数时,应注意双半乳糖甘油二酯具有两个半乳糖残基,它的毫摩尔数应是测得的半乳糖毫摩尔数的 1/2。

4. 注意事项

(1)所得的极性脂由于具有不饱和脂肪酸,在室温和空气下很容易氧化,影响测定结果。为了能使样品保存较长的时间,除了尽量采用溶剂保存外,可充入氮气。还可以在样品中加入少量的抗氧化剂,例如 0.005%的丁基羟基甲苯(butylated hydroxy toluene,BHT)并贮存在低温下。如果样品保存时间不太长,则可在极性脂提取的最后过程中,保留适量上层的石油醚,并于低温下贮存,在定量分析前再去除石油醚即可。另外,在进行提取或层析过程中应避免日光直射,因为紫外辐射会加快脂肪酸的氧化过程。

(2)硅胶板展开剂最好现用现配,不宜存放。

(3)显色剂一般以现配为宜,配制后 2 个月内仍可使用,但会影响显色效果。

(4)铂酸铵显色剂。3 g 钼酸铵溶于 25 mL 蒸馏水中,再加入 30 mL 1 mol/L HCl, 15 mL 60%高氯酸。喷此显色剂后层析板于 80～90℃烘 10～15 min,所有的磷脂、糖脂和中性脂均显棕色斑点。

5. 思考题

若要在上述实验的基础上对极性脂的脂肪酸组分进行定量分析,该如何操作?

参 考 文 献

1. 卢昀,刘雪萍,汪晓峰,等. 渗透调节对冷敏感大豆[*Glycine max* (L.) Merr.]种子膜类脂组成和脂肪酸含量的影响. 植物生理与分子生物学学报, 2006, 32 (2): 225-230.
2. 中国科学院上海植物生理研究所和上海市植物生理学会. 现代植物生理学实验指南. 北京:科学出版社,1999.
3. 苏维埃,王文英,李锦树. 植物类脂及其脂肪酸的分析技术——TLC-GLC 技术. 植物生理学通讯,1980(3):54-60.
4. Ongun A, Thomson W W, Mudd J B. Lipid composition of chloroplasts isolated by aqueous and nonaqueous techniques. J. Lipid Res. ,1968,9:409-415.

设计实验

11.11 盐胁迫对植物生物膜结构与功能的影响

植物细胞的膜系统是盐害的原初部位和主要部位。盐胁迫下植物细胞质膜受到损伤,使胞内无机电解质和有机溶质大量外渗。目前,生物自由基伤害学说已被认为是植物在逆境下遭受伤害的一个重要机制。当植物处于逆境条件下,膜脂中不饱和脂肪酸的双键容易受到体内积累的自由基或活性氧的攻击而启动膜脂过氧化或脱脂化作用,破坏膜脂和膜蛋白,使膜系统发生结构上的损伤,从而影响膜的功能,最终造成植物的伤害乃至死亡。

1. 实验原理

本实验是先在正常条件下培育出两种耐盐性强弱不同的植物幼苗,然后用不同浓度的高渗溶液(如 NaCl)进行脱水胁迫处理,研究它们在 NaCl 胁迫下叶片的脂质过氧化、膜透性和叶肉细胞超微结构变化三者间的关系,以探讨盐胁迫对其膜系统(包括结构与功能)伤害的内在机理。

2. 植物材料和仪器设备

植物材料:耐盐性强的大麦品系(如鉴 4)和耐盐性弱的大麦品种(如科品 7 号)经常规消毒、浸种、催芽后,播入盛有石英砂的具孔塑料杯中。覆盖石英砂后,置于盛有 1/2 Hoagland 营养液的周转箱中,在控温、光照条件下,培养约 1 周后转入含 100 mmol/L NaCl 的 1/2 Hoagland 营养液处理 9 d。于 0、3、6、9 d 取样测定。另设对照组,每次试验进行 3 次重复。

仪器设备:电导仪、分光光度计、超薄切片机、透射电子显微镜等。

3. 实验步骤

1)叶片 SOD、POD、CAT 等抗氧化酶活性测定

上述抗氧化酶活性分别采用氮蓝四唑(NBT)法、愈创木酚法和紫外吸收法进行测定,可在一定程度上从抗氧化能力的角度反映盐胁迫下供试的不同大麦品种幼苗维持体内活性氧稳态的能力大小。

2)叶片脂质过氧化作用测定

根据脂质过氧化产物丙二醛（MDA）与硫代巴比妥酸（TBA）反应所产生的硫代巴比妥酸反应物（TBARS）含量来推定 MDA 的量,并以此来分析盐胁迫下不同大麦品种幼苗脂质过氧化作用的强弱和细胞膜受到损伤的程度。

3)叶片膜透性测定

采用电导法测定 NaCl 处理过程中叶片细胞膜透性的变化,可由此来直接判定盐胁迫下细胞膜受到损伤的程度。

上述具体操作方法均可参见前文相关内容。

4)叶肉细胞超微结构的电镜观察

取对照和盐处理大麦幼苗第 1 片真叶中部切成小块,2.5% 戊二醛和 1%锇酸固定，梯度酒精逐级脱水，环氧丙烷过渡，Epon-812 包埋。超薄切片机切片,醋酸双氧铀和柠檬酸铅双重染色后,透射电镜下观察和拍照。

4. 思考题

试从结构决定功能的角度,并结合上述实验结果,深入分析盐胁迫对不同大麦品种幼苗叶片生物膜结构与功能的影响及其相互联系。

参 考 文 献

1. 胡荣海.小麦品种(系)抗逆性评价、筛选及应用.植物学通报,1991,8(1):9-13.
2. 龚明,丁念诚,贺子义,等.盐胁迫下大麦和小麦叶片脂质过氧化伤害与超微结构变化的关系．植物学报,1989，31(11)：841-846.

附　　录

附录 1　植物组织培养常见的几种基本培养基

mg/L

成分	AA	B5	CPW	KM8P	KPR (Kao)	MS	N6	NN	NT	White	WPM	SH	ER
$(NH_4)_2SO_4$		134					463						340
NH_4NO_3				600	600	1 650		720			400		1 200
KNO_3		2 500	101	1 900	1 900	1 900	2 830	950	101	80		2 500	200
$Ca(NO_3)_2$										300	556		
$CaCl_2 \cdot 2H_2O$	440	150	1 480	600	600	440	166	166	1 470		96	200	1 900
$MgSO_4 \cdot 7H_2O$	370	250	246	300	300	370	370	185	246.5	720	370	400	440
Na_2SO_4										200			
K_2SO_4											990		
KH_2PO_4	170		27.2	170	170	170	170	68	27.2		170		370
$NaH_2PO_4 \cdot H_2O$		150								16.5		345	
KCl	2 940			300	300								
$FeSO_4 \cdot 7H_2O$[1]	27.8	27.8				27.8	27.8	27.8			27.8	15	27.8
EDTA-Na_2[1]	37.3	37.3				37.3	37.3	37.3			37.3	20	37.3
$Fe_2(SO_4)_3$										2.5			
Na-Fe-EDTA		28		28	28								
KI	0.83	0.75	0.16	0.75	0.75	0.83	0.8		0.166	0.75		1.0	0.83

续表

成分	AA	B5	CPW	KM8P	KPR (Kao)	MS	N6	NN	NT	White	WPM	SH	ER
$CoCl_2 \cdot 6H_2O$(μg/L)	25	25		25	25	25						100	2.5
H_3BO_3	6.2	3.0		3.0	3.0	6.2	1.6	10		1.5	6.2	5.0	0.63
$Na_2MoO_4 \cdot 2H_2O$	0.25	0.25		0.25	0.25	0.25		0.25			0.25	0.1	0.025
MoO_3/(μg/L)										0.1			
$MnSO_4 \cdot 4H_2O$					10.0	22.3	3.3	25		7.0		10	2.23
$MnSO_4 \cdot H_2O$	16.9	10		10.0							22.3		
$CuSO_4 \cdot 5H_2O$/(μg/L)	25	25	25	25	25	25		25	25	1.0	250	200	2.5
$ZnSO_4 \cdot 7H_2O$	8.6	2.0		2.0	2.0	8.6	1.5	10		3.0	8.6	1.0	
Zn(螯合态)													15
肌醇(myo-inositol)	1 090	100		100	100	100		100			100	100	
烟酰胺(nicotinamide)				1.0									
烟酸(nicotinic acid)	0.5	1.0			1.0	0.5	0.5	5.0		0.5	0.5	5.0	0.5
吡哆醇[pyridoxine(HCl)]	0.1	1.0		1.0	1.0	0.5	0.5	0.5		0.1		0.5	0.5
硫胺素[thiamine(HCl)]	0.5	10		1.0	1.0	0.1	1.0	0.5		0.1	1.6	5.0	0.5
D-泛酸钙(D-calcium pantothenate)				1.0	0.5					1.0			
叶酸(folic acid)				0.4	0.2			0.5					
氨基苯酸(aminobenzoic acid)				0.02	0.01								
生物素(biotin)				0.01	0.005			0.05					
氯化胆碱(choline chloride)				1.0	0.5								
核黄素(riboflavin)				0.2	0.1								
抗坏血酸(ascorbic acid)				2.0	1.0								
维生素 A(vitamine A)				0.01	0.005								
维生素 D_3(vitamine D_3)				0.01	0.005								
维生素 B_{12}(vitamine B_{12})			0.02	0.01									
谷酰胺(glutamine)	877												
天冬氨酸(aspartic acid)	266												

续表

成分	AA	B5	CPW	KM8P	KPR (Kao)	MS	N6	NN	NT	White	WPM	SH	ER
精氨酸(arginine)	288												
甘氨酸(glycine)	75					2.0	2.0	2.0		3.0		2.0	
水解酪氨酸(caseinhydrolyzate)				250	125								
蔗糖(sucrose)/(g/L)	30	20		0.25	0.125	30	50	20		20	20	30	40
葡萄糖(glucose)/(g/L)				68.4	68.4								
果糖(frutose)				250	125								
核糖(ribose)				250	125								
木糖(xylose)				250	125								
甘露糖(mannose)				250	125								
鼠李糖(rhamnose)				250	125								
纤维二糖(cellobiose)				250	125								
山梨糖醇(sorbitol)				250	125								
甘露糖醇(甘露醇 mannitol)			72.9 g/L	250	125				0.7 mol/L				
丙酮酸钠(sodium pyruvat)				20	5								
柠檬酸(citric acid)				40	10								
苹果酸(malic acid)				40	10								
富马酸(fumaric acid)				40	10								
椰子汁(coconut water)[2]/(mL/L)				20	10								
2-N-吗啡啉乙黄酸(MES)/(mmol/L)			5										
pH	5.8	5.5	5.8	5.6	5.7	5.7～5.8	5.8	5.5	5.8	5.7	5.6	5.7	5.8

注：1. 7.45 g EDTA-Na_2 与 5.57 g $FeSO_4 \cdot 7H_2O$ 溶于水中螯合，定溶至 1 L，使用时每升培养基加入此液 5 mL。

2. 取成熟果实的椰汁 60℃加热 30 min 后过滤，分装保存于低温冰箱中备用。

3. 基本培养基是指含各种基本营养成分的培养基，在组织培养及其他实验中所加入的植物生长物质则要参阅相关文献。

4. 固体培养基中一般琼脂含量为 7～8 g/L。加琼脂前以 HCl 或 NaOH 调节 pH 至预定值。

5. KM8P、KPR、NT 及 CPW 原用于原生质体培养，若用于细胞组织培养时需去掉用于渗透稳定的糖或甘露醇，并同时添加适当量的糖（蔗糖或葡萄糖等）。

6. LS 培养基（Linsmair and skoog，1965）除硫胺素含量较高为 1.0 mg/L 以及不加吡哆醇或烟酸外，其他营养成分与 MS 培养基相同。

附录 2　常用缓冲液

1. 甘氨酸-HCl 缓冲液(pH 2.2～3.6)

0.2 mol/L 甘氨酸(15.01 g/L)；

0.2 mol/L HCl；

50 mL 0.2 mol 甘氨酸＋x mL 0.2 mol/L HCl,加水稀释到 200 mL。

pH	0.2 mol/L HCl(x mL)	pH	0.2 mol/L HCl(x mL)
2.2	44.0	3.0	11.4
2.4	32.4	3.2	8.2
2.6	24.2	3.4	6.4
2.8	16.8	3.6	5.0

2. 甘氨酸-NaOH 缓冲液(0.05 mol/L,pH 8.6～10.6,25℃)

25 mL 0.2 mol 甘氨酸(含 15.01 g/L)＋x mL 0.2 mol/L NaOH,加水稀释到 100 mL。

pH	0.2 mol/L HCl(x mL)	pH	0.2 mol/L HCl(x mL)
8.6	2.0	9.6	11.2
8.8	3.0	9.8	13.6
9.0	4.4	10.0	16.0
9.2	6.0	10.4	19.3
9.4	8.4	10.6	22.8

3. 柠檬酸-柠檬酸钠缓冲液(0.1 mol/L, pH 3.0～6.2)

0.1 mol/L 柠檬酸 (含 $C_6H_8O_7 \cdot H_2O$ 21.01 g/L)；

0.1 mol/L 柠檬酸三钠 (含 $C_6H_5O_7Na_3 \cdot H_2O$ 29.41 g /L)。

mL

pH	0.1 mol/L 柠檬酸	0.1 mol/L 柠檬酸三钠	pH	0.1 mol/L 柠檬酸	0.1 mol/L 柠檬酸三钠
3.0	82	18	4.8	40.0	60.0
3.2	77.5	22.5	5.0	35.5	65.0
3.4	73.0	27.0	5.2	30.5	69.5
3.6	68.5	31.5	5.4	25.5	74.5
3.8	63.5	36.5	5.6	21.0	79.0
4.0	59.0	41.0	5.8	16.0	84.0
4.2	54.0	46.0	6.0	11.5	88.5
4.4	49.5	50.5	6.2	8.5	91.5
4.6	44.5	55.5			

4. 柠檬酸-氢氧化钠-盐酸缓冲液

pH	钠离子 mol/L	柠檬酸/g ($C_6H_8O_7 \cdot 7H_2O$)	氢氧化钠/g (NaOH 97%)	盐酸/mL [HCl (浓)]	最终体积 /L
2.2	0.20	210	84	160	10
3.1	0.20	210	83	116	10
3.3	0.20	210	83	106	10
4.3	0.20	210	83	45	10
5.3	0.35	245	144	68	10
5.8	0.45	285	186	105	10
6.5	0.38	266	156	126	10

使用时可以每升中加入 1 g 酚，若最后 pH 有变化，再用少量 50% 氢氧化钠溶液或浓盐酸调节，冰箱保存。

5. 磷酸氢二钠-柠檬酸缓冲液(pH 2.6～7.6)

0.1 mol/L 柠檬酸(含 $C_6H_8O_7 \cdot H_2O$ 21.01 g/L)；

0.2 mol/L 磷酸氢二钠(含 $Na_2HPO_4 \cdot 2H_2O$ 35.61 g/L 或 $Na_2HPO_4 \cdot 7H_2O$ 53.65 g/L)。

mL

pH	0.1 mol/L 柠檬酸	0.2 mol/L 磷酸氢二钠	pH	0.1 mol/L 柠檬酸	0.2 mol/L 磷酸氢二钠
2.6	89.10	10.90	5.2	46.40	53.60
2.8	84.15	15.85	5.4	44.25	55.75
3.0	79.45	20.55	5.6	42.00	58.00
3.2	75.30	24.70	5.8	39.55	60.45
3.4	71.50	28.50	6.0	36.85	63.15
3.6	67.80	32.20	6.2	33.90	66.10
3.8	64.50	35.50	6.4	30.75	69.25
4.0	61.45	38.55	6.6	27.25	72.75
4.2	58.60	41.40	6.8	22.75	77.25
4.4	55.90	44.10	7.0	17.65	82.35
4.6	53.25	46.75	7.2	13.05	86.95
4.8	50.70	49.30	7.4	9.15	90.85
5.0	48.5	51.50	7.6	6.35	93.65

6. 磷酸氢二钠-磷酸二氢钠缓冲液(0.2 mol/L，pH 5.8～8.0，25℃)

0.2 mol/L 磷酸氢二钠(含 $Na_2HPO_4 \cdot 2H_2O$ 35.61 g/L 或 $Na_2HPO_4 \cdot 7H_2O$ 53.65 g/L)；

0.2 mol/L 磷酸二氢钠(含 $NaH_2PO_4 \cdot H_2O$ 27.6 g/L 或 $NaH_2PO_4 \cdot 2H_2O$ 31.21 g/L)。

mL

pH	0.1 mol/L 磷酸二氢钠	0.2 mol/L 磷酸氢二钠	pH	0.1 mol/L 磷酸二氢钠	0.2 mol/L 磷酸氢二钠
5.8	8.0	92	7.0	61.0	39.0
6.0	12.3	87.7	7.2	72.0	28.0
6.2	18.5	81.5	7.4	81.0	19.0
6.4	26.5	73.5	7.6	87.0	13.0
6.6	37.5	62.5	7.8	91.5	8.5
6.8	49.0	51.0	8.0	94.7	5.3

7. 磷酸缓冲液(pH 4.92～9.18,25℃)

1/15 mol/L 磷酸氢二钠(含 $Na_2HPO_4 \cdot 2H_2O$ 11.87 g/L);

1/15 mol/L 磷酸二氢钾(含 KH_2PO_4 9.078 g/L)。

mL

pH	1/15 mol/L 磷酸氢二钠	1/15 mol/L 磷酸二氢钾	pH	1/15 mol/L 磷酸氢二钠	1/15 mol/L 磷酸二氢钾
4.92	0.10	9.90	7.17	7.00	3.00
5.29	0.50	9.50	7.38	8.00	2.00
5.91	1.00	9.00	7.73	9.00	1.00
6.24	2.00	8.00	8.04	9.50	0.50
6.47	3.00	7.00	8.34	9.75	0.25
6.64	4.00	6.00	8.67	9.90	0.10
6.81	5.00	5.00	9.18	10.00	0.00
6.98	6.00	4.00			

8. Tris-HCl 缓冲液(0.05 mol/L, pH 7～9)

25 mL 0.2 mol/L 三羟甲基氨基甲烷(Tris)+x mL 0.1 mol/L HCl,加水稀释至 100 mL

pH		0.1 mol/L HCl(x mL)	pH		0.1 mol/L HCl(x mL)
23℃	37℃		23℃	37℃	
7.20	7.05	45.0	8.23	8.10	22.5
7.36	7.22	42.5	8.32	8.18	20.0
7.54	7.40	40.0	8.40	8.27	17.5
7.66	7.52	37.5	8.50	8.37	15.0
7.77	7.63	35.0	8.62	8.48	12.5
7.87	7.73	32.5	8.74	8.60	10.0
7.96	7.82	30.0	8.92	8.78	7.5
8.05	7.90	27.5	9.10	8.95	5.0
8.14	8.00	25.0			

9. 碳酸钠-碳酸氢钠缓冲液(0.05 mol/L,pH 9.2～10.8)

0.1 mol/L 碳酸钠（含 $Na_2CO_3 \cdot 10H_2O$ 28.62 g/L）；

0.1 mol/L 碳酸氢钠（含 $NaHCO_3$ 8.4 g/L)(有 Ca^{2+}、Mg^{2+} 存在时不得使用)。

mL

pH		0.1 mol/L 碳酸钠	0.1 mol/L 碳酸氢钠	pH		0.1 mol/L 碳酸钠	0.1 mol/L 碳酸氢钠
20℃	37℃			20℃	37℃		
9.16	8.77	10	90	10.14	9.90	60	40
9.40	9.12	20	80	10.28	10.08	70	30
9.51	9.40	30	70	10.53	10.28	80	20
9.78	9.50	40	60	10.83	10.57	90	10
9.90	9.72	50	50				

10. 硼砂-硼酸缓冲液(pH 7.4～9.0)

0.05 mol/L 硼砂（含 $Na_2B_4O_7 \cdot 10H_2O$ 19.07 g/L），0.2 mol/L 硼酸（含 H_3BO_3 12.37 g/L）。

mL

pH	0.05 mol/L 硼砂	0.2 mol/L 硼酸	pH	0.05 mol/L 硼砂	0.2 mol/L 硼酸
7.4	1.0	9.0	8.2	3.5	6.5
7.6	1.5	8.5	8.4	4.5	5.5
7.8	2.0	8.0	8.7	6.0	4.0
8.0	3.0	7.0	9.0	8.0	2.0

11. 硼砂-NaOH 缓冲液(0.05 mol/L 硼酸根,pH 8.1～10.7，25℃)

50 mL 0.05 mol/L 硼砂（含 $Na_2B_4O_7 \cdot 10H_2O$ 19.07 g/L）+ x mL 0.1 mol/L HCl 或 0.1 mol/L NaOH,加水稀释到 100 mL。

pH	0.1 mol/L HCl（x mL）	pH	0.1 mol/L HCl（x mL）	pH	0.1 mol/L NaOH（x mL）	pH	0.1 mol/L NaOH（x mL）
8.1	19.7	8.6	13.5	9.3	3.6	10.1	19.5
8.2	18.8	8.7	11.6	9.4	6.2	10.2	20.5
8.3	17.7	8.8	9.4	9.5	8.8	10.3	21.3
8.4	16.6	8.9	7.1	9.6	11.1	10.4	22.1
8.5	15.2	9.0	4.6	9.7	13.1	10.5	22.7
				9.8	15.0	10.6	23.3
				9.9	16.7	10.7	23.8
				10.0	18.3		

12. 乙酸(HAc)-乙酸钠(NaAc)缓冲液 (0.2 mol/L, pH 3.7～5.8, 18℃)

0.2 mol/L HAc (含冰乙酸 11.7 mL/L);

0.2 mol/L NaAc (含 NaAc·$3H_2O$ 27.22 g/L 或 NaAc 16.4 g/L)。

mL

pH	0.2 mol/L NaAc	0.2 mol/L HAcpH	0.2 mol/L NaAc	0.2 mol/L HAc	
3.7	10.0	90.0	4.8	59.0	41.0
3.8	12.0	88.0	5.0	70.0	30.0
4.0	18.0	82.0	5.2	79.0	21.0
4.2	26.5	73.5	5.4	86.0	14.0
4.4	37.0	63.0	5.6	91.0	9.0
4.6	49.0	51.0	5.8	94.0	6.0

13. 巴比妥钠-盐酸缓冲液(18℃)

0.04 mol/L 巴比妥钠(含巴比妥钠 8.25 g/L);

0.2 mol/L HCl。

mL

pH	0.04 mol/L 巴比妥钠	0.2 mol/L HCl	pH	0.04 mol/L 巴比妥钠	0.2 mol/L HCl
6.8	100	18.4	8.4	100	5.21
7.0	100	17.8	8.6	100	3.82
7.2	100	16.7	8.8	100	2.52
7.4	100	15.3	9.0	100	1.65
7.6	100	13.4	9.2	100	1.13
7.8	100	11.47	9.4	100	0.70
8.0	100	9.39	9.6	100	0.35
8.2	100	7.21			

14. HEPES 缓冲液

配制 0.2 mol/L{4-(2-羟乙基)-1-哌嗪乙基磺酸溶液:称取[4-(2-羟乙基)-1-哌嗪乙基磺酸]4-(2-hydroxyethyl)-1- piperazineethanesulfonic acid,$C_8H_{18}O_4N_2S$}47.66 g,先用约600 mL蒸馏水溶解,再用 1.0 mol/L NaOH 调节至所需 pH,然后用蒸馏水定容至 1 L。

15. Tricine 缓冲液

配制 0.2 mol/L 3-(羟甲基)-甲基甘氨酸溶液:称取 35.83 g 3-(羟甲基)-甲基甘氨酸[tris-(hydroxymethyl)-methylglycine,$(NOCH_2)_3CNHCH_2CO_2H$],先用约 600 mL 蒸馏水溶解,再用 1.0 mol/L NaOH 调节至所需 pH,然后用蒸馏水定容至 1 L。

16. 酸度计标准缓冲液的配制

(1)pH 4.0 缓冲液(0.05 mol/L 邻苯二甲酸氢钾溶液)。精确称取干燥(105℃)至恒重的邻苯二甲酸氢钾 10.12 g，蒸馏水溶解后定容至 1 L。

(2)pH 7.0 缓冲液(0.025 mol/L 磷酸二氢钾和 0.025 mol/L 磷酸氢二钠混合溶液)。分别称取干燥(115℃)至恒重的磷酸二氢钾 3.39 g 和磷酸氢二钠 3.53 g，蒸馏水溶解后定容至 1 L(所用蒸馏水应预先煮沸 15～20 min)。

(3)pH 7.0 缓冲液(0.01 mol/L 四硼酸钠溶液)：称取 $Na_2B_4O_7 \cdot 10H_2O$ 3.80 g(注意不能烘干)溶解于预先煮沸 20～30 min 的蒸馏水中，定容至 1 L。

(4)缓冲液的 pH 值与温度的关系对照表：

温度℃	0.05 mol/L 邻苯二甲酸氢钾	0.025 mol/L 混合磷酸盐	0.01 mol/L 四硼酸钠
0	4.01	6.98	9.46
5	4.00	6.95	9.39
10	4.00	6.92	9.33
15	4.00	6.90	9.28
20	4.00	6.88	9.23
25	4.00	6.86	9.18
30	4.01	6.85	9.14
35	4.02	6.84	9.10
40	4.03	6.84	9.07
45	4.04	6.83	9.04
50	4.06	6.83	9.02
55	4.07	6.83	8.99
60	4.09	6.84	8.97

附录 3 易变质及需要特殊方法保存的试剂

注 意 事 项		
需要密封	易潮解吸湿	氧化钙、氢氧化钠、氢氧化钾、碘化钾、三氯乙酸
	易失水风化	结晶硫酸钠、硫酸亚铁、含水磷酸氢二钠、硫代硫酸钠
	易挥发	氨水、氯仿、醚、碘、麝香草酚、甲醛、乙醇、丙酮
	易吸收 CO_2	氢氧化钠、氢氧化钾
	易氧化	硫酸亚铁、醚类、酚、抗坏血酸和一些还原剂
	易变质	丙酮酸钠、乙醚和许多生物制品(常需冷藏)
需要避光	见光变色	硝酸银(变黑)、酚(变淡红)、氯仿(产生光气)、茚三酮(变淡红)
	见光分解	过氧化氢、氯仿、漂白粉、氰氢酸
	见光氧化	乙醚、醛类、亚铁盐和一切还原剂
需要特殊保管	易爆炸	苦味酸、硝酸盐类、过氯酸、叠氮化钠
	剧毒	氰化钾(钠)、汞、砷化物、溴
	易燃	乙醚、甲醇、丙醇、苯、甲苯、二甲苯、汽油
	腐蚀	强酸、强碱

附录 4　常用酸碱指示剂

中文名	英文名	变色 pH 范围	酸性色	碱性色	浓度/%	溶剂	100 mL 指示剂需 0.1 mol/L NaOH 量/mL
间甲酚紫	m-cresol purple	1.2～2.8	红	黄	0.04	稀碱	1.05
麝香草酚蓝	thymol biue	1.2～2.8	红	黄	0.04	稀碱	0.86
溴酚蓝	bromphenol blue	3.0～4.6	红	黄	0.04	稀碱	0.6
甲基橙	methyl orange	3.1～4.4	红	黄	0.02	水	—
溴甲酚绿	bromcresol green	3.8～5.4	黄	黄	0.04	稀碱	0.58
甲基红	methyl red	4.4～6.2	红	黄	0.1	50%乙醇	—
氯酚红	chlorphenol red	4.8～6.4	黄	红	0.04	稀碱	0.94
溴酚红	bromphenol red	5.2～6.8	黄	红	0.04	稀碱	0.78
溴甲酚紫	bromcresol purple	5.2～6.8	黄	紫	0.04	稀碱	0.74
溴麝香草酚蓝	bromothymol blue	6.0～7.6	黄	蓝	0.04	稀碱	0.64
酚红	phenol red	6.4～8.2	黄	红	0.02	稀碱	1.13
中性红	neutral red	6.8～8.0	红	黄	0.01	50%乙醇	—
甲酚红	cresol red	7.2～8.8	黄	紫红	0.04	稀碱	1.05
间甲酚紫	m-cresol purple	7.4～9.0	黄	紫	0.04	稀碱	1.05
麝香草酚蓝	thymol blue	8.0～9.6	黄	蓝	0.04	稀碱	0.86
酚酞	phenolphthalein	8.2～10.0	无色	紫	0.1	96%乙醇	—
麝香草酚酞	thymolphthalein	9.3～10.5	无色	紫	0.1	50%乙醇	—
茜素黄 R	alizarin yellow R	10.0～12.1	淡黄	棕红	0.1	50%乙醇	—
金莲橙 O	tropaeolin O	11.1～12.7	黄	红棕	0.1	水	—

附录 5 离心机转速与相对离心力的换算

离心机上一般标有两种离心速度单位，r/min(revolution per minute) 为离心机每分钟的转数，RCF(relative centrifugal force) 相对离心力，用重力加速度(g)的倍数表示。相对离心力 RCF(g 值)取决于转子的转速(r/min)和旋转半径(R，以 mm 计算)，可用如下公式表示：

$$RCF(g)=1.11\times10^{-5}\times(r/min)^2\times R$$

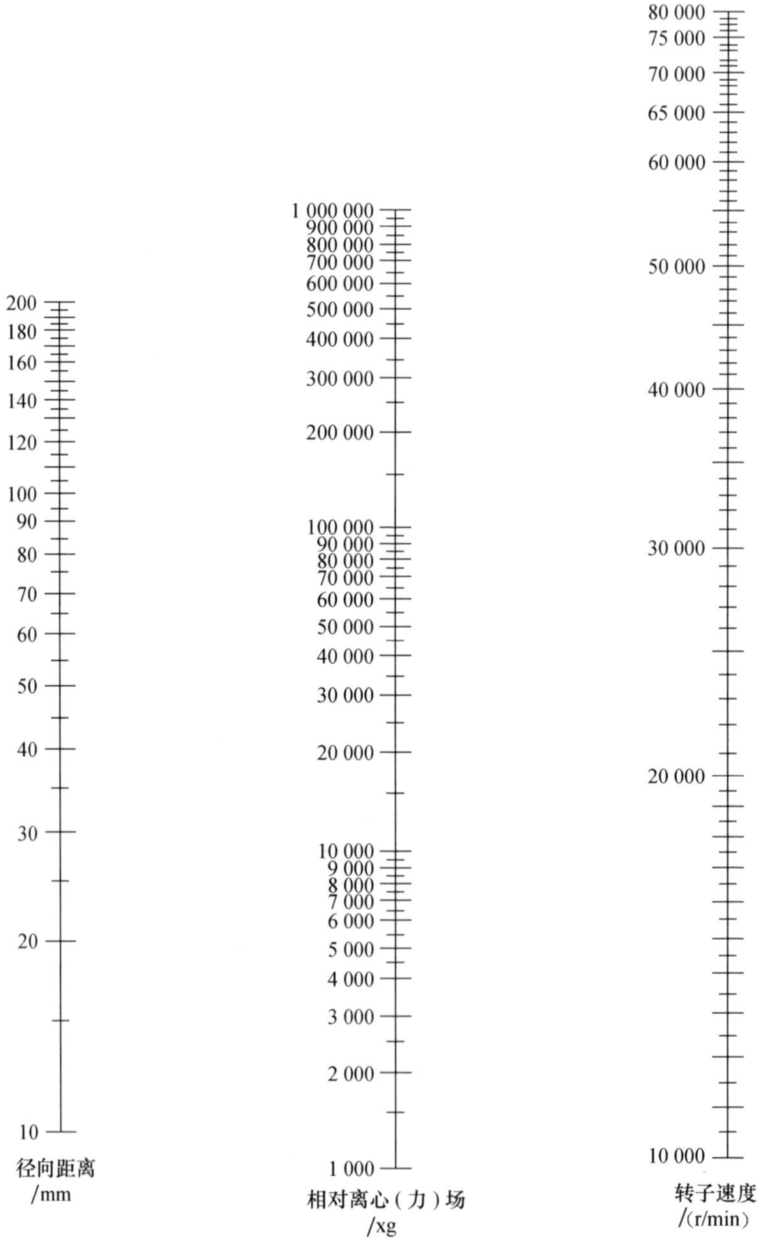

图 A 高速转子的相对离心力列线图

例如，某离心机的离心半径为 10 cm，转速为 8 000 r/min，其离心力为：

$$RCF(g)=1.11\times10^{-5}\times(8\ 000)^2\times10=7\ 104\ (g)$$

反之，当离心力 RCF 为 8 000 g 时，其 RPM 转速应为 8 489 r/min，约为 8 500 r/min。此外，根据 RCF 值（g 值），（r/min），r 值之间的关系，可从图 A，图 B 中大致读出各种数值。

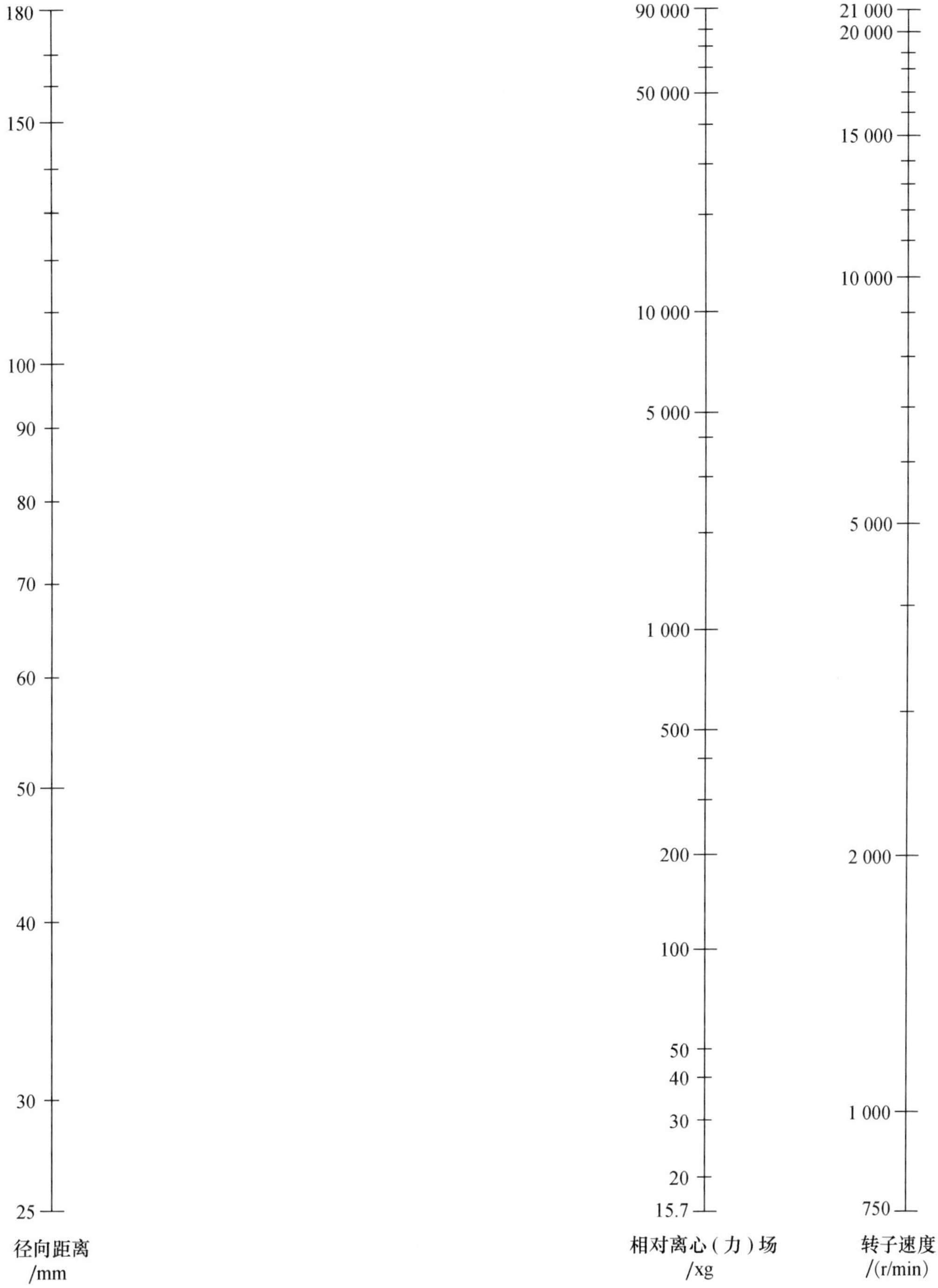

图 B　低速转子的相对离心力列线图

要确定某一列上的未知值时，用尺子排列其他两列的已知值，所需值落在尺子与第三列的交切处。

如转子速度为 80 000 r/min，旋转半径为 20 mm 时，相对离心力 RCF 值约为 150 000 *g*。

要确定某一列上的未知值时，用尺子排列其他两列的已知值，所需值落在尺子与第三列的交切处。

如转子速度为 5 000 r/min，旋转半径为 40 mm 时，相对离心力 RCF 值约为 1 100 *g*。

附录 6　实验室规则

（1）做好实验前的预习及准备。每次实验前务必将指定项目的实验指导仔细阅读，熟悉每项实验的目的、原理、方法和操作步骤，并与理论和实际生产相结合，能独立进行实验操作并分析实验结果。

（2）保持室内安静，在实验中不得随意走动或谈话，以免影响他人实验。

（3）爱惜公共财物，谨慎使用各种玻璃器具，如有损坏，立即报告指导教师，并登记和清理场地。

（4）遵守各种仪器、器具使用规则。贵重仪器使用时，应有教师在旁指导，未明了正确使用方法前，切勿乱动，以免损坏仪器。

（5）凡属公用器具及药品，用后应放回原处，以便他人使用。

（6）保持室内的清洁卫生。每次实验结束后，清洗并整理所使用的实验器具及实验台面和地面；垃圾放置在规定处并及时处理，以保持实验室的整洁，有利于后续实验。

参考文献

1. 张志良，瞿伟菁，李小方. 植物生理学实验指导. 4 版. 北京：高等教育出版社，2009.
2. 王学奎. 植物生理生化实验原理和技术. 北京：高等教育出版社，2006.
3. 郝建军，康宗利，于洋. 植物生理学实验技术. 北京：化学工业出版社，2006.
4. 中国科学院上海植物生理研究所和上海市植物生理学会. 现代植物生理学实验指南. 北京：科学出版社，1999.
5. 南京农业大学生命科学学院植物科学系. 现代植物学实验技术，2006.
6. TaKaRa Biotechnology Catalog Online. http://www.takara.com.cn.